中国生态系统定位观测与研究数据集

丛书指导委员会

顾　　问　孙鸿烈　蒋有绪　李文华　孙九林

主　　任　陈宜瑜

委　　员　方精云　傅伯杰　周成虎　邵明安　于贵瑞　傅小峰　王瑞丹
　　　　　王树志　孙　命　封志明　冯仁国　高吉喜　李　新　廖方宇
　　　　　廖小罕　刘纪远　刘世荣　周清波

丛书编委会

主　　编　陈宜瑜

副 主 编　于贵瑞　何洪林

编　　委　（按拼音顺序排列）
　　　　　白永飞　曹广民　常瑞英　陈德祥　陈　隽　陈　欣　戴尔阜
　　　　　范泽鑫　方江平　郭胜利　郭学兵　何志斌　胡　波　黄　晖
　　　　　黄振英　贾小旭　金国胜　李　华　李新虎　李新荣　李玉霖
　　　　　李　哲　李中阳　林露湘　刘宏斌　潘贤章　秦伯强　沈彦俊
　　　　　石　蕾　宋长春　苏　文　隋跃宇　孙　波　孙晓霞　谭支良
　　　　　田长彦　王安志　王　兵　王传宽　王国梁　王克林　王　堃
　　　　　王清奎　王希华　王友绍　吴冬秀　项文化　谢　平　谢宗强
　　　　　辛晓平　徐　波　杨　萍　杨自辉　叶　清　于　丹　于秀波
　　　　　曾凡江　占车生　张会民　张秋良　张硕新　赵　旭　周国逸
　　　　　周　桔　朱安宁　朱　波　朱金兆

中国生态系统定位观测与研究数据集
湖泊湿地海湾生态系统卷·黑龙江三江站

编 委 会

主　　编　宋长春
副 主 编　郭跃东
参编人员　路永正　赵志春　乔田华　谭稳稳
　　　　　宫　超　张加双

PREFACE 1

序 一

进入20世纪80年代以来，生态系统对全球变化的反馈与响应、可持续发展成为生态系统生态学研究的热点，通过观测、分析、模拟生态系统的生态学过程，可为实现生态系统可持续发展提供管理与决策依据。长期监测数据的获取与开放共享已成为生态系统研究网络的长期性、基础性工作。

国际上，美国长期生态系统研究网络（US LTER）于2004年启动了Eco Trends项目，依托US LTER站点积累的观测数据，发表了生态系统（跨站点）长期变化趋势及其对全球变化响应的科学研究报告。英国环境变化网络（UK ECN）于2016年在*Ecological Indicators*发表专辑，系统报道了UK ECN的20年长期联网监测数据推动了生态系统稳定性和恢复力研究，并发表和出版了系列的数据集和数据论文。长期生态监测数据的开放共享、出版和挖掘越来越重要。

在国内，国家生态系统观测研究网络（National Ecosystem Research Network of China，简称CNERN）及中国生态系统研究网络（Chinese Ecosystem Research Network，简称CERN）的各野外站在长期的科学观测研究中积累了丰富的科学数据，这些数据是生态系统生态学研究领域的重要资产，特别是CNERN/CERN长达20年的生态系统长期联网监测数据不仅反映了中国各类生态站水分、土壤、大气、生物要素的长期变化趋势，同时也能为生态系统过程和功能动态研究提供数据支撑，为生态学模型的验证和发展、遥感产品地面真实性检验提供数据支撑。通过集成分析这些数据，CNERN/CERN 内外的科研人员发表了很多重要科研成果，支撑了国家生态文明建设的重大需求。

近年来，数据出版已成为国内外数据发布和共享，实现“可发现、可访问、可理解、可重用”（即 FAIR）目标的重要手段和渠道。CNERN/CERN 继 2011 年出版“中国生态系统定位观测与研究数据集”丛书后再次出版新一期数据集丛书，旨在以出版方式提升数据质量、明确数据知识产权，推动融合专业理论或知识的更高层级的数据产品的开发挖掘，促进 CNERN/CERN 开放共享由数据服务向知识服务转变。

该丛书包括农田生态系统、草地与荒漠生态系统、森林生态系统及湖泊湿地海湾生态系统共 4 卷（51 册）以及森林生态系统图集 1 册，各册收集了野外台站的观测样地与观测设施信息，水分、土壤、大气和生物联网观测数据以及特色研究数据。本次数据出版工作必将促进 CNERN/CERN 数据的长期保存、开放共享，充分发挥生态长期监测数据的价值，支撑长期生态学以及生态系统生态学的科学研究工作，为国家生态文明建设提供支撑。

孙鸿烈

2021 年 7 月

PREFACE 2
序 二

科学数据是科学发现和知识创新的重要依据与基石。大数据时代，科技创新越来越依赖于科学数据综合分析。2018 年 3 月，国家颁布了《科学数据管理办法》，提出要进一步加强和规范科学数据管理，保障科学数据安全，提高开放共享水平，更好地为国家科技创新、经济社会发展提供支撑，标志着我国正式在国家层面开始加强和规范科学数据管理工作。

随着全球变化、区域可持续发展等生态问题的日趋严重以及物联网、大数据和云计算技术的发展，生态学进入了“大科学、大数据”时代，生态数据开放共享已经成为推动生态学科发展创新的重要动力。

国家生态系统观测研究网络（National Ecosystem Research Network of China，简称 CNERN）是一个数据密集型的野外科技平台，各野外台站在长期的科学研究中积累了丰富的科学数据。2011 年，CNERN 组织出版了“中国生态系统定位观测与研究数据集”丛书。该丛书共 4 卷、51 册，系统收集整理了 2008 年以前的各野外台站元数据，观测样地信息与水分、土壤、大气和生物监测以及相关研究成果的数据。该丛书的出版，拓展了 CNERN 生态数据资源共享模式，为我国生态系统研究、资源环境的保护利用与治理以及农、林、牧、渔业相关生产活动提供了重要的数据支撑。

2009 年以来，CNERN 又积累了 10 年的观测与研究数据，同时国家生态科学数据中心于 2019 年正式成立。中心以 CNERN 野外台站为基础，生态系统观测研究数据为核心，拓展部门台站、专项观测网络、科技计划项目、科研团队等数据来源渠道，推进生态科学数据开放共享、产品加工和分析应用。为了开发特色数据资源产品、整合与挖掘生态数据，国家生态科学数据中心立足国家野外生态观测台站长期监测数据，组织开展了新一版的观测与研究数据集的出版工作。

本次出版的数据集主要围绕"生态系统服务功能评估""生态系统过程与变化"等主题进行了指标筛选，规范了数据的质控、处理方法，并参考数据论文的体例进行编写，以翔实地展现数据产生过程，拓展数据的应用范围。

该丛书包括农田生态系统、草地与荒漠生态系统、森林生态系统以及湖泊湿地海湾生态系统共 4 卷（51 册）以及图集 1 本，各册收集了野外台站的观测样地与观测设施信息，水分、土壤、大气和生物联网观测数据以及特色研究数据。该套丛书的再一次出版，必将更好地发挥野外台站长期观测数据的价值，推动我国生态科学数据的开放共享和科研范式的转变，为国家生态文明建设提供支撑。

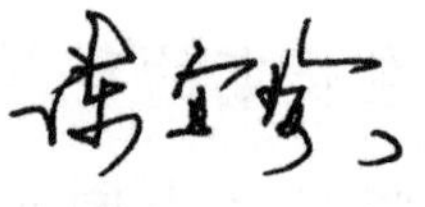

2021 年 8 月

CONTENTS

目 录

第1章

台 站 介 绍

1.1 概述

黑龙江三江沼泽湿地生态系统国家野外科学观测研究站(以下简称"三江站")位于三江平原腹地的黑龙江省同江市东南部(47°35′N,133°31′E),始建于1986年,1992年加入中国生态系统研究网络(CERN),2005年成为国家野外观测研究站。三江平原是中国最大的淡水沼泽集中分布区之一,代表着我国中纬度冷湿(季节性冻融)低平原沼泽湿地典型分布区。

三江站以三江平原沼泽湿地为主要研究对象,基于长期野外定位观测、控制实验等,明确湿地生态系统的关键生态过程及不同时空尺度上的表征,系统认识在全球变化和人类活动驱动下湿地生态系统结构与功能、过程与格局的变化规律,建立退化湿地恢复、保育技术与管理途径,并进行试验示范,为三江平原区域湿地保育、资源合理利用及应对全球变化等提供可靠的动态基础数据支撑、理论依据与关键技术。

三江站拥有具有长期土地使用权限的野外自然沼泽湿地试验场167 hm²,试验场沼泽湿地代表三江平原沼泽湿地典型类型,场内野外观测设施齐全,场地规划合理。建站以来,三江站共建立了8个观测场及观测研究样地(平台),总体规划使用面积31.3 hm²。2010年前建设的试验场共6个,即综合观测场1个、气象观测场1个、辅助观测场3个、长期观测研究样地1个;2016—2017年中国科学院科技促进发展局重点投资新建湿地生物多样性综合研究样地和湿地水平衡与水源涵养模拟研究平台。基于以上观测研究样地,至2020年三江站已积累各类数据50 G,涵盖了气象数据、湿地及农田系统小气候数据、湿地水环境数据、土壤和生物数据及各类历史研究数据等,为三江平原沼泽湿地及农业开发研究提供了重要的科学监测平台和数据服务支持。同时,三江站建立沼泽湿地生态系统合理利用与可持续管理技术试验示范区,为区域生态环境安全和社会经济可持续发展提供基础知识储备及关键技术支持,成为我国生态环境监测与研究的重要野外基地和未来全球变化联网研究的基本站。

1.2 研究方向

三江站以我国中纬度冷湿低平原沼泽湿地为研究主体,长期开展自然环境变化和人类影响下的沼泽湿地生态系统过程、变化的时空特征、机理及其环境效应的研究,开展湿地垦殖后农田系统结构及生产潜力变化、区域生态安全及湿地恢复技术研究。三江站长期研究方向包括:

(1)针对沼泽湿地及湿地垦殖后的农田生态系统要素及关键生态过程进行长期对比定位观测,认识人类农业生产活动扰动下湿地生态系统结构、服务功能变化。

(2)揭示湿地变化的区域生态效应,建立水资源合理利用及湿地保育与农业协调发展模式,提出退化湿地恢复与保育关键技术。

针对开展湿地生态系统长期观测研究和解决湿地科学难点问题的要求,进一步加深湿地及垦殖农田生态系统水分及能量平衡、主要生源物质地球化学循环的机制研究，建立不同尺度的沼泽湿地水分、生源物质循环与微生物机理模型、能量平衡模型。近年来，在沼泽湿地界面水平衡、湿地生物多样性变化、湿地碳氮生物地化过程及环境效应研究方面取得突出进展，研究领域已扩展到湿地生态系统的区域环境效应、湿地-农田系统景观生态过程、湿地生态安全与粮食安全等宏观尺度，探索区域湿地资源、自然环境和经济发展间的制衡关系和基本发展规律，明确揭示湿地-农业系统的持续生产潜力，保持湿地资源持续发展与农业环境改善相协调，确保湿地和农业资源的积极保护及合理利用。目前重点开展的研究计划有：

（1）沼泽湿地系统生态过程及驱动机制，全球变化及人为干扰下沼泽湿地生态系统结构和功能变化及沼泽湿地生态系统管理。

（2）沼泽湿地生态系统退化、受损机理，退化湿地生态系统恢复/重建的技术途径及其试验与示范。

（3）湿地生态系统监测技术体系建设试验示范。

（4）沼泽湿地退化过程的长期定位观测及垦殖后农田生态系统主要生态过程变化的对比监测与研究。

1.3 研究成果

通过 30 余年的观测与研究，三江站出版了第一部《中国沼泽志》、第一幅《中国沼泽图》、第一套《湿地观测规范与方法》，提出了沼泽湿地发育多模式理论，建立了中国第一个沼泽湿地数据库，以三江站为依托完成国家科技攻关项目、国家自然科学基金重点项目、国家自然科学基金项目、中国科学院重大及方向性项目等近 100 项，发表 SCI（科学引文索引）文章 300 余篇；提出缩小三江平原湿地开发规模、加强中低产田改造的建议，并被国家和黑龙江省人民政府采用；建立了沼泽湿地、稻-鱼-经济作物和稻-苇-鱼复合生态模式，为区域农业可持续发展提供了示范，研究成果获得国家科技进步二等奖 1 项、省部级科技进步二等奖 3 项。目前已培养湿地研究方向博士研究生 100 多名、硕士研究生 90 多名，三江站已成为我国沼泽湿地长期研究、国际合作、学术交流和人才培养的重要野外基地和平台。近 5 年来，主要研究成果包括以下几个方面：

（1）沼泽湿地碳收支及其对全球变化的响应。东北寒区沼泽湿地是重要的碳库，气候变暖导致的湿地碳收支平衡变化将显著影响寒区湿地生态系统对全球变化的反馈效应。通过对东北寒区不同冻土区沼泽湿地观测研究，首次明确了东北多年冻土区沼泽湿地土壤代表潜在的易分解碳库，阐明了东北不同温度带湿地温室气体（CO_2 和 CH_4）排放规律，提出随着气温升高和冻土退化，沼泽湿地与大气间碳交换的季节模式将发生改变，生长季开始出现净碳吸收时间提前、持续吸收时间延长的趋势，短期内沼泽湿地的固碳速率将加大；首次发现了融冻期沼泽湿地温室气体爆发式排放的规律及排放途径，其间 CH_4 排放通量是生长季平均排放通量的 42～1 495 倍，湿地多年冻土中具有较高 CH_4 富集（为活动层的 10～40 倍）；阐明冻融环境变化导致的氮有效性增加会提高植被凋落物分解的速率和对温度的敏感性，促进温室气体排放，氮富集会导致沼泽湿地固碳量下降 21.4%～62.6%，长期富氮环境将减弱湿地的固碳潜力；定量评估土地利用、气候因子变化、外源氮输入等对含碳气体排放和碳固定的影响，发现 1949—2010 年三江平原有机碳共减少 485.08 Tg，湿地农田化导致生态系统固碳损失量为 15.10 Tg。

相关观测数据填补了我国在中高纬湿地碳循环研究及国际上多年冻土区湿地温室气体野外长期连续观测数据的空白；明确提出年净碳收支估算和全球温室气体排放清单编制时不能忽略冻融期沼泽湿地 CH_4 的贡献；修正了国际上基于短期通量观测结果计算的氮输入影响下温室气体排放量估算过高的问题，为精确评估未来全球变化背景下的湿地碳排放提供重要依据。联合国政府间气候变化专门委员会（IPCC）2013 年度报告和美国环境保护署（EPA）发布的全球温室气体评估报告（EPA430－R－10－001）中均引用上述研究数据作为重要评估基础。

（2）三江平原泥炭地发育过程及其对东亚季风的响应机理。泥炭地是历史气候和生态信息的重要载体，判别历史气候变化和人类干扰活动对泥炭地演化过程的影响，是揭示泥炭沼泽生态系统发育机制、确定退化泥炭地恢复基线的重要前提。通过对三江平原泥炭地剖面的分析，确定 2 000 多年以来三江平原泥炭地有机碳平均累积速率为 20～140 g/m²，高于北方泥炭地（泰加林地带）；提出净初级生产力（NPP）是影响沼泽湿地碳累积速率的重要驱动力，过去 2 000 多年以来泥炭地碳累积速率与生长季光合有效辐射显著相关，这一发现验证了北方泥炭地长时间尺度的碳累积中，其净初级生产力要比分解更为重要的假设。

首次重塑了三江平原泥炭湿地发育历史，揭示了三江平原湿地生态系统演变的驱动机制。在 4 600 yr BP 三江平原东亚季风（尤其夏季季风）突然减弱，是历史气候的转折点。提出三江平原泥炭地的发育时期涵盖了整个全新世，但 80% 的沼泽湿地发育于 4 600 yrBP 之后的全新世中晚期，通过综合对比泥炭地发育频率变化和东亚季风演化的规律，认为三江平原泥炭地的发育主要受控于东亚夏季风强度的变化，该研究为理解寒区湿地生态系统发育机制提供了重要理论支持。

应用三江平原洪河泥炭剖面的炭屑和孢粉记录分别重建了研究区火和植被的演化历史。尽管全新世中早期湿润的气候不利于火灾的发生，但之后随着夏季风的衰退，相对干旱的气候环境促使了火灾事件的显著增加。重要的是，近 500 年来三江平原人类活动的加剧是导致此时期古火灾事件频发的重要影响因素。此结果为评价我国东北地区近代大规模人类活动对沼泽湿地生态系统的影响提供了重要的量化评估方法，同时为目前退化湿地的恢复提供了重要的生态参考基线。

（3）三江平原湿地生物多样性与生境变化的相互作用机制。湿地生物多样性变化对生境变化的响应及相互作用机制研究是进行退化湿地修复和鸟类生境管理的重要前提。通过对三江平原沼泽湿地典型植被群落、土壤动物和大型迁徙鸟类的观测与模拟研究，揭示了三江平原湿地植物群落特征、物种多样性变化及克隆生长过程与水位、水文周期及营养环境变化的关系，提出积水水位是影响沼泽湿地植物物种多样性及生态系统稳定的关键因素的观点；发现积水周期与生物多样性负相关，水文波动有助于提高物种多样性等重要规律；阐明了水文条件和营养环境变化协同作用下湿地植物群落演替规律，发现湿地营养环境变化影响植物物种多样性，适量的外源氮、磷输入，能够提高湿地物种丰富度，过多的外源磷输入将导致物种多样性指数降低；明确了三江平原土地利用变化对湿地动物多样性和适应性特征的影响，发现天然沼泽湿地转变为林地和旱田后，对湿地生境变化响应敏感的无脊椎动物-甲虫类群多样性显著降低；发现区域尺度上，水温是控制湿地动物多样性的关键环境因子；阐明了三江平原景观破碎化对湿地水鸟丰富度和生存行为的影响，基于对取食倾向相近水鸟栖息地生境分析，构建了湿地水鸟栖息地生境适宜性评价体系，评估了三江平原不同历史时期水鸟栖息地适应性的变化，为栖息地恢复提供历史参考标准。

基于以上研究结论，提出了长期外源营养物质的输入与积累会引起物种之间的演替或取代，进而改变湿地生态系统物种结构和多样性功能的重要理论观点，丰富了自然湿地系统中限制性营养物质对生态系统结构和功能影响的基础生态理论；植被生物多样性变化的水位控制理论为开展退化湿地植被快速水位调控恢复技术奠定了重要理论基础，进而建立了北方地区退化湿地系统快速恢复技术体系；湿地水鸟与生境关系的研究为三江平原重要湿地保护区的珍稀水禽的人工保育工作提供了重要理论依据，相关实践工作为我国东北亚地区迁徙鸟类的管理与保育提供了重要经验。

第 2 章

观测样地与设施

2.1 概述

　　三江站拥有具有长期土地使用权限的野外自然沼泽湿地试验场 167 hm²，试验场沼泽湿地代表三江平原沼泽湿地的典型类型，场内野外观测设施齐全，场地规划合理，可供科研人员开展野外实验研究（图 2-1）。目前，三江站共建立了 8 个观测场及观测研究样地（平台），总体规划使用面积 31.3 hm²。2010 年前建设的试验场共 6 个，包括综合观测场 1 个、气象观测场 1 个、辅助观测场 3 个、

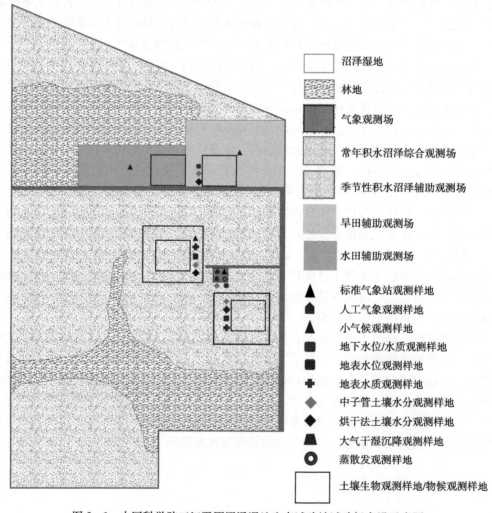

	沼泽湿地
	林地
	气象观测场
	常年积水沼泽综合观测场
	季节性积水沼泽辅助观测场
	旱田辅助观测场
	水田辅助观测场
▲	标准气象站观测样地
⬟	人工气象观测样地
▲	小气候观测样地
■	地下水位/水质观测样地
■	地表水位观测样地
✚	地表水质观测样地
◆	中子管土壤水分观测样地
◆	烘干法土壤水分观测样地
▲	大气干湿沉降观测样地
◎	蒸散发观测样地
	土壤生物观测样地/物候观测样地

图 2-1　中国科学院三江平原沼泽湿地生态试验站试验场布设示意图

长期观测研究样地 1 个；2016—2017 年中国科学院科技促进发展局重点投资新建湿地生物多样性综合研究样地和湿地水平衡与水源涵养模拟研究平台。三江站观测场与样地、设施基本信息见表 2-1。

表 2-1　三江站观测场与样地、设施基本信息

类型	序号	观测场	观测样地	样地代码	主要设施
湿地	1	常年积水区综合观测场 （SJMZH01）	土壤生物采样地 中子管土壤水分采样地 烘干法土壤水分采样地 地表积水深采样地 地表水质采样地	SJMZH01AB0_01 SJMZH01CTS_01 SJMZH01CHG_01 SJMZH01CJS_01 SJMZH01CJS_02	中子管、水位计、小气候自动观测系统
湿地	2	气象观测场 （SJMQX01）	地下水深采样地 地下水质采样地 自动气象观测采样地 人工气象观测采样地 蒸散发观测采样地	SJMQX01CDX_01 SJMQX01CDX_02 SJMQX01CZD_01 SJMQX01CRD_01 SJMQX01CZF_01	标准气象站、自动蒸发仪、干湿沉降仪、冻土测量仪、百叶箱、地下水观测井
湿地	3	季节性积水区辅助观测场 （SJMFZ01）	土壤生物采样地 中子管土壤水分采样地 烘干法土壤水分采样地	SJMFZ01AB0_01 SJMFZ01CTS_01 SJMFZ01CHG_01	中子管、水位计
旱田	4	旱田辅助观测场 （SJMFZ02）	土壤生物采样地 中子管土壤水分采样地 烘干法土壤水分采样地 地下水深采样地 地下水质采样地	SJMFZ02AB0_01 SJMFZ02CTS_01 SJMFZ02CHG_01 SJMFZ02CDX_01 SJMFZ02CDX_02	中子管、地下水观测井、小气候自动观测系统
水田	5	水田辅助观测场 （SJMFZ03）	土壤生物采样地 地下水质采样地	SJMFZ03AB0_01 SJMQX01CDX_02	地下水观测井、小气候自动观测系统

2.2　主要观测场介绍

2.2.1　三江站常年积水区综合观测场

三江站常年积水区综合观测场建于 1988 年，地表常年积水 20～50 cm，发育三江平原典型的毛薹草-小叶章湿地植被群落，腐殖质层厚度为 0.5～1.5 m，地貌为碟形洼地。观测场布设湿地小气候自动观测系统、涡度相关及物候观测等仪器，对三江平原典型湿地的植物多样性、土壤物化性质、小气候、水文水质变化及碳水通量等方面开展综合观测和研究（图 2-2）。

图 2-2　三江站常年积水区综合观测场景观

2.2.2　三江站气象观测场

　　三江站气象观测场是根据国家标准气象站要求建立的气象观测场，1988 年建立，主要架设维萨拉 MAWS301 标准气象站、人工气象观测设施和蒸散发观测系统，对三江站地区的基本气象指标、辐射指标和蒸散发进行长期自动观测，同时对降雪、冻土深度、地表温度等指标开展长期人工观测。此外，配备降水降尘自动采样器，对三江平原地区大气干湿沉降特征及主要营养/污染物含量进行连续观测（图 2-3）。

图 2-3　三江站气象观测场景观和仪器

2.2.3　三江站季节性积水区辅助观测场

　　三江站季节性积水区辅助观测场建于 1988 年，发育具有三江平原季节性积水特征的小叶章-狭叶甜茅-乌拉草湿地植被群落，腐殖质层厚度为 0.1～0.4 m，地貌为碟形洼地。观测场布设有植被、土壤等长期观测样地，主要开展季节性积水条件下湿地植被群落结构及生物多样性变化、土壤潜育化发育过程及水质变化特征等定位观测（图 2-4）。

图 2-4　三江站季节性积水区辅助观测场景观

2.2.4　三江站旱田辅助观测

　　三江站旱田辅助观测场建于 1994 年，主要用于观测湿地系统垦殖为旱田后，环境和生态要素的变化规律。观测场长期种植三江平原典型旱田作物大豆，原始湿地土壤腐殖质层已丧失，地表耕作层下分布白浆土层，耕作与田间管理方式与三江平原地区常规方式一致。主要布设小气候自动观测系统、物候观测系统及生物-土壤观测样地，对旱田土壤养分、物理性状、化肥用量及残留、农作物产量等进行长期观测（图 2-5）。

图2-5 三江站旱田辅助观测场

2.2.5 三江站水田辅助观测场

三江站水田辅助观测场建于1994年，主要用于湿地系统垦殖为水田后的环境和生态要素的变化规律观测研究。观测场长期种植水稻，湿地土壤典型腐殖质层已丧失，地表耕作层土壤已形成水稻土特征，采用地下水灌溉，田间管理方式与三江平原地区常规方式一致。主要布设小气候自动观测系统、物候观测系统及生物-土壤观测样地，对水田土壤物化性质、化肥用量及残留、农作物产量、农业耗水等指标进行长期观测（图2-6）。

图2-6 三江站水田辅助观测场

2.3 主要观测设施仪器

2.3.1 标准气象站

标准气象站是一种能自动观测和存储气象观测要素的设备，在野外观测台站中采用标准气象站对气象、辐射和土壤环境变化要素进行长期、连续观测。标准气象站可为生态科学、环境学、全球变化以及相关研究提供高精度、高观测频率、连续及长期的各种观测数据，是生态科学研究的基础。仪器型号为维萨拉MAWS301标准气象站，观测指标和观测频率如表2-2。

表2-2 标准气象站观测指标及观测频率信息

指标	频率	位置
气压	1次/min	距地面小于1 m
风向 风速	1次/min	10 m风杆

（续）

指标	频率	位置
定时温度 最高温度 最低温度	1次/min	距地面1.5 m
相对湿度	1次/min	距地面1.5 m
降雨总量 降雨强度	1次/min 记录连续时间	距地面0.5 m
定时地表温度 最高地表温度 最低地表温度	1次/min	地面0 cm处
土壤温度	1次/min	地面以下5 cm、10 cm、15 cm、20 cm、40 cm、60 cm、100 cm处
总辐射 反射辐射 净辐射 紫外辐射（UV） 光合有效辐射	1次/min	距地面1.5 m
土壤热通量	1次/min	地面以下3 cm处
日照时数	1次/min	距地面1.5 m

2.3.2　小气候自动观测系统

在各类生态系统中，进行小气候观测，以获得生态站所在地区的代表性生态系统的小气候特征并研究其变化，是生态环境研究工作的重要部分。小气候自动观测系统主要观测要素有辐射通量、热通量、水汽通量等特征量，小气候要素具有强烈的日变化和脉动性质，其垂直梯度一般大于水平尺度，而且垂直梯度具有明显的日变化特征。仪器型号为美国 Campbell Scientific 公司的 CR1000 型小气候自动观测系统，观测指标和观测频率如表 2 - 3。

表 2 - 3　小气候自动观测系统观测指标及观测频率信息

指标	频率	位置
温度	1次/min	植物冠层上方0.5 m、1.0 m、2.0 m、4.0 m高度处
湿度 风速	1次/min	植物冠层上方0.5 m、1.0 m、2.0 m、4.0 m高度处
风向	1次/min	观测塔的最高处
总辐射 长波辐射（向上） 长波辐射（向下） 光合有效辐射 反射辐射 净辐射	1次/min	小气候观测塔顶部

（续）

指标	频率	位置
土壤热通量	1次/min	地面以下 3 cm 处
地表温度	1次/min	地面 0 cm 处
土壤温度	1次/min	地面以下 5 cm、10 cm、15 cm、20 cm、40 cm、60 cm、100 cm 处
土壤水分	1次/min	地面以下 10～300 cm 处（任意 10 cm，间距可调）

2.3.3　干湿沉降仪

干湿沉降仪主要用于收集当地的大气干沉降和湿沉降，从而为了解干湿沉降对水体的营养物质输入规律、对水体富营养化的贡献率以及研究大气干湿沉降颗粒污染物对生态系统的影响及响应机制等提供基础数据和科学依据。仪器型号为 APS‑3A 型降水降尘自动采样器，观测指标和观测频率如表 2‑4。

表 2‑4　干湿沉降仪观测指标及观测频率信息

指标	频率	备注
干沉降总量、电导、pH、化学成分（F^-、Cl^-、NO_2^-、NO_3^-、SO_4^{2-}、NH_4^+、K^+、Na^+、Ca^{2+}、Mg^{2+}）	1次/月	离子色谱分析
湿沉降总量、电导、pH、化学成分（F^-、Cl^-、NO_2^-、NO_3^-、SO_4^{2-}、NH_4^+、K^+、Na^+、Ca^{2+}、Mg^{2+}）	1次/月（每次降雨过程采集样品）	离子色谱分析

2.3.4　冻土器

冻土器的作用主要是观测含有水分的土壤当温度下降到 0 ℃或以下冻结的深度。冻土器由外管和内管组成：外管是标有 0 刻度线的硬橡胶管；内管是一根有厘米刻度的软橡胶管（内有固定冰用的链子或铜丝、线绳），观测时注满水至 0 cm 处。根据埋入土中的冻土器内水结冰的部位和长度，来测定冻结层次及其上限和下限深度。冻土深度以厘米（cm）为单位，取整数，小数四舍五入。观测指标为冻土深度，观测频率为每天早上 8 时观测 1 次（冻土期）。

2.3.5　蒸发观测系统

蒸发观测系统主要用来观测水面蒸发量。仪器为 E601 蒸发器，布置在气象观测场。观测指标为水面蒸发量（mm），观测频率为每天 2 次。仪器安置时，力求少挖动原土。蒸发桶放入坑内，必须使蒸发桶口水平。桶外壁与坑壁间的空隙，应用原土填回捣实。水圈与水面之间，应取与坑中土壤相近的土料来填筑土圈，其高度应低于蒸发桶口边缘 7.5 cm。在土圈外围，还应有防塌设施，可用预制弧形混凝土块拼成，或沿土圈外围打入短木板桩等。

每日 20 时进行观测，观测时先调整观测探针针尖与水面恰好相接，然后从游标卡尺上读出水面高度。读数时，通过游标卡尺零线所对标尺的刻度，即可读出整数；再从游标卡尺刻度线上找出一根与标尺上某一刻度线相吻合的刻度线，其对应的数字就是小数读数。

全天蒸发量的计算公式为：

全天蒸发量＝前一日水面高度＋降水量（以雨量器观测值为准）－测量时水面高度

如因降水，蒸发器内有水流入溢流桶时，应测出其量（使用量尺或 3 000 cm² 口面积的专用量杯；如使用其他量杯或台秤，则须换算成相当于 3 000 cm² 口面积的位置），并从蒸发量中减去此值。

遇测针损坏又无备件时，可用量杯量入或量出一定水量，使水面与指示针尖齐平，再根据量入或量出的水量换算成蒸发量。冬季结冰期很短或偶尔结冰的地区，结冰时可停止观测；冬季结冰期较长的地区，整个结冰期停止观测，应将蒸发器内的水汲净，以免冻坏蒸发器。

蒸发用水应尽可能用代表当地自然水体（江、河、湖）的水，在取自然水有困难的地区，也可使用饮用水（井水、自来水）。蒸发器内的水要保持清洁，器换水时换入水的温度应与原有水的温度相接近。蒸发器及其附属用具均应妥善使用，每年检查一次蒸发器的渗漏和防锈层或白漆是否有脱落现象，如果发现问题，应进行添补或重新涂刷；应定期检查蒸发器的安置情况，如发现高度不准、不水平等，要及时予以纠正。

2.3.6　中子土壤水分仪

中子土壤水分仪用于监测旱田辅助观测场、气象观测场、季节性积水区辅助观测场、常年积水区综合观测场不同土层土壤体积含水量的时空变化特征，为湿地及农业生态相关研究提供数据支撑。仪器型号为 CNC503DR 型中子土壤水分仪，观测指标为土壤体积含水量（%），观测深度为地表面以下 10 cm、20 cm、30 cm、40 cm、50 cm、60 cm、70 cm、80 cm、90 cm、100 cm、110 cm、120 cm、130 cm、140 cm、150 cm、160 cm、170 cm、180 cm，观测频率为每 5 d1 次。

CNC503DR 型中子土壤水分仪主要包括探头和读数器（主机），二者由电缆连接。探头由中子放射源、热中子探测器和相应的电路组成。采用的中子源为环状源，放射性物质为 50 mCi 镅-铍放射源，其作用是产生快中子。热中子探测器为三氟化硼正比计数管，探头装在背筒里，背筒内装有深度计数器、电缆夹卡和屏蔽体，读数器包括功能键和液晶显示屏、电池室等。探头往下放入测管时带动深度计数器，在 5 m 内误差范围 1 cm，电缆传回探头脉冲信号到读数器。

中子土壤水分仪测定土壤湿度是利用中子源放入土壤时，在源周围土壤中所形成的热中子数量与土壤含水量大小有较好的相关关系的特点，通过测量热中子数量来确定土壤水分的多少。探头放入测管时，中子源放出的快中子穿过测管进入地层，与土壤中水的氢原子相碰撞，最后变成热中子，由探头内的热中子探测器进行采样，电信号经过电缆传送到主机处理后显示含水率。

2.3.7　水位观测计

水位观测计用于监测不同场地的地表水体水位时空变化特征，提供水文研究的必要基础数据。仪器型号为 Odyssey 电容式水位计，分辨率约为 0.8 mm，观测指标为水位（mm），观测频率为每 6 h1 次使用方法如下：

第一，安装 Odyssey 操作软件。第二，打开记录器上盖，取出小袋干燥剂。第三，数据采集面板上有 3 个孔：两边的 2 个孔是连接电线的，未动过的仪器只有一个孔上有螺栓，另一个螺栓待实地安装使用时再拧上（两个螺栓都拧上时，在运输过程中会损坏仪器）；中间的孔用于数据下载和设置参数，可插入专用的数据传输线。第四，使用时，先用内六角扳手安装边上小孔的螺栓和地垫，安装好后，面板下会有红色灯闪烁一下。从白色测量线上铜棒底端算起量好 2 个确定距离，画上可擦标志，为校准做准备。第五，打开 Odyssey 软件，设置校准水位计。

Odyssey 水位计放入聚氯乙烯（PVC）管中，盖上可活动的盖以保证水位计的白线在下雨时不沾上雨滴。安装时，钢钎必须永久固定于河床，PVC 管用铁丝捆在钢钎上，每次取数据时，只打开 PVC 管的上盖，拿出水位计下载数据，PVC 管相对于钢钎永久固定不动。安装后，要测量水位计下部铜棒的底端与河床底部的距离，实际的水位即此距离与水位计测量水位之和。

2.3.8　地下水观测井

地下水观测井用于监测浅层地下水的水位变化特征及地下水样品采集，提供地下水水位连续监测数据及水质指标数据等，分别布设于气象观测场、旱田辅助观测场、水稻田观测场。

　　观测井深度为 30 m，主要观测工具型号为水位测尺 M101（人工观测），观测指标为水位埋深（m），观测频率为每 10 d1 次（1、2、3、4、11、12 月）或每 5 d1 次（5—10 月），水体采样频率为 7、10 月各采样 1 次。

　　观测时，将水位测尺探头一端沿水位观测井井口放入观测井内，当水位测尺探头接触到水面时，测尺讯响器启动提示，此时读出测尺与观测井井口位置距离，得出地下水观测井水位埋深数据，根据观测井井口高程，可计算地下水水位高程数据。

　　使用地下水采样器抽取地下水样品，取样前抽出井中存水，保证水样无死水。

第3章

....

联网长期观测数据

3.1 生物观测数据

3.1.1 群落生物量

（1）概述。长时间序列的群落生物量数据可在研究全球变化背景下湿地生态系统生产力的响应，揭示生物地球化学循环规律，探讨湿地生态系统的过程与功能等方面发挥重要作用。三江站湿地生态系统群落生物量观测数据集包含常年积水区综合观测场和季节性积水区辅助观测场两个生物土壤采样地的数据，时间跨度为2000—2015年，观测项目包括物种数、地上活体生物量、凋落物生物量、立枯生物量、地下生物量指标。

（2）数据采集和处理方法。群落地上生物量由分种样方调查数据计算而来；群落地下生物量采用土坑法实测获取，土坑尺寸2005年为0.01 m²，2015年为0.04 m²。原始数据观测频率地上生物量为每年1次（观测小年，8月生物量高峰期）、每月1次（观测大年，生长季期间），地下生物量为每5年1次。数据产品频率为每年1次，选用8月生物量高峰期的实测数据。

（3）数据质量控制和评估。原始数据质量控制方法为对历年的数据进行整理和质量控制，根据阈值检查（根据多年数据比对，对监测数据超出历史数据阈值范围的进行校验，删除异常值或标注说明）、干鲜比法（比值大于1或超过2倍标准差的数值）、一致性检查（例如数量级与其他测量值不同）等，对异常数据进行核实。数据产品处理方法为在质控数据的基础上，计算多个样方的平均值，生成样地水平的数据产品。

（4）数据。群落生物量观测数据见表3-1、表3-2。

表3-1　常年积水区综合观测场群落生物量观测数据

年	样地代码	样方数	样方面积/m²	物种数/（个/样方）	地上活体生物量/（g/样方）	凋落物生物量/（g/样方）	立枯生物量/（g/样方）	地下生物量/（g/样方）	备注
2000	SJMZH01AB0_01	5	0.25	5.00±1.10	—	—	—	—	未测定各生物量
2001	SJMZH01AB0_01	5	0.25	7.20±1.17	—	—	—	—	未测定各生物量
2002	SJMZH01AB0_01	5	0.25	6.60±1.20	—	—	—	—	未测定各生物量
2003	SJMZH01AB0_01	5	0.25	6.60±1.85	—	—	—	—	未测定各生物量
2004	SJMZH01AB0_01	5	1.00	7.20±0.75	—	—	—	—	未测定各生物量
2005	SJMZH01AB0_01	5	0.25	4.20±0.75	54.72±10.08	—	31.29±12.76	73.64±22.97	未测定凋落物生物量
2006	SJMZH01AB0_01	5	0.25	4.00±0.89	37.70±6.09	—	—	—	地上活体生物量只包括优势种生物量
2007	SJMZH01AB0_01	5	0.25	6.80±1.17	127.53±20.49	—	—	—	地上活体生物量只包括优势种生物量

（续）

年	样地代码	样方数	样方面积/m²	物种数/（个/样方）	地上活体生物量/（g/样方）	凋落物生物量/（g/样方）	立枯生物量/（g/样方）	地下生物量/（g/样方）	备注
2008	SJMZH01AB0_01	5	0.25	4.80±1.17	74.17±6.55	—	—	—	未测定凋落物、立枯、地下生物量
2009	SJMZH01AB0_01	5	0.25	6.80±0.75	75.22±13.21	—	—	—	未测定凋落物、立枯、地下生物量
2010	SJMZH01AB0_01	5	0.25	8.20±0.75	98.04±25.60	—	—	—	未测定凋落物、立枯、地下生物量
2011	SJMZH01AB0_01	5	0.25	6.00±1.41	89.46±40.61	—	—	—	未测定凋落物、立枯、地下生物量
2012	SJMZH01AB0_01	5	0.25	6.20±0.40	113.04±30.86	—	2.04±0.26	—	未测定凋落物、地下生物量
2013	SJMZH01AB0_01	10	1.00	6.40±2.01	300.32±79.23	0.08±0.16	0.87±0.23	—	未测定地下生物量
2014	SJMZH01AB0_01	10	1.00	8.00±1.07	334.52±65.74	2.26±2.04	1.20±0.48	—	未测定地下生物量
2015	SJMZH01AB0_01	10	1.00	9.80±0.87	219.30±39.56	1.37±1.62	6.15±1.36	91.16±10.33	地下生物量样方数5个

注："—"表示未进行观测，后同。

表3-2　季节性积水区辅助观测场群落生物量观测数据

年	样地代码	样方数	样方面积/m²	物种数/（个/样方）	地上活体生物量/（g/样方）	凋落物生物量/（g/样方）	立枯生物量/（g/样方）	地下生物量/（g/样方）	备注
2000	SJMFZ01AB0_01	5	0.25	5.00±2.00	—	—	—	—	未测定各生物量
2001	SJMFZ01AB0_01	5	0.25	6.60±1.36	—	—	—	—	未测定各生物量
2002	SJMFZ01AB0_01	5	0.25	3.80±1.60	—	—	—	—	未测定各生物量
2003	SJMFZ01AB0_01	5	0.25	6.80±2.79	—	—	—	—	未测定各生物量
2004	SJMFZ01AB0_01	5	0.25	3.80±0.75	—	—	—	—	未测定各生物量
2005	SJMFZ01AB0_01	5	0.25	4.40±1.02	62.87±18.40	—	53.32±39.23	20.77±4.78	未测定凋落物生物量
2006	SJMFZ01AB0_01	5	0.25	4.60±1.02	121.43±33.63	—	241.16±99.43	—	地上活体生物量仅包括优势种生物量
2007	SJMFZ01AB0_01	5	0.25	5.80±0.98	118.03±14.22	—	—	—	地上活体生物量仅包括优势种生物量
2008	SJMFZ01AB0_01								数据缺失
2009	SJMFZ01AB0_01	5	0.25	5.00±1.10	77.45±8.77	—	—	—	未测定凋落物、立枯、地下生物量
2010	SJMFZ01AB0_01	5	0.25	6.40±0.80	107.08±10.32	—	—	—	未测定凋落物、立枯、地下生物量
2011	SJMFZ01AB0_01	5	0.25	3.60±0.49	88.50±12.70	—	—	—	未测定凋落物、立枯、地下生物量
2012	SJMFZ01AB0_01	5	0.25	6.00±1.10	99.16±21.83	—	4.41±1.17	—	未测定凋落物、地下生物量
2013	SJMFZ01AB0_01	5	1.00	6.20±0.98	407.42±97.26	0.13±0.27	1.78±0.35	—	未测定地下生物量
2014	SJMFZ01AB0_01	5	1.00	8.70±0.90	463.00±48.63	0.49±0.50	1.86±0.37	—	未测定地下生物量
2015	SJMFZ01AB0_01	5	1.00	8.80±1.25	262.86±50.22	1.41±1.40	4.85±1.93	102.77±9.99	地下生物量样方数5个

3.1.2 群落组成

（1）概述。群落组成的长期观测数据可为研究全球变化背景下湿地植物生长状态、种间关系、食物网结构、植被演替等提供有力的数据支撑，同时可为湿地管理和退化湿地修复等政策的制定提供参考依据。三江站群落组成观测数据集包含常年积水区综合观测场和季节性积水区辅助观测场两个生物土壤采样地的数据，时间跨度为2000—2015年，观测项目包括物种组成、株丛数、叶层平均高度和单种地上活体生物量等指标。

（2）数据采集和处理方法。原始数据通过样方调查获取，观测频率为每年1次（小年，8月生物量高峰期）、每月1次（大年，生长季期间）。数据产品频率为每年1次，选用8月生物量高峰期的实测数据。

（3）数据质量控制和评估。原始数据质量控制方法为对历年的数据报表进行质量控制和整理，利用不同样方之间相同物种的株丛数、叶层高度和干重之间的比值判断异常值并核实。数据产品处理方法为在质量控制数据的基础上，汇总所有样方的数据，计算多个样方的平均值，生成样地水平的数据。

（4）数据。群落组成观测数据见表3-3、表3-4。

表3-3 常年积水区综合观测场群落组成观测数据

年	月	样地代码	样方数	样方面积/m^2	植物种名	株丛数/（株丛/样方）	叶层平均高度/cm	地上活体生物量/（g/样方）	备注
2000	8	SJMZH01AB0_01	5	0.25	白毛羊胡子草	1	55.0	—	未测定生物量
2000	8	SJMZH01AB0_01	5	0.25	驴蹄草	1	15.0	—	未测定生物量
2000	8	SJMZH01AB0_01	5	0.25	毛水苏	1	27.5	—	未测定生物量
2000	8	SJMZH01AB0_01	5	0.25	毛薹草	99	65.6	—	未测定生物量
2000	8	SJMZH01AB0_01	5	0.25	漂筏薹草	18	27.0	—	未测定生物量
2000	8	SJMZH01AB0_01	5	0.25	球尾花	4	18.7	—	未测定生物量
2000	8	SJMZH01AB0_01	5	0.25	湿生薹草	7	32.5	—	未测定生物量
2000	8	SJMZH01AB0_01	5	0.25	睡菜	1	20.0	—	未测定生物量
2000	8	SJMZH01AB0_01	5	0.25	繸瓣繁缕	1	10.0	—	未测定生物量
2000	8	SJMZH01AB0_01	5	0.25	溪木贼	3	40.0	—	未测定生物量
2000	8	SJMZH01AB0_01	5	0.25	狭叶甜茅	8	85.0	—	未测定生物量
2000	8	SJMZH01AB0_01	5	0.25	沼委陵菜	1	24.0	—	未测定生物量
2001	7	SJMZH01AB0_01	5	0.25	蒿属一种	1	23.0	—	未测定生物量
2001	7	SJMZH01AB0_01	5	0.25	灰脉薹草	1	70.0	—	未测定生物量
2001	7	SJMZH01AB0_01	5	0.25	芦苇	1	80.0	—	未测定生物量
2001	7	SJMZH01AB0_01	5	0.25	驴蹄草	1	30.0	—	未测定生物量
2001	7	SJMZH01AB0_01	5	0.25	毛水苏	1	15.0	—	未测定生物量
2001	7	SJMZH01AB0_01	5	0.25	毛薹草	42	66.0	—	未测定生物量
2001	7	SJMZH01AB0_01	5	0.25	漂筏薹草	10	42.5	—	未测定生物量
2001	7	SJMZH01AB0_01	5	0.25	球尾花	1	20.0	—	未测定生物量
2001	7	SJMZH01AB0_01	5	0.25	睡菜	1	30.0	—	未测定生物量
2001	7	SJMZH01AB0_01	5	0.25	繸瓣繁缕	1	30.0	—	未测定生物量
2001	7	SJMZH01AB0_01	5	0.25	乌拉草	1	50.0	—	未测定生物量

(续)

年	月	样地代码	样方数	样方面积/m²	植物种名	株丛数/（株丛/样方）	叶层平均高度/cm	地上活体生物量/（g/样方）	备注
2001	7	SJMZH01AB0＿01	5	0.25	溪木贼	5	75.0	—	未测定生物量
2001	7	SJMZH01AB0＿01	5	0.25	狭叶甜茅	11	61.0	—	未测定生物量
2001	7	SJMZH01AB0＿01	5	0.25	小白花地榆	1	15.0	—	未测定生物量
2001	7	SJMZH01AB0＿01	5	0.25	小花野青茅	4	82.0	—	未测定生物量
2001	7	SJMZH01AB0＿01	5	0.25	小叶章	3	75.0	—	未测定生物量
2001	7	SJMZH01AB0＿01	5	0.25	燕子花	1	60.0	—	未测定生物量
2001	7	SJMZH01AB0＿01	5	0.25	泽芹	1	75.0	—	未测定生物量
2002	7	SJMZH01AB0＿01	5	0.25	红花金丝桃	1	18.3	—	未测定生物量
2002	7	SJMZH01AB0＿01	5	0.25	芦苇	1	63.0	—	未测定生物量
2002	7	SJMZH01AB0＿01	5	0.25	驴蹄草	1	16.7	—	未测定生物量
2002	7	SJMZH01AB0＿01	5	0.25	毛薹草	62	65.0	—	未测定生物量
2002	7	SJMZH01AB0＿01	5	0.25	漂筏薹草	16	36.7	—	未测定生物量
2002	7	SJMZH01AB0＿01	5	0.25	球尾花	1	25.0	—	未测定生物量
2002	7	SJMZH01AB0＿01	5	0.25	湿生薹草	4	35.0	—	未测定生物量
2002	7	SJMZH01AB0＿01	5	0.25	睡菜	1	30.0	—	未测定生物量
2002	7	SJMZH01AB0＿01	5	0.25	薹草一种	3	80.0	—	未测定生物量
2002	7	SJMZH01AB0＿01	5	0.25	乌拉草	12	52.5	—	未测定生物量
2002	7	SJMZH01AB0＿01	5	0.25	溪木贼	4	66.7	—	未测定生物量
2002	7	SJMZH01AB0＿01	5	0.25	狭叶甜茅	1	70.0	—	未测定生物量
2002	7	SJMZH01AB0＿01	5	0.25	小叶章	3	90.0	—	未测定生物量
2002	7	SJMZH01AB0＿01	5	0.25	燕子花	1	70.0	—	未测定生物量
2002	7	SJMZH01AB0＿01	5	0.25	野苏子	1	25.0	—	未测定生物量
2002	7	SJMZH01AB0＿01	5	0.25	沼委陵菜	1	22.5	—	未测定生物量
2003	7	SJMZH01AB0＿01	5	0.25	毒芹	1	38.0	—	未测定生物量
2003	7	SJMZH01AB0＿01	5	0.25	驴蹄草	1	25.0	—	未测定生物量
2003	7	SJMZH01AB0＿01	5	0.25	毛薹草	80	80.0	—	未测定生物量
2003	7	SJMZH01AB0＿01	5	0.25	漂筏薹草	42	45.0	—	未测定生物量
2003	7	SJMZH01AB0＿01	5	0.25	球尾花	3	30.0	—	未测定生物量
2003	7	SJMZH01AB0＿01	5	0.25	湿生薹草	16	71.7	—	未测定生物量
2003	7	SJMZH01AB0＿01	5	0.25	睡菜	1	25.0	—	未测定生物量
2003	7	SJMZH01AB0＿01	5	0.25	溪木贼	2	65.0	—	未测定生物量
2003	7	SJMZH01AB0＿01	5	0.25	狭叶甜茅	12	55.0	—	未测定生物量
2003	7	SJMZH01AB0＿01	5	0.25	小叶章	1	110.0	—	未测定生物量
2003	7	SJMZH01AB0＿01	5	0.25	燕子花	1	62.5	—	未测定生物量
2003	7	SJMZH01AB0＿01	5	0.25	异枝狸藻	1	15.0	—	未测定生物量
2003	7	SJMZH01AB0＿01	5	0.25	越橘柳	1	80.0	—	未测定生物量
2003	7	SJMZH01AB0＿01	5	0.25	沼委陵菜	1	45.0	—	未测定生物量
2004	6	SJMZH01AB0＿01	5	1.00	白毛羊胡子草	1	40.0	—	未测定生物量

（续）

年	月	样地代码	样方数	样方面积/m²	植物种名	株丛数/（株丛/样方）	叶层平均高度/cm	地上活体生物量/（g/样方）	备注
2004	6	SJMZH01AB0_01	5	1.00	北方拉拉藤	23	40.0	—	未测定生物量
2004	6	SJMZH01AB0_01	5	1.00	大穗薹草	1	67.0	—	未测定生物量
2004	6	SJMZH01AB0_01	5	1.00	毛薹草	372	63.0	—	未测定生物量
2004	6	SJMZH01AB0_01	5	1.00	漂筏薹草	194	38.0	—	未测定生物量
2004	6	SJMZH01AB0_01	5	1.00	球尾花	2	30.8	—	未测定生物量
2004	6	SJMZH01AB0_01	5	1.00	睡菜	2	34.3	—	未测定生物量
2004	6	SJMZH01AB0_01	5	1.00	溪木贼	9	54.3	—	未测定生物量
2004	6	SJMZH01AB0_01	5	1.00	狭叶甜茅	42	49.7	—	未测定生物量
2004	6	SJMZH01AB0_01	5	1.00	燕子花	1	63.0	—	未测定生物量
2004	6	SJMZH01AB0_01	5	1.00	沼委陵菜	2	43.0	—	未测定生物量
2005	8	SJMZH01AB0_01	5	0.25	北方拉拉藤	1	15.0	—	未测定生物量
2005	8	SJMZH01AB0_01	5	0.25	毛薹草	103	64.8	15.08	
2005	8	SJMZH01AB0_01	5	0.25	漂筏薹草	269	44.0	31.56	
2005	8	SJMZH01AB0_01	5	0.25	球尾花	1	19.0	0.19	
2005	8	SJMZH01AB0_01	5	0.25	狭叶甜茅	15	50.6	6.22	
2005	8	SJMZH01AB0_01	5	0.25	越橘柳	1	50.0	1.71	
2006	8	SJMZH01AB0_01	5	0.25	驴蹄草	1	13.0	—	未测定生物量
2006	8	SJMZH01AB0_01	5	0.25	毛薹草	44	55.0	7.81	
2006	8	SJMZH01AB0_01	5	0.25	漂筏薹草	288	36.0	29.89	
2006	8	SJMZH01AB0_01	5	0.25	薹草一种	1	35.0	—	未测定生物量
2006	8	SJMZH01AB0_01	5	0.25	细叶繁缕	1	15.0	—	未测定生物量
2006	8	SJMZH01AB0_01	5	0.25	狭叶甜茅	16	50.4	—	未测定生物量
2006	8	SJMZH01AB0_01	5	0.25	小白花地榆	1	44.0	—	未测定生物量
2006	8	SJMZH01AB0_01	5	0.25	绣线菊	1	15.0	—	未测定生物量
2007	7	SJMZH01AB0_01	5	0.25	白毛羊胡子草	3	62.3	0.34	
2007	7	SJMZH01AB0_01	5	0.25	驴蹄草	1	34.0	0.39	
2007	7	SJMZH01AB0_01	5	0.25	毛薹草	104	79.0	49.97	
2007	7	SJMZH01AB0_01	5	0.25	漂筏薹草	209	56.4	39.69	
2007	7	SJMZH01AB0_01	5	0.25	湿生薹草	66	56.5	16.39	
2007	7	SJMZH01AB0_01	5	0.25	湿薹草	19	50.6	4.00	
2007	7	SJMZH01AB0_01	5	0.25	狭叶甜茅	38	60.8	15.09	
2007	7	SJMZH01AB0_01	5	0.25	绣线菊	3	24.0	1.09	
2007	7	SJMZH01AB0_01	5	0.25	沼委陵菜	1	36.0	0.58	
2008	7	SJMZH01AB0_01	5	0.25	北方拉拉藤	2	24.0	0.00	
2008	7	SJMZH01AB0_01	5	0.25	毒芹	2	29.0	0.12	
2008	7	SJMZH01AB0_01	5	0.25	驴蹄草	1	25.0	0.05	
2008	7	SJMZH01AB0_01	5	0.25	毛薹草	148	72.6	33.82	
2008	7	SJMZH01AB0_01	5	0.25	漂筏薹草	210	45.8	25.63	

（续）

年	月	样地代码	样方数	样方面积/m²	植物种名	株丛数/（株丛/样方）	叶层平均高度/cm	地上活体生物量/（g/样方）	备注
2008	7	SJMZH01AB0_01	5	0.25	球尾花	1	21.0	0.02	
2008	7	SJMZH01AB0_01	5	0.25	湿生薹草	30	54.0	4.22	
2008	7	SJMZH01AB0_01	5	0.25	湿薹草	1	57.0	0.05	
2008	7	SJMZH01AB0_01	5	0.25	狭叶甜茅	32	53.0	10.06	
2008	7	SJMZH01AB0_01	5	0.25	沼委陵菜	1	30.0	0.25	
2009	9	SJMZH01AB0_01	5	0.25	毒芹	1	28.0	0.03	
2009	9	SJMZH01AB0_01	5	0.25	毛薹草	169	56.8	27.80	
2009	9	SJMZH01AB0_01	5	0.25	漂筏薹草	51	32.2	5.77	
2009	9	SJMZH01AB0_01	5	0.25	球尾花	1	18.0	0.01	
2009	9	SJMZH01AB0_01	5	0.25	湿生薹草	211	50.5	24.39	
2009	9	SJMZH01AB0_01	5	0.25	湿薹草	3	40.0	0.47	
2009	9	SJMZH01AB0_01	5	0.25	睡菜	11	33.7	8.03	
2009	9	SJMZH01AB0_01	5	0.25	狭叶甜茅	20	43.8	4.16	
2009	9	SJMZH01AB0_01	5	0.25	小叶章	13	45.0	1.36	
2009	9	SJMZH01AB0_01	5	0.25	绣线菊	1	31.0	0.08	
2009	9	SJMZH01AB0_01	5	0.25	燕子花	1	62.0	0.56	
2009	9	SJMZH01AB0_01	5	0.25	沼委陵菜	1	20.8	0.46	
2009	9	SJMZH01AB0_01	5	0.25	直穗薹草	22	40.0	2.12	
2010	8	SJMZH01AB0_01	5	0.25	毒芹	1	20.0	0.02	
2010	8	SJMZH01AB0_01	5	0.25	毛薹草	93	84.6	39.81	
2010	8	SJMZH01AB0_01	5	0.25	漂筏薹草	3	37.5	0.40	
2010	8	SJMZH01AB0_01	5	0.25	球尾花	1	29.3	0.31	
2010	8	SJMZH01AB0_01	5	0.25	湿生薹草	196	59.8	40.15	
2010	8	SJMZH01AB0_01	5	0.25	睡菜	7	32.0	5.24	
2010	8	SJMZH01AB0_01	5	0.25	狭叶甜茅	2	50.3	0.76	
2010	8	SJMZH01AB0_01	5	0.25	小叶章	17	52.6	3.08	
2010	8	SJMZH01AB0_01	5	0.25	绣线菊	10	34.5	6.09	
2010	8	SJMZH01AB0_01	5	0.25	沼委陵菜	2	36.2	2.17	
2011	8	SJMZH01AB0_01	5	0.25	北方拉拉藤	4	21.0	0.05	
2011	8	SJMZH01AB0_01	5	0.25	毛水苏	1	32.0	0.07	
2011	8	SJMZH01AB0_01	5	0.25	毛薹草	150	92.6	62.16	
2011	8	SJMZH01AB0_01	5	0.25	漂筏薹草	85	47.4	13.68	
2011	8	SJMZH01AB0_01	5	0.25	球尾花	1	33.0	0.24	
2011	8	SJMZH01AB0_01	5	0.25	睡菜	5	40.0	2.54	
2011	8	SJMZH01AB0_01	5	0.25	狭叶甜茅	24	60.3	7.57	
2011	8	SJMZH01AB0_01	5	0.25	小叶章	5	52.0	0.98	
2011	8	SJMZH01AB0_01	5	0.25	燕子花	1	56.0	0.63	
2011	8	SJMZH01AB0_01	5	0.25	越橘柳	1	37.5	0.73	

（续）

年	月	样地代码	样方数	样方面积/m²	植物种名	株丛数/（株丛/样方）	叶层平均高度/cm	地上活体生物量/（g/样方）	备注
2011	8	SJMZH01AB0_01	5	0.25	沼委陵菜	1	39.5	0.80	
2012	8	SJMZH01AB0_01	5	0.25	北方拉拉藤	14	40.6	0.93	
2012	8	SJMZH01AB0_01	5	0.25	驴蹄草	1	32.0	0.45	
2012	8	SJMZH01AB0_01	5	0.25	毛水苏	1	49.0	0.56	
2012	8	SJMZH01AB0_01	5	0.25	毛薹草	277	75.2	72.01	
2012	8	SJMZH01AB0_01	5	0.25	漂筏薹草	130	49.8	22.97	
2012	8	SJMZH01AB0_01	5	0.25	球尾花	1	29.3	0.14	
2012	8	SJMZH01AB0_01	5	0.25	湿薹草	1	42.0	0.05	
2012	8	SJMZH01AB0_01	5	0.25	狭叶甜茅	48	60.4	13.81	
2012	8	SJMZH01AB0_01	5	0.25	小白花地榆	2	41.3	0.95	
2012	8	SJMZH01AB0_01	5	0.25	小叶章	6	81.0	1.17	
2013	8	SJMZH01AB0_01	10	1.00	白毛羊胡子草	1	50.0	0.03	
2013	8	SJMZH01AB0_01	10	1.00	北方拉拉藤	1	23.3	0.01	
2013	8	SJMZH01AB0_01	10	1.00	毒芹	1	35.0	0.11	
2013	8	SJMZH01AB0_01	10	1.00	红花金丝桃	1	25.0	0.05	
2013	8	SJMZH01AB0_01	10	1.00	驴蹄草	1	31.0	0.68	
2013	8	SJMZH01AB0_01	10	1.00	毛水苏	1	33.0	0.00	
2013	8	SJMZH01AB0_01	10	1.00	毛薹草	359	104.4	195.37	
2013	8	SJMZH01AB0_01	10	1.00	漂筏薹草	129	51.3	20.48	
2013	8	SJMZH01AB0_01	10	1.00	球尾花	2	30.5	0.62	
2013	8	SJMZH01AB0_01	10	1.00	湿生薹草	5	70.0	2.33	
2013	8	SJMZH01AB0_01	10	1.00	条叶龙胆	1	35.0	0.10	
2013	8	SJMZH01AB0_01	10	1.00	乌拉草	6	80.0	3.05	
2013	8	SJMZH01AB0_01	10	1.00	狭叶甜茅	153	78.1	69.79	
2013	8	SJMZH01AB0_01	10	1.00	小花野青茅	1	80.0	0.07	
2013	8	SJMZH01AB0_01	10	1.00	绣线菊	1	60.0	0.45	
2013	8	SJMZH01AB0_01	10	1.00	燕子花	1	35.0	1.00	
2013	8	SJMZH01AB0_01	10	1.00	越橘柳	1	43.0	1.43	
2013	8	SJMZH01AB0_01	10	1.00	沼委陵菜	6	41.6	4.74	
2014	7	SJMZH01AB0_01	10	1.00	北方拉拉藤	1	20.0	0.04	
2014	7	SJMZH01AB0_01	10	1.00	大穗薹草	2	58.0	1.06	
2014	7	SJMZH01AB0_01	10	1.00	毒芹	1	30.0	0.03	
2014	7	SJMZH01AB0_01	10	1.00	红花金丝桃	1	30.0	0.50	
2014	7	SJMZH01AB0_01	10	1.00	毛薹草	295	86.0	149.71	
2014	7	SJMZH01AB0_01	10	1.00	漂筏薹草	114	43.9	35.45	
2014	7	SJMZH01AB0_01	10	1.00	球尾花	2	32.8	0.91	
2014	7	SJMZH01AB0_01	10	1.00	湿生薹草	8	57.3	3.72	
2014	7	SJMZH01AB0_01	10	1.00	湿薹草	76	59.0	34.84	

（续）

年	月	样地代码	样方数	样方面积/m²	植物种名	株丛数/（株丛/样方）	叶层平均高度/cm	地上活体生物量/（g/样方）	备注
2014	7	SJMZH01AB0_01	10	1.00	睡菜	28	36.0	37.66	
2014	7	SJMZH01AB0_01	10	1.00	繸瓣繁缕	1	32.0	0.13	
2014	7	SJMZH01AB0_01	10	1.00	条叶龙胆	1	23.5	0.26	
2014	7	SJMZH01AB0_01	10	1.00	狭叶甜茅	70	54.4	35.53	
2014	7	SJMZH01AB0_01	10	1.00	小花野青茅	1	23.0	0.04	
2014	7	SJMZH01AB0_01	10	1.00	燕子花	1	54.0	1.03	
2014	7	SJMZH01AB0_01	10	1.00	越橘柳	8	41.3	16.16	
2014	7	SJMZH01AB0_01	10	1.00	沼委陵菜	6	37.9	17.48	
2015	8	SJMZH01AB0_01	10	1.00	北方拉拉藤	6	25.4	0.36	
2015	8	SJMZH01AB0_01	10	1.00	红花金丝桃	10	38.6	3.92	
2015	8	SJMZH01AB0_01	10	1.00	黄连花	1	34.5	0.45	
2015	8	SJMZH01AB0_01	10	1.00	驴蹄草	1	37.0	0.07	
2015	8	SJMZH01AB0_01	10	1.00	毛薹草	292	78.7	88.37	
2015	8	SJMZH01AB0_01	10	1.00	漂筏薹草	147	40.0	20.54	
2015	8	SJMZH01AB0_01	10	1.00	球尾花	2	41.8	1.18	
2015	8	SJMZH01AB0_01	10	1.00	湿生薹草	56	48.2	13.63	
2015	8	SJMZH01AB0_01	10	1.00	睡菜	9	40.4	30.57	
2015	8	SJMZH01AB0_01	10	1.00	细叶繁缕	1	35.3	0.15	
2015	8	SJMZH01AB0_01	10	1.00	狭叶甜茅	7	45.7	1.00	
2015	8	SJMZH01AB0_01	10	1.00	小叶章	3	33.5	0.27	
2015	8	SJMZH01AB0_01	10	1.00	越橘柳	8	45.7	46.14	
2015	8	SJMZH01AB0_01	10	1.00	沼委陵菜	6	42.7	12.67	

表 3-4　季节性积水区辅助观测场群落组成观测数据

年	月	样地代码	样方数	样方面积/m²	植物种名	株丛数/（株丛/样方）	叶层平均高度/cm	地上活体生物量/（g/样方）	备注
2000	7	SJMFZ01AB0_01	5	0.25	北方拉拉藤	1	70.0	—	未测定生物量
2000	7	SJMFZ01AB0_01	5	0.25	二歧银莲花	1	40.0	—	未测定生物量
2000	7	SJMFZ01AB0_01	5	0.25	黄连花	1	40.0	—	未测定生物量
2000	7	SJMFZ01AB0_01	5	0.25	灰背老鹳草	1	40.0	—	未测定生物量
2000	7	SJMFZ01AB0_01	5	0.25	灰脉薹草	5	60.0	—	未测定生物量
2000	7	SJMFZ01AB0_01	5	0.25	箭头唐松草	1	50.0	—	未测定生物量
2000	7	SJMFZ01AB0_01	5	0.25	芦苇	4	95.0	—	未测定生物量
2000	7	SJMFZ01AB0_01	5	0.25	驴蹄草	1	25.0	—	未测定生物量
2000	7	SJMFZ01AB0_01	5	0.25	毛山黧豆	1	45.0	—	未测定生物量
2000	7	SJMFZ01AB0_01	5	0.25	湿薹草	6	50.0	—	未测定生物量
2000	7	SJMFZ01AB0_01	5	0.25	薹草一种	5	45.0	—	未测定生物量
2000	7	SJMFZ01AB0_01	5	0.25	溪木贼	3	10.0	—	未测定生物量

（续）

年	月	样地代码	样方数	样方面积/m²	植物种名	株丛数/（株丛/样方）	叶层平均高度/cm	地上活体生物量/（g/样方）	备注
2000	7	SJMFZ01AB0 _ 01	5	0.25	小白花地榆	1	52.5	—	未测定生物量
2000	7	SJMFZ01AB0 _ 01	5	0.25	小叶章	102	86.0	—	未测定生物量
2000	7	SJMFZ01AB0 _ 01	5	0.25	绣线菊	1	90.0	—	未测定生物量
2000	7	SJMFZ01AB0 _ 01	5	0.25	泽芹	1	30.0	—	未测定生物量
2001	8	SJMFZ01AB0 _ 01	5	0.25	北方拉拉藤	1	60.0	—	未测定生物量
2001	8	SJMFZ01AB0 _ 01	5	0.25	地笋	1	50.0	—	未测定生物量
2001	8	SJMFZ01AB0 _ 01	5	0.25	灰背老鹳草	1	75.0	—	未测定生物量
2001	8	SJMFZ01AB0 _ 01	5	0.25	灰脉薹草	7	65.0	—	未测定生物量
2001	8	SJMFZ01AB0 _ 01	5	0.25	芦苇	1	125.0	—	未测定生物量
2001	8	SJMFZ01AB0 _ 01	5	0.25	驴蹄草	1	32.5	—	未测定生物量
2001	8	SJMFZ01AB0 _ 01	5	0.25	毛水苏	1	45.0	—	未测定生物量
2001	8	SJMFZ01AB0 _ 01	5	0.25	毛薹草	3	35.0	—	未测定生物量
2001	8	SJMFZ01AB0 _ 01	5	0.25	漂筏薹草	2	25.0	—	未测定生物量
2001	8	SJMFZ01AB0 _ 01	5	0.25	球尾花	1	50.0	—	未测定生物量
2001	8	SJMFZ01AB0 _ 01	5	0.25	薹草一种	18	62.5	—	未测定生物量
2001	8	SJMFZ01AB0 _ 01	5	0.25	溪木贼	3	70.0	—	未测定生物量
2001	8	SJMFZ01AB0 _ 01	5	0.25	狭叶甜茅	6	80.0	—	未测定生物量
2001	8	SJMFZ01AB0 _ 01	5	0.25	小白花地榆	1	130.0	—	未测定生物量
2001	8	SJMFZ01AB0 _ 01	5	0.25	小叶章	98	92.0	—	未测定生物量
2001	8	SJMFZ01AB0 _ 01	5	0.25	泽芹	1	65.0	—	未测定生物量
2002	7	SJMFZ01AB0 _ 01	5	0.25	金丝桃属一种	1	50.0	—	未测定生物量
2002	7	SJMFZ01AB0 _ 01	5	0.25	芦苇	1	140.0	—	未测定生物量
2002	7	SJMFZ01AB0 _ 01	5	0.25	驴蹄草	1	25.0	—	未测定生物量
2002	7	SJMFZ01AB0 _ 01	5	0.25	毛山黧豆	1	57.5	—	未测定生物量
2002	7	SJMFZ01AB0 _ 01	5	0.25	球尾花	1	30.0	—	未测定生物量
2002	7	SJMFZ01AB0 _ 01	5	0.25	繸瓣繁缕	6	30.0	—	未测定生物量
2002	7	SJMFZ01AB0 _ 01	5	0.25	溪木贼	1	50.0	—	未测定生物量
2002	7	SJMFZ01AB0 _ 01	5	0.25	细叶繁缕	1	20.0	—	未测定生物量
2002	7	SJMFZ01AB0 _ 01	5	0.25	狭叶甜茅	5	90.0	—	未测定生物量
2002	7	SJMFZ01AB0 _ 01	5	0.25	小白花地榆	1	50.0	—	未测定生物量
2002	7	SJMFZ01AB0 _ 01	5	0.25	小叶章	205	115.0	—	未测定生物量
2002	7	SJMFZ01AB0 _ 01	5	0.25	绣线菊	1	85.0	—	未测定生物量
2002	7	SJMFZ01AB0 _ 01	5	0.25	野火球	1	50.0	—	未测定生物量
2003	7	SJMFZ01AB0 _ 01	5	0.25	白毛羊胡子草	1	45.0	—	未测定生物量
2003	7	SJMFZ01AB0 _ 01	5	0.25	金莲花	1	100.0	—	未测定生物量
2003	7	SJMFZ01AB0 _ 01	5	0.25	瘤囊薹草	10	80.0	—	未测定生物量
2003	7	SJMFZ01AB0 _ 01	5	0.25	芦苇	1	120.0	—	未测定生物量
2003	7	SJMFZ01AB0 _ 01	5	0.25	驴蹄草	1	35.0	—	未测定生物量

(续)

年	月	样地代码	样方数	样方面积/m²	植物种名	株丛数/（株丛/样方）	叶层平均高度/cm	地上活体生物量/（g/样方）	备注
2003	7	SJMFZ01AB0＿01	5	0.25	毛薹草	8	85.0	—	未测定生物量
2003	7	SJMFZ01AB0＿01	5	0.25	漂筏薹草	1	40.0	—	未测定生物量
2003	7	SJMFZ01AB0＿01	5	0.25	球尾花	1	50.0	—	未测定生物量
2003	7	SJMFZ01AB0＿01	5	0.25	薹草一种	11	70.0	—	未测定生物量
2003	7	SJMFZ01AB0＿01	5	0.25	溪木贼	2	70.0	—	未测定生物量
2003	7	SJMFZ01AB0＿01	5	0.25	细叶沼柳	1	48.3	—	未测定生物量
2003	7	SJMFZ01AB0＿01	5	0.25	狭叶甜茅	3	100.0	—	未测定生物量
2003	7	SJMFZ01AB0＿01	5	0.25	小白花地榆	1	55.0	—	未测定生物量
2003	7	SJMFZ01AB0＿01	5	0.25	小叶章	191	107.0	—	未测定生物量
2003	7	SJMFZ01AB0＿01	5	0.25	绣线菊	1	68.3	—	未测定生物量
2003	7	SJMFZ01AB0＿01	5	0.25	燕子花	1	80.0	—	未测定生物量
2003	7	SJMFZ01AB0＿01	5	0.25	越橘柳	1	35.0	—	未测定生物量
2003	7	SJMFZ01AB0＿01	5	0.25	泽芹	1	82.5	—	未测定生物量
2003	7	SJMFZ01AB0＿01	5	0.25	锥囊薹草	2	70.0	—	未测定生物量
2004	8	SJMFZ01AB0＿01	5	0.25	毛薹草	4	77.5	—	未测定生物量
2004	8	SJMFZ01AB0＿01	5	0.25	漂筏薹草	9	86.0	—	未测定生物量
2004	8	SJMFZ01AB0＿01	5	0.25	球尾花	1	20.0	—	未测定生物量
2004	8	SJMFZ01AB0＿01	5	0.25	湿薹草	46	61.0	—	未测定生物量
2004	8	SJMFZ01AB0＿01	5	0.25	溪木贼	1	100.0	—	未测定生物量
2004	8	SJMFZ01AB0＿01	5	0.25	小叶章	283	122.0	—	未测定生物量
2005	8	SJMFZ01AB0＿01	5	0.25	北方拉拉藤	1	7.9	0.33	
2005	8	SJMFZ01AB0＿01	5	0.25	毒芹	7	22.5	0.88	
2005	8	SJMFZ01AB0＿01	5	0.25	漂筏薹草	2	31.9	0.46	
2005	8	SJMFZ01AB0＿01	5	0.25	球尾花	3	36.6	1.51	
2005	8	SJMFZ01AB0＿01	5	0.25	薹草一种	71	62.0	7.57	
2005	8	SJMFZ01AB0＿01	5	0.25	狭叶甜茅	50	29.8	15.93	
2005	8	SJMFZ01AB0＿01	5	0.25	小叶章	81	38.0	36.22	
2006	8	SJMFZ01AB0＿01	5	0.25	北方拉拉藤	8	58.3	—	未测定生物量
2006	8	SJMFZ01AB0＿01	5	0.25	芦苇	6	112.5	—	未测定生物量
2006	8	SJMFZ01AB0＿01	5	0.25	驴蹄草	1	10.0	—	未测定生物量
2006	8	SJMFZ01AB0＿01	5	0.25	毛薹草	8	73.8	—	未测定生物量
2006	8	SJMFZ01AB0＿01	5	0.25	薹草一种	8	67.5	—	未测定生物量
2006	8	SJMFZ01AB0＿01	5	0.25	狭叶甜茅	28	82.5	—	未测定生物量
2006	8	SJMFZ01AB0＿01	5	0.25	小叶章	166	84.0	121.43	
2007	7	SJMFZ01AB0＿01	5	0.25	北方拉拉藤	1	40.0	—	未测定生物量
2007	7	SJMFZ01AB0＿01	5	0.25	灰脉薹草	6	68.3	—	未测定生物量
2007	7	SJMFZ01AB0＿01	5	0.25	毛薹草	40	82.0	20.42	
2007	7	SJMFZ01AB0＿01	5	0.25	漂筏薹草	3	50.0	—	未测定生物量

（续）

年	月	样地代码	样方数	样方面积/m²	植物种名	株丛数/（株丛/样方）	叶层平均高度/cm	地上活体生物量/（g/样方）	备注
2007	7	SJMFZ01AB0_01	5	0.25	乌拉草	6	67.5	—	未测定生物量
2007	7	SJMFZ01AB0_01	5	0.25	溪木贼	4	67.5	—	未测定生物量
2007	7	SJMFZ01AB0_01	5	0.25	狭叶甜茅	39	77.6	—	未测定生物量
2007	7	SJMFZ01AB0_01	5	0.25	小叶章	245	108.2	97.60	
2007	7	SJMFZ01AB0_01	5	0.25	燕子花	1	75.0	—	未测定生物量
2007	7	SJMFZ01AB0_01	5	0.25	直穗薹草	5	80.0	—	未测定生物量
2009	9	SJMFZ01AB0_01	5	0.25	北方拉拉藤	5	41.0	0.36	
2009	9	SJMFZ01AB0_01	5	0.25	毛薹草	7	61.0	1.35	
2009	9	SJMFZ01AB0_01	5	0.25	漂筏薹草	10	46.0	2.55	
2009	9	SJMFZ01AB0_01	5	0.25	球尾花	1	32.0	0.03	
2009	9	SJMFZ01AB0_01	5	0.25	溪木贼	1	54.5	0.22	
2009	9	SJMFZ01AB0_01	5	0.25	狭叶甜茅	62	70.8	19.54	
2009	9	SJMFZ01AB0_01	5	0.25	小叶章	153	66.4	45.57	
2009	9	SJMFZ01AB0_01	5	0.25	绣线菊	1	50.0	0.14	
2009	9	SJMFZ01AB0_01	5	0.25	直穗薹草	28	63.3	7.69	
2010	8	SJMFZ01AB0_01	5	0.25	毒芹	6	30.0	0.13	
2010	8	SJMFZ01AB0_01	5	0.25	毛薹草	130	80.8	36.33	
2010	8	SJMFZ01AB0_01	5	0.25	湿薹草	86	70.5	25.47	
2010	8	SJMFZ01AB0_01	5	0.25	狭叶甜茅	48	65.4	12.84	
2010	8	SJMFZ01AB0_01	5	0.25	小叶章	102	76.8	32.30	
2011	8	SJMFZ01AB0_01	5	0.25	毛薹草	62	74.5	19.32	
2011	8	SJMFZ01AB0_01	5	0.25	湿薹草	83	70.0	23.47	
2011	8	SJMFZ01AB0_01	5	0.25	狭叶甜茅	49	64.2	11.88	
2011	8	SJMFZ01AB0_01	5	0.25	小叶章	115	75.0	33.82	
2012	8	SJMFZ01AB0_01	5	0.25	北方拉拉藤	1	32.0	0.07	
2012	8	SJMFZ01AB0_01	5	0.25	地笋	1	25.0	0.02	
2012	8	SJMFZ01AB0_01	5	0.25	毒芹	1	105.0	0.36	
2012	8	SJMFZ01AB0_01	5	0.25	芦苇	1	98.0	0.46	
2012	8	SJMFZ01AB0_01	5	0.25	驴蹄草	1	23.0	0.07	
2012	8	SJMFZ01AB0_01	5	0.25	毛水苏	1	35.0	0.05	
2012	8	SJMFZ01AB0_01	5	0.25	毛薹草	44	96.2	14.56	
2012	8	SJMFZ01AB0_01	5	0.25	球尾花	1	41.0	0.06	
2012	8	SJMFZ01AB0_01	5	0.25	湿薹草	8	69.7	3.07	
2012	8	SJMFZ01AB0_01	5	0.25	乌拉草	38	89.0	10.75	
2012	8	SJMFZ01AB0_01	5	0.25	狭叶甜茅	73	84.2	38.29	
2012	8	SJMFZ01AB0_01	5	0.25	小叶章	78	87.6	31.40	
2013	8	SJMFZ01AB0_01	10	1.00	北方拉拉藤	1	21.2	0.03	
2013	8	SJMFZ01AB0_01	10	1.00	毒芹	1	32.0	0.03	

（续）

年	月	样地代码	样方数	样方面积/m²	植物种名	株丛数/（株丛/样方）	叶层平均高度/cm	地上活体生物量/（g/样方）	备注
2013	8	SJMFZ01AB0_01	10	1.00	芦苇	2	75.9	4.66	
2013	8	SJMFZ01AB0_01	10	1.00	驴蹄草	1	28.0	0.06	
2013	8	SJMFZ01AB0_01	10	1.00	毛薹草	157	94.7	107.59	
2013	8	SJMFZ01AB0_01	10	1.00	漂筏薹草	1	56.0	0.03	
2013	8	SJMFZ01AB0_01	10	1.00	球尾花	1	25.7	0.50	
2013	8	SJMFZ01AB0_01	10	1.00	湿生薹草	1	70.0	0.43	
2013	8	SJMFZ01AB0_01	10	1.00	湿薹草	88	88.5	74.12	
2013	8	SJMFZ01AB0_01	10	1.00	条叶龙胆	1	47.0	0.19	
2013	8	SJMFZ01AB0_01	10	1.00	乌拉草	51	95.0	45.69	
2013	8	SJMFZ01AB0_01	10	1.00	狭叶甜茅	251	81.2	166.27	
2013	8	SJMFZ01AB0_01	10	1.00	小叶章	32	69.9	7.87	
2014	7	SJMFZ01AB0_01	10	1.00	白毛羊胡子草	1	37.5	0.03	
2014	7	SJMFZ01AB0_01	10	1.00	北方拉拉藤	8	24.0	0.38	
2014	7	SJMFZ01AB0_01	10	1.00	大穗薹草	18	65.0	8.43	
2014	7	SJMFZ01AB0_01	10	1.00	毒芹	10	45.0	4.53	
2014	7	SJMFZ01AB0_01	10	1.00	驴蹄草	1	16.0	0.05	
2014	7	SJMFZ01AB0_01	10	1.00	毛薹草	158	93.3	100.22	
2014	7	SJMFZ01AB0_01	10	1.00	漂筏薹草	28	42.9	5.47	
2014	7	SJMFZ01AB0_01	10	1.00	球尾花	3	23.1	1.35	
2014	7	SJMFZ01AB0_01	10	1.00	湿薹草	105	79.5	72.42	
2014	7	SJMFZ01AB0_01	10	1.00	睡菜	1	40.0	3.18	
2014	7	SJMFZ01AB0_01	10	1.00	繸瓣繁缕	1	35.0	0.28	
2014	7	SJMFZ01AB0_01	10	1.00	条叶龙胆	1	15.0	—	未测定生物量
2014	7	SJMFZ01AB0_01	10	1.00	狭叶甜茅	456	70.9	219.80	
2014	7	SJMFZ01AB0_01	10	1.00	小叶章	22	52.3	5.72	
2014	7	SJMFZ01AB0_01	10	1.00	燕子花	1	74.0	14.34	
2014	7	SJMFZ01AB0_01	10	1.00	泽芹	18	79.1	26.81	
2015	8	SJMFZ01AB0_01	10	1.00	北方拉拉藤	3	18.0	0.15	
2015	8	SJMFZ01AB0_01	10	1.00	地笋	1	40.0	0.12	
2015	8	SJMFZ01AB0_01	10	1.00	芦苇	6	104.0	13.00	
2015	8	SJMFZ01AB0_01	10	1.00	驴蹄草	1	11.3	0.09	
2015	8	SJMFZ01AB0_01	10	1.00	毛水苏	1	46.7	0.51	
2015	8	SJMFZ01AB0_01	10	1.00	毛薹草	200	84.6	74.03	
2015	8	SJMFZ01AB0_01	10	1.00	球尾花	4	38.3	2.65	
2015	8	SJMFZ01AB0_01	10	1.00	湿薹草	162	84.6	100.04	
2015	8	SJMFZ01AB0_01	10	1.00	薹草一种	3	61.7	0.70	
2015	8	SJMFZ01AB0_01	10	1.00	狭叶甜茅	141	69.9	43.22	
2015	8	SJMFZ01AB0_01	10	1.00	小叶章	11	53.7	2.07	

（续）

年	月	样地代码	样方数	样方面积/m²	植物种名	株丛数/（株丛/样方）	叶层平均高度/cm	地上活体生物量/（g/样方）	备注
2015	8	SJMFZ01AB0_01	10	1.00	燕子花	1	79.0	0.97	
2015	8	SJMFZ01AB0_01	10	1.00	越橘柳	1	69.0	4.41	
2015	8	SJMFZ01AB0_01	10	1.00	泽芹	5	97.3	20.93	

注：2008年观测数据丢失。

3.1.3 物候

（1）概述。长时间序列的植物物候观测数据在植物群落动态、植物与昆虫间的协同进化、植物群落结构对气候变化的响应等研究中起着重要的作用。三江站植物物候观测数据集包含常年积水区综合观测场和季节性积水区辅助观测场两个生物土壤采样地优势物种的数据，时间跨度为2005—2015年，观测的物候期包括萌动期（返青期）、开花期、果实或种子成熟期、种子散布期、黄枯期。

（2）数据采集和处理方法。数据获取方式为定期进行实地观测记录。

（3）数据质量控制和评估。原始数据质量控制方法为对历年的数据报表进行质量控制和整理，根据多年数据进行阈值检查，对监测数据超出历史数据阈值范围的异常值进行核验。数据产品处理方法为以年为基本单元，选取优势物种的关键物候期。

（4）数据。植物物候观测数据见表3-5、表3-6。

表3-5　常年积水区综合观测场植物物候观测数据

年	样地代码	植物种名	萌动期（返青期）/（月/日）	开花期/（月/日）	果实或种子成熟期/（月/日）	种子散布期/（月/日）	黄枯期/（月/日）	备注
2005	SJMZH01AB0_01	毛薹草	04/28	05/20	06/02	06/20	10/12	
2009	SJMZH01AB0_01	毛薹草	04/25	05/20	06/15	06/25	10/10	
2009	SJMZH01AB0_01	漂筏薹草	04/25	05/15	06/10	06/25	10/10	
2010	SJMZH01AB0_01	毛薹草	04/23	05/16	06/05	07/15	10/04	
2011	SJMZH01AB0_01	毛薹草	04/23	05/18	06/10	07/18	10/07	
2012	SJMZH01AB0_01	毛薹草	04/26	05/19	06/10	07/15	10/13	
2013	SJMZH01AB0_01	毛薹草	04/28	05/17	06/15	07/15	10/12	
2013	SJMZH01AB0_01	漂筏薹草	04/26	05/15	06/10	06/25	10/13	
2014	SJMZH01AB0_01	毛薹草	04/22	05/13	06/14	07/15	10/11	
2014	SJMZH01AB0_01	漂筏薹草	04/21	05/12	06/10	06/23	10/15	
2015	SJMZH01AB0_01	毛薹草	04/26	05/15	06/15	07/18	09/08	
2015	SJMZH01AB0_01	漂筏薹草	04/26	05/13	06/06	06/26	09/03	

表3-6　季节性积水区辅助观测场植物物候观测数据

年	样地代码	植物种名	萌动期（返青期）/（月/日）	开花期/（月/日）	果实或种子成熟期/（月/日）	种子散布期/（月/日）	黄枯期/（月/日）	备注
2005	SJMFZ01AB0_01	小叶章	04/25	07/24	08/15	08/30	10/05	

（续）

年	样地代码	植物种名	萌动期（返青期）/（月/日）	开花期/（月/日）	果实或种子成熟期/（月/日）	种子散布期/（月/日）	黄枯期/（月/日）	备注
2009	SJMFZ01AB0_01	小叶章	04/20	07/28	08/30	09/10	09/28	
2010	SJMFZ01AB0_01	小叶章	04/20	06/25	07/15	07/30	09/25	
2011	SJMFZ01AB0_01	小叶章	04/20	06/20	07/11	07/27	09/29	
2012	SJMFZ01AB0_01	小叶章	04/23	06/21	07/13	07/29	10/09	
2013	SJMFZ01AB0_01	小叶章	04/25	06/16	07/16	08/04	10/08	
2014	SJMFZ01AB0_01	狭叶甜茅	04/23	06/14	07/12	08/08	10/13	
2015	SJMFZ01AB0_01	狭叶甜茅	04/27	06/15	07/12	08/05	10/01	
2015	SJMFZ01AB0_01	小叶章	04/26	06/14	07/12	08/06	09/15	

3.1.4 元素含量与能值

（1）概述。长时间序列的植物元素含量和能值的观测数据对于开展湿地生态系统的生物地球化学循环、植物生物量分配、凋落物分解、植物对矿质资源的利用效率等方面的研究是有力的支撑。三江站的植物元素含量与能值的观测数据集包含常年积水区综合观测场和季节性积水区辅助观测场两个生物土壤采样地优势物种的数据，时间跨度为 2005—2015 年，观测的指标包括全碳、全氮、全磷、全钾、全硫、全钙、全镁、干重热值、灰分。

（2）数据采集和处理方法。植物的观测部位分为地上部分和根系。原始数据观测频率为每 5 年 1 次，于植物生长季高峰期进行观测。数据产品频率为每 5 年 1 次。测定方法见表 3-7。

表 3-7 三江站植物元素含量与能值测定方法

项目	符号	方法	说明
全碳	C	重铬酸钾-硫酸氧化法	测定的是有机碳
全氮	N	凯氏法	
全磷	P	比色法	
全钾	K	火焰光度法	
全硫	S	比浊法	
全钙	Ca	原子吸收分光光度法	
全镁	Mg	原子吸收分光光度法	
干重热值		氧弹法	
灰分		灰分法	

（3）数据质量控制和评估。原始数据质量控制方法为对历年数据进一步整理和质量控制，根据阈值检查（根据多年数据比对，对监测数据超出历史数据阈值范围进行校验，删除异常值或标注说明）、比值法（利用不同元素比值进行核验）对异常数据进行核实。数据产品处理方法为在质量控制数据基础上，计算多个统计结果的平均值。

（4）数据。元素含量与能值观测数据见表 3-8、表 3-9。

表 3 - 8　常年积水区综合观测场植物元素含量与能值观测数据

年	样地代码	植物种名	采样部位	重复数	全碳/(g/kg)		全氮/(g/kg)		全磷/(g/kg)		全钾/(g/kg)		全硫/(g/kg)		全钙/(g/kg)		全镁/(g/kg)		干重热值/(MJ/kg)		灰分/%	
					平均值	标准差	平均值	标准差	平均值	标准差	平均值	标准差	平均值	标准差	平均值	标准差	平均值	标准差	平均值	标准差	平均值	标准差
2005	SJMZH01AB0_01	毛薹草	地上部分	5	421.12	1.99	10.26	0.58	0.85	0.24	8.57	1.68	0.45	0.12	2.26	0.56	0.58	0.14	—	—	4.64	0.21
2005	SJMZH01AB0_01	漂筏薹草	地上部分	5	423.03	1.07	9.44	0.61	1.06	0.10	8.71	0.66	0.72	0.05	2.78	0.20	0.77	0.11	—	—	4.55	0.41
2010	SJMZH01AB0_01	毛薹草	地上部分	1	—	—	5.94	—	0.78	—	8.57	—	0.92	—	1.61	—	0.70	—	—	—	4.10	—
2012	SJMZH01AB0_01	毛薹草	地上部分	5	453.12	6.67	22.19	1.88	1.02	0.07	8.47	0.59	—	—	—	—	—	—	—	—	—	—
2012	SJMZH01AB0_01	漂筏薹草	地上部分	5	449.37	8.42	23.09	1.40	1.43	0.12	8.77	0.66	—	—	—	—	—	—	—	—	—	—
2015	SJMZH01AB0_01	毛薹草	地上部分	5	463.40	1.26	8.59	0.10	0.92	0.03	11.65	0.40	0.83	0.02	2.59	0.09	0.79	0.04	17.76	0.08	4.08	0.17
2015	SJMZH01AB0_01	漂筏薹草	地上部分	5	452.38	5.59	9.06	0.44	1.18	0.03	12.24	0.29	1.05	0.04	3.51	0.41	1.01	0.02	17.50	0.28	5.10	0.16

表 3 - 9　季节性积水区辅助观测场植物元素含量与能值观测数据

年	样地代码	植物种名	采样部位	重复数	全碳/(g/kg)		全氮/(g/kg)		全磷/(g/kg)		全钾/(g/kg)		全硫/(g/kg)		全钙/(g/kg)		全镁/(g/kg)		干重热值/(MJ/kg)		灰分/%	
					平均值	标准差	平均值	标准差	平均值	标准差	平均值	标准差	平均值	标准差	平均值	标准差	平均值	标准差	平均值	标准差	平均值	标准差
2005	SJMFZ01AB0_01	小叶章	地上部分	3	411.51	4.35	7.85	0.59	0.99	0.15	5.02	0.68	0.72	0.29	2.92	1.07	0.55	0.14	—	—	5.97	0.60
2010	SJMFZ01AB0_01	小叶章	地上部分	1	—	—	10.86	—	1.21	—	4.94	—	1.05	—	2.35	—	0.76	—	—	—	4.00	—
2012	SJMFZ01AB0_01	小叶章	地上部分	5	442.03	6.61	24.00	0.73	1.35	0.05	6.61	0.90	—	—	—	—	—	—	—	—	—	—
2015	SJMFZ01AB0_01	毛薹草	地上部分	5	458.44	2.19	10.98	0.50	1.08	0.03	10.52	0.52	0.77	0.01	2.92	0.14	1.15	0.03	17.71	0.13	4.49	0.06
2015	SJMFZ01AB0_01	湿薹草	地上部分	5	455.84	2.61	11.01	0.29	1.16	0.07	12.42	0.59	0.89	0.03	3.05	0.28	0.89	0.02	17.77	0.22	5.07	0.33
2015	SJMFZ01AB0_01	狭叶甜茅	地上部分	5	454.24	1.03	9.91	0.11	1.16	0.03	8.71	0.27	0.75	0.02	3.12	0.13	1.11	0.02	17.46	0.15	5.39	0.13
2015	SJMFZ01AB0_01	小叶章	地上部分	5	456.48	1.43	8.97	0.51	1.13	0.06	7.98	0.52	0.82	0.05	2.47	0.17	0.92	0.07	18.25	0.40	4.20	0.24

3.1.5 动植物名录

植物种名参照中国植物志（http：//www.iplant.cn/frps），对于不能当场确定的植物名称，采集相关凭证标本并在室内进行鉴定（表 3-10）。

表 3-10 三江站植物名录

植物种名	拉丁名
白毛羊胡子草	*Eriophorum vaginatum* L.
北方拉拉藤	*Galium boreale* Linn.
大穗薹草	*Carex rhynchophysa* C. A. Mey.
地笋	*Lycopus lucidus* Turcz.
毒芹	*Cicuta virosa* L.
二歧银莲花	*Anemone dichotoma* L.
红花金丝桃	*Triadenum japonicum*（Bl.）Makino
黄连花	*Lysimachia davurica* Ledeb.
灰背老鹳草	*Geranium wlassowianum* Fisch. ex Link.
灰脉薹草	*Carex appendiculata*（Trautv.）Kukenth.
箭头唐松草	*Thalictrum simplex* L.
金莲花	*Trollius chinensis* Bunge
宽叶羊胡子草	*Eriophorum latifolium* Hoppe
瘤囊薹草	*Carex schmidtii* Meinsh.
芦苇	*Phragmites australis*（Cav.）Trin. ex Steud.
驴蹄草	*Caltha palustris* L.
毛山黧豆	*Lathyrus palustris* var. *pilosus*
毛水苏	*Stachys baicalensis* Fisch. ex Benth.
毛薹草	*Carex lasiocarpa* Ehrh.
漂筏薹草	*Carex pseudo-curaica* Fr. Schmidt
球尾花	*Lysimachia thyrsiflora* L.
湿生薹草	*Carex limosa* L.
湿薹草	*Carex humida* Y. L. Chang et Y. L. Yang
睡菜	*Menyanthes trifoliata* L.
缝瓣繁缕	*Stellaria radians* L.
条叶龙胆	*Gentiana manshurica* Kitag.
乌拉草	*Carex meyeriana* Kunth
溪木贼	*Equisetum fluviatile* L.
细叶繁缕	*Stellaria filicaulis* Makino
细叶沼柳	*Salix rosmarinifolia* L.
狭叶甜茅	*Glyceria spiculosa*（Schmidt）Roshev.
小白花地榆	*Sanguisorba tenuifolia* Fisch. var. *alba* Trautv. et Mey.
小花野青茅	*Deyeuxia neglecta*（Ehrh.）Kunth Rev. Gram.
小叶章	*Deyeuxia angustifolia*（Kom.）Y. L. Chang

（续）

植物种名	拉丁名
绣线菊	*Spiraea salicifolia* L.
燕子花	*Iris laevigata* Fisch.
野火球	*Trifolium lupinaster* L.
野苏子	*Pedicularis grandiflora* Fisch.
异枝狸藻	*Utricularia intermedia* Hayne
越橘柳	*Salix myrtilloides* L.
泽芹	*Sium suave* Walt.
沼委陵菜	*Comarum palustre* L.
直穗薹草	*Carex orthostachys* C. A. Mey.
锥囊薹草	*Carex raddei* Kukenth.

3.1.6 迁徙鸟类数量

（1）概述。本数据集为三江站湿地综合观测场及湿地辅助观测场作为样地的野外观测数据获得，主要为 2015 年数据，数据格式为整数数值型，单位为只。

（2）数据采集和处理方法。因鸟类监测数据频率为每 5 年 1 次，2005 年及 2010 年鸟类监测方法采用网捕法，获得鸟类基本为雀形目的林鸟，这与实际湿地生态系统的鸟类组成有偏差，因而从 2015 年监测开始，采用直数法进行鸟类监测，获得本项数据。样地为三江站永久设置的综合观测场及辅助观测场，代表的生态系统类型为毛薹草永久积水湿地及小叶章季节性积水湿地两种，均为区域主要湿地生态系统类型。在实际调查过程中，主要选取观测场边缘地势相对较高点为观测地点，每年在春秋两季进行观测，每季观测天数不少于 10 d。

（3）数据质量控制和评估。数据统计是将 10 d 所观测到的所有鸟类种数及数量累加，对于迁徙过境鸟类统计数量准确，而对于在试验场繁殖的个别雀形目林鸟则统计数量会偏大，有重复计数可能，在数据使用过程中需要加以分析。野外观测中尽可能将观测到的鸟类利用相机记录下来，提高鸟类种类鉴定的精确性。鸟类学名主要参考书目为《中国鸟类种和亚种分类名录大全》（郑作新，2000）。

（4）数据。迁徙鸟类数量见表 3-11、表 3-12。

表 3-11 常年积水综合观测场迁徙鸟类数量

年	观测场代码	调查面积/hm²	动物名称	居留型	数量/只
2015	SJMZH01	1.6	白鹡鸰	夏候鸟	4
2015	SJMZH01	1.6	白眉鸭	夏候鸟	1
2015	SJMZH01	1.6	大白鹭	夏候鸟	2
2015	SJMZH01	1.6	黑喉石䳭	夏候鸟	8
2015	SJMZH01	1.6	红喉歌鸲	夏候鸟	5
2015	SJMZH01	1.6	红角鸮	留鸟	1
2015	SJMZH01	1.6	红胁蓝尾鸲	夏候鸟	1
2015	SJMZH01	1.6	灰头鹀	夏候鸟	36
2015	SJMZH01	1.6	家燕	夏候鸟	38
2015	SJMZH01	1.6	金腰燕	夏候鸟	140

（续）

年	观测场代码	调查面积/hm²	动物名称	居留型	数量/只
2015	SJMZH01	1.6	栗耳鹀	夏候鸟	1
2015	SJMZH01	1.6	罗纹鸭	夏候鸟	2
2015	SJMZH01	1.6	绿翅鸭	夏候鸟	1
2015	SJMZH01	1.6	绿头鸭	夏候鸟	63
2015	SJMZH01	1.6	麻雀	留鸟	35
2015	SJMZH01	1.6	鹊鹞	夏候鸟	6
2015	SJMZH01	1.6	山斑鸠	留鸟	12
2015	SJMZH01	1.6	田鹀	夏候鸟	1
2015	SJMZH01	1.6	喜鹊	留鸟	4
2015	SJMZH01	1.6	雉鸡	留鸟	4
2015	SJMZH01	1.6	棕背伯劳	夏候鸟	2

表 3-12　季节性积水辅助观测场迁徙鸟类数量

年	观测场代码	调查面积/hm²	动物名称	居留型	数量/只
2015	SJMFZ01	1.6	黑眉苇莺	夏候鸟	1
2015	SJMFZ01	1.6	红胁蓝尾鸲	夏候鸟	7
2015	SJMFZ01	1.6	黄喉鹀	旅鸟	12
2015	SJMFZ01	1.6	灰头鹀	夏候鸟	22
2015	SJMFZ01	1.6	家燕	夏候鸟	32
2015	SJMFZ01	1.6	金翅雀	夏候鸟	2
2015	SJMFZ01	1.6	金腰燕	夏候鸟	72
2015	SJMFZ01	1.6	绿头鸭	夏候鸟	38
2015	SJMFZ01	1.6	雀鹰	留鸟	2
2015	SJMFZ01	1.6	鹊鹞	夏候鸟	1
2015	SJMFZ01	1.6	山斑鸠	留鸟	34
2015	SJMFZ01	1.6	树鹨	夏候鸟	5
2015	SJMFZ01	1.6	喜鹊	留鸟	4
2015	SJMFZ01	1.6	燕雀	夏候鸟	7
2015	SJMFZ01	1.6	雉鸡	留鸟	12

3.2　土壤观测数据

3.2.1　土壤养分

（1）概述。三江站长期开展湿地和农田生态系统土壤样品采集、理化性质分析对比定位监测研究工作，为人类活动和气候变化双重因素影响作用下的土壤资源数量及质量变化的影响机制提供基础数据，为长期合理可持续利用土地资源，保障社会经济和生态环境的可持续发展提供有力支撑。本数据集对 2000—2015 年期间在三江站站内常年积水沼泽湿地综合观测场、季节性积水沼泽湿地辅助观测场、农田辅助观测场及站区附近湿地、农田辅助观测点获得的表层土壤养分数据进行了处理分析，具体指标包括土壤有机质、全氮、全磷、全钾、速效氮、有效磷、速效钾、缓效钾和 pH。

（2）数据采集和处理方法。依据 CERN 土壤观测规范，湿地、农田土壤养分含量监测频率为每年 1 次，其中 2010 年观测了农田土壤剖面养分含量，均是在每年的 8—10 月完成。长期观测样地具体包括常年积水沼泽湿地土壤综合观测场（SJMZH01AB0＿01）、季节性积水沼泽湿地土壤辅助观测场（SJMFZ01AB0＿01）、旱田土壤辅助观测场（SJMFZ02AB0＿01）、水田土壤辅助观测场（SJM-FZ03AB0＿01）、洪河农场三区沼泽湿地辅助观测点（SJMZQ08B00＿01）、洪河农场三区旱田辅助观测点（SJMZQ09B00＿01）。

湿地土壤样品采集前先划定 20 m×20 m 临时样地，在其内划分 6 个 2 m×2 m 临时样方作为采样点，对不同土层土样进行采集；农田土壤样品采集于辅助观测场，采样前划定 40 m×40 m 临时样地，再将其划分为 16 个 10 m×10 m 临时样方，按照 W 形在临时样方内进行多点混合采样。土壤样品去除根系等植物残体、石砾后，在自然条件下风干，四分法取适量样品过筛处理后作为湿地、农田土壤养分各指标分析测试样品。

获得各样品养分监测指标数据后，以土壤分中心土壤报表为标准，样地采样分区对应的观测值数目为重复数，取平均值后作为本数据的最终结果，同时标明重复数及标准差。本数据集中的土壤养分指标名称及其数据获取方法、数据计量单位、小数位数等信息见表 3-13。

表 3-13 土壤养分指标名称及测量方法

序号	指标	单位	小数位数	数据获取方法
1	土壤有机质	g/kg	1	重铬酸钾外加热
2	全氮	g/kg	2	凯氏定氮法
3	全磷	g/kg	3	硫酸-高氯酸-钼锑抗比色法
4	全钾	g/kg	1	氢氟酸-高氯酸-火焰光度法
5	速效氮	mg/kg	1	碱扩散法
6	有效磷	mg/kg	1	碳酸氢钠浸提-钼锑抗比色法
7	速效钾	mg/kg	1	乙酸铵浸提-火焰光度法
8	缓效钾	mg/kg	0	硝酸浸提-火焰光度法
9	pH	无	2	电位法（土水质量比为 1∶2.5）

（3）数据质量控制和评估。测定时对每个土壤样品进行 3 次平行样品测定，并插入国家标准样品进行质量控制。同时，检查测定的各监测指标数据是否超出相同土壤类型和采样深度的历史数据阈值范围，以及每个观测场监测项目均值是否超出该样地相同深度历史数据均值的 2 倍标准差，对于超出范围的数据进行核实或再次测定。

（4）数据。2000—2015 年期间三江站不同长期观测样地土壤养分观测数据见表 3-14 至表 3-17。

表 3-14　湿地土壤养分观测数据(一)

年	月	样地代码	观测层次/cm	土壤有机质			全氮			全磷			全钾		
				平均值/(g/kg)	重复数	标准差	平均值/(g/kg)	重复数	标准差	平均值/(g/kg)	重复数	标准差	平均值/(g/kg)	重复数	标准差
2000	5	SJMFZ01AB0_01	0～20	220.8	21	16.2	7.18	21	0.12	0.906	21	0.073	10.1	21	0.9
2001	5	SJMZH01AB0_01	0～8	531.2	3	29.8	23.23	3	1.09	1.717	3	0.361	11.2	3	0.8
2001	5	SJMZH01AB0_01	>8～20	518.6	3	26.6	17.87	3	2.61	0.687	3	0.096	10.5	3	0.8
2001	5	SJMZH01AB0_01	>20～30	476.8	3	17.1	14.79	3	0.08	0.446	3	0.102	10.2	3	0.9
2001	5	SJMFZ01AB0_01	0～8	171.7	3	22.7	4.35	3	0.11	1.636	3	0.296	9.8	3	0.6
2001	5	SJMFZ01AB0_01	>8～20	49.9	3	5.8	1.09	3	0.09	1.148	3	0.182	11.6	3	0.7
2001	5	SJMFZ01AB0_01	>20～30	14.8	3	3.2	0.91	3	0.07	1.198	3	0.318	11.9	3	0.7
2002	9	SJMFZ01AB0_01	0～5	313.7	5	50.6	6.63	5	0.21	1.625	5	0.412	9.2	5	0.6
2002	9	SJMFZ01AB0_01	>5～20	180.2	5	11.6	6.42	5	0.18	1.228	5	0.295	6.1	5	0.7
2002	9	SJMFZ01AB0_01	>20～25	99.7	5	20.6	5.18	5	0.16	1.207	5	0.396	7.5	5	0.8
2002	9	SJMFZ01AB0_01	>25～35	47.8	5	9.7	3.05	5	0.21	1.441	5	0.518	7.4	5	0.6
2003	9	SJMFZ01AB0_01	0～10	129.1	6	18.6	11.6	6	1.58	1.718	6	0.492	8.6	6	0.9
2003	9	SJMFZ01AB0_01	>10～20	78.2	6	13.6	7.89	6	1.12	1.538	6	0.395	9.9	6	0.7
2003	9	SJMZH01AB0_01	0～10	489.9	6	21.8	22.81	6	2.02	0.862	6	0.391	5.3	6	0.8
2003	9	SJMZH01AB0_01	>10～20	448.3	6	15.7	27.65	6	4.25	1.159	6	0.468	3.9	6	0.5
2004	9	SJMZH01AB0_01	0～10	558.8	5	24.4	22.93	5	1.26	0.742	5	0.105	5.4	5	0.8
2004	9	SJMZH01AB0_01	>10～20	511.2	5	39.6	19.81	5	3.25	1.032	5	0.283	3.5	5	0.5
2004	9	SJMFZ01AB0_01	0～10	190.5	5	20.6	9.57	5	0.97	1.531	5	0.452	8.4	5	1.1
2004	9	SJMFZ01AB0_01	>10～20	74.6	5	9.6	4.62	5	0.62	1.518	5	0.328	10.3	5	0.8
2005	9	SJMZH01AB0_01	0～10	551.5	3	39.6	19.35	3	1.95	0.918	3	0.019	5.3	3	0.8
2005	9	SJMZH01AB0_01	>10～20	518.6	3	42.8	22.03	3	1.61	1.017	3	0.051	4.5	3	0.7
2005	9	SJMFZ01AB0_01	0～10	188.1	5	16.2	10.36	5	0.71	1.873	5	0.769	8.9	5	0.9
2005	9	SJMFZ01AB0_01	>10～20	75.2	5	11.8	4.46	5	0.35	1.569	5	0.367	9.8	5	0.7
2007	9	SJMZH01AB0_01	0～10	559.4	6	45.5	21.36	6	2.25	—	—	—	—	—	—
2007	9	SJMZH01AB0_01	>10～20	449.6	6	26.3	17.21	6	3.28	—	—	—	—	—	—

（续）

年	月	样地代码	观测层次/cm	土壤有机质			全氮			全磷			全钾		
				平均值/(g/kg)	重复数	标准差	平均值/(g/kg)	重复数	标准差	平均值/(g/kg)	重复数	标准差	平均值/(g/kg)	重复数	标准差
2007	9	SJMFZ01AB0_01	0~10	166.9	6	28.7	6.83	6	1.21	—	—	—	—	—	—
2007	9	SJMFZ01AB0_01	>10~20	88.3	6	8.2	4.12	6	0.62	—	—	—	—	—	—
2008	9	SJMZH01AB0_01	0~10	489.6	6	10.6	20.17	6	1.98	—	—	—	—	—	—
2008	9	SJMZH01AB0_01	>10~20	423.6	6	9.5	18.93	6	0.96	—	—	—	—	—	—
2008	9	SJMFZ01AB0_01	0~10	160.8	6	14.6	7.16	6	0.37	—	—	—	—	—	—
2008	9	SJMFZ01AB0_01	>10~20	127.9	6	13.6	5.83	6	0.25	—	—	—	—	—	—
2009	9	SJMZH01AB0_01	0~10	518.6	6	48.2	18.21	6	0.73	1.057	6	0.091	5.8	6	0.3
2009	9	SJMZH01AB0_01	>10~20	418.9	6	45.2	17.72	6	1.21	1.031	6	0.083	5.7	6	0.5
2009	9	SJMFZ01AB0_01	0~10	143.5	6	27.8	6.28	6	0.96	0.973	6	0.231	13.9	6	1.2
2009	9	SJMFZ01AB0_01	>10~20	115.7	6	26.5	5.12	6	1.03	0.895	6	0.105	14.5	6	1.1
2010	9	SJMZH01AB0_01	0~10	449.6	5	23.1	6.23	5	0.23	0.891	5	0.063	16.5	5	0.3
2010	9	SJMZH01AB0_01	>10~20	440.7	5	31.7	4.26	5	0.21	0.653	5	0.027	17.2	5	0.2
2010	9	SJMFZ01AB0_01	0~10	182.4	5	7.3	4.81	5	0.18	0.832	5	0.042	16.2	5	0.2
2010	9	SJMFZ01AB0_01	>10~20	115.6	5	8.8	2.49	5	0.23	0.618	5	0.026	18.3	5	0.3
2010	9	SJMZQ08B00_01	0~10	441.5	3	19.8	6.62	3	0.59	0.863	3	0.075	16.6	3	0.5
2010	9	SJMZQ08B00_01	>10~20	428.7	3	15.6	3.68	3	0.65	0.725	3	0.058	18.5	3	0.6
2011	9	SJMZH01AB0_01	0~10	462.8	5	13.8	19.69	5	0.08	1.092	5	0.052	4.8	5	0.4
2011	9	SJMZH01AB0_01	>10~20	377.9	5	28.6	17.16	5	0.61	0.912	5	0.046	4.2	5	0.2
2011	9	SJMFZ01AB0_01	0~10	195.6	5	20.3	8.89	5	0.17	0.806	5	0.071	10.7	5	0.6
2011	9	SJMFZ01AB0_01	>10~20	116.2	5	8.2	5.82	5	0.51	0.683	5	0.072	10.9	5	0.9
2011	9	SJMZQ08AB0_01	0~10	458.3	3	11.5	20.46	3	0.39	1.095	3	0.073	4.9	3	0.3
2011	9	SJMZQ08AB0_01	>10~20	429.5	3	9.8	17.42	3	0.35	0.921	3	0.036	4.5	3	0.2
2012	10	SJMZH01AB0_01	0~10	526.2	5	15.9	18.57	5	0.95	1.013	5	0.045	4.6	5	0.5
2012	10	SJMZH01AB0_01	>10~20	458.6	5	15.5	16.97	5	1.12	0.952	5	0.049	3.9	5	0.7
2012	10	SJMFZ01AB0_01	0~10	186.7	5	5.6	10.92	5	1.07	1.176	5	0.051	12.1	5	0.8

（续）

年	月	样地代码	观测层次/cm	土壤有机质			全氮			全磷			全钾		
				平均值/(g/kg)	重复数	标准差	平均值/(g/kg)	重复数	标准差	平均值/(g/kg)	重复数	标准差	平均值/(g/kg)	重复数	标准差
2012	10	SJMFZ01AB0_01	>10~20	99.8	5	9.5	6.25	5	0.99	0.853	5	0.105	16.2	5	1.1
2012	10	SJMZQ08B00_01	0~10	556.3	3	15.8	18.91	3	0.68	0.967	3	0.062	4.9	3	0.3
2012	10	SJMZQ08B00_01	>10~20	526.7	3	15.6	16.71	3	0.42	0.923	3	0.061	4.8	3	0.5
2013	10	SJMZH01AB0_01	0~10	537.5	5	37.6	19.24	5	1.89	0.953	5	0.035	4.2	5	0.3
2013	10	SJMZH01AB0_01	>10~20	498.7	5	39.5	16.62	5	1.66	0.883	5	0.038	4.4	5	0.4
2013	10	SJMFZ01AB0_01	0~10	287.6	5	12.3	10.29	5	1.12	1.238	5	0.052	10.1	5	0.8
2013	10	SJMFZ01AB0_01	>10~20	180.6	5	16.3	7.77	5	0.97	1.142	5	0.063	12.3	5	0.9
2013	9	SJMZQ08B00_01	0~10	551.8	3	26.2	17.32	3	1.87	1.195	3	0.098	6.1	3	0.6
2013	9	SJMZQ08B00_01	>10~20	518.9	3	30.7	17.34	3	1.95	1.172	3	0.075	5.9	3	0.8
2014	9	SJMZH01AB0_01	0~10	571.2	5	16.5	19.57	5	1.76	0.956	5	0.037	4.1	5	0.2
2014	9	SJMZH01AB0_01	>10~20	504.7	5	18.6	18.01	5	1.28	0.867	5	0.041	4.7	5	0.3
2014	9	SJMFZ01AB0_01	0~10	279.5	5	9.4	9.64	5	0.67	1.146	5	0.051	10.9	5	0.6
2014	9	SJMFZ01AB0_01	>10~20	133.8	5	10.7	7.62	5	0.59	1.083	5	0.087	13.2	5	0.7
2014	9	SJMZQ08B00_01	0~10	562.1	3	14.3	18.05	3	1.43	1.108	3	0.102	4.6	3	0.5
2014	9	SJMZQ08B00_01	>10~20	545.2	3	16.1	17.65	3	1.26	0.953	3	0.083	5.5	3	0.4
2015	9	SJMZH01AB0_01	0~10	553.6	6	24.2	19.18	6	0.59	1.205	6	0.083	4.7	6	0.5
2015	9	SJMZH01AB0_01	>10~20	463.2	6	28.5	18.25	6	1.15	1.249	6	0.091	4.9	6	0.4
2015	9	SJMFZ01AB0_01	0~10	249.8	6	41.7	9.35	6	1.31	1.182	6	0.067	11.9	6	0.9
2015	9	SJMFZ01AB0_01	>10~20	197.6	6	36.8	7.75	6	1.08	1.208	6	0.089	15.2	6	0.6
2015	9	SJMZQ08B00_01	0~10	549.8	3	9.8	17.35	3	0.77	1.103	3	0.036	4.8	3	0.1
2015	9	SJMZQ08B00_01	>10~20	488.5	3	13.9	20.61	3	1.17	1.082	3	0.042	3.1	3	0.1
2015	9	SJMZQ08B00_01	>20~40	239.6	3	2.5	9.85	3	0.25	0.817	3	0.027	3.9	3	0.3

表 3-15　湿地土壤养分观测数据(二)

年	月	样地代码	观测层次/cm	速效氮			有效磷			速效钾			缓效钾			pH		
				平均值/(mg/kg)	重复数	标准差	平均值/(mg/kg)	重复数	标准差	平均值/(mg/kg)	重复数	标准差	平均值/(mg/kg)	重复数	标准差	平均值	重复数	标准差
2000	5	SJMFZ01AB0_01	0~20	345.5	21	31.8	54.6	21	10.3	350.2	21	37.6	—	—	—	5.35	21	0.06
2001	5	SJMZH01AB0_01	0~8	407.4	3	42.5	40.6	3	8.2	209.5	3	21.3	—	—	—	5.92	3	0.09
2001	5	SJMZH01AB0_01	>8~20	286.6	3	38.6	22.1	3	4.1	155.9	3	18.7	—	—	—	6.01	3	0.11
2001	5	SJMZH01AB0_01	>20~30	175.2	3	21.9	8.8	3	0.8	102.6	3	14.8	—	—	—	6.07	3	0.09
2001	5	SJMFZ01AB0_01	0~8	277.2	3	38.2	29.3	3	3.8	264.3	3	19.2	—	—	—	5.58	3	0.08
2001	5	SJMFZ01AB0_01	>8~20	218.4	3	25.7	16.9	3	2.9	120.9	3	16.8	—	—	—	5.61	3	0.07
2001	5	SJMFZ01AB0_01	>20~30	95.6	3	13.9	17.3	3	4.2	96.5	3	10.5	—	—	—	5.63	3	0.08
2002	9	SJMFZ01AB0_01	0~5	86.2	5	12.3	58.3	5	8.2	109.3	5	11.6	—	—	—	5.62	5	0.07
2002	9	SJMFZ01AB0_01	>5~20	53.4	5	9.1	28.1	5	5.2	58.5	5	8.9	—	—	—	5.71	5	0.09
2002	9	SJMFZ01AB0_01	>20~25	51.1	5	8.8	29.4	5	5.5	26.5	5	5.6	—	—	—	5.82	5	0.11
2002	9	SJMFZ01AB0_01	>25~35	27.1	5	4.1	23.2	5	3.6	21.2	5	3.8	—	—	—	5.86	5	0.09
2003	9	SJMFZ01AB0_01	0~10	860.7	6	51.6	66.1	6	10.7	311.2	6	30.5	—	—	—	6.08	6	0.14
2003	9	SJMFZ01AB0_01	>10~20	681.5	6	42.8	47.2	6	9.3	220.9	6	27.8	—	—	—	6.15	6	0.16
2003	9	SJMZH01AB0_01	0~10	1 255.2	6	109.6	20.9	6	3.3	283.8	6	29.6	—	—	—	6.03	6	0.11
2003	9	SJMZH01AB0_01	>10~20	1 599.7	6	217.6	14.1	6	2.1	177.9	6	22.6	—	—	—	6.05	6	0.08
2004	9	SJMZH01AB0_01	0~10	1 577.8	5	203.5	15.6	5	1.3	252.5	5	15.6	226	5	31	4.89	5	0.03
2004	9	SJMZH01AB0_01	>10~20	1 485.1	5	163.7	8.9	5	0.9	177.6	5	24.6	196	5	29	5.09	5	0.08
2004	9	SJMFZ01AB0_01	0~10	796.3	5	86.9	16.3	5	1.8	257.2	5	12.4	273	5	12	5.37	5	0.09
2004	9	SJMFZ01AB0_01	>10~20	345.6	5	54.8	19.2	5	2.1	220.6	5	9.8	298	5	17	5.41	5	0.08
2005	9	SJMFZ01AB0_01	0~10	717.2	5	56.3	29.6	5	4.6	289.8	5	40.6	241	5	32	5.46	5	0.09
2005	9	SJMFZ01AB0_01	>10~20	319.2	5	46.8	22.1	5	3.5	190.6	5	37.8	265	5	31	5.51	5	0.13
2005	9	SJMZH01AB0_01	0~10	1 780.8	5	113.2	12.5	5	2.3	152.6	5	24.9	259	5	27	5.21	5	0.11
2005	9	SJMZH01AB0_01	>10~20	1 864.5	5	132.6	6.7	5	1.3	88.6	5	13.8	265	5	37	5.33	5	0.15
2007	9	SJMZH01AB0_01	0~10	1 618.3	6	177.1	5.7	6	1.1	142.7	6	22.1	131	6	31	5.42	6	0.11
2007	9	SJMZH01AB0_01	>10~20	1 173.2	6	115.7	5.1	6	0.9	189.8	6	39.2	236	6	47	5.49	6	0.09

（续）

年	月	样地代码	观测层次/cm	速效氮			有效磷			速效钾			缓效钾			pH		
				平均值/(mg/kg)	重复数	标准差	平均值/(mg/kg)	重复数	标准差	平均值/(mg/kg)	重复数	标准差	平均值/(mg/kg)	重复数	标准差	平均值	重复数	标准差
2007	9	SJMFZ01AB0_01	0～10	666.9	6	73.2	27.2	6	7.8	277.5	6	67.8	389	6	56	5.33	6	0.06
2007	9	SJMFZ01AB0_01	>10～20	402.5	6	49.1	17.8	6	2.9	196.8	6	18.9	292	6	39	5.39	6	0.09
2008	9	SJMZH01AB0_01	0～10	1 621.7	6	149.2	7.5	6	1.2	174.1	6	32.5	—	—	—	5.47	6	0.10
2008	9	SJMZH01AB0_01	>10～20	1 628.5	6	137.5	8.1	6	0.9	170.2	6	39.1	—	—	—	5.51	6	0.11
2008	9	SJMFZ01AB0_01	0～10	668.2	6	72.5	20.4	6	3.5	159.5	6	19.8	—	—	—	5.39	6	0.07
2008	9	SJMFZ01AB0_01	>10～20	632.8	6	62.5	21.5	6	5.7	168.2	6	17.9	—	—	—	5.45	6	0.06
2009	9	SJMZH01AB0_01	0～10	1 206.8	6	134.2	9.2	6	0.8	107.7	6	10.1	—	—	—	5.56	6	0.08
2009	9	SJMZH01AB0_01	>10～20	1 183.1	6	127.5	10.5	6	1.1	103.7	6	13.2	—	—	—	5.46	6	0.15
2009	9	SJMFZ01AB0_01	0～10	435.6	6	58.6	16.4	6	2.3	234.6	6	30.6	—	—	—	5.46	6	0.08
2009	9	SJMFZ01AB0_01	>10～20	396.5	6	65.2	17.5	6	3.1	210.9	6	29.6	—	—	—	5.48	6	0.07
2010	9	SJMZH01AB0_01	0～10	913.3	5	37.3	17.7	5	0.7	228.6	5	26.2	219	5	21	5.53	5	0.08
2010	9	SJMZH01AB0_01	>10～20	756.6	5	34.1	18.7	5	1.1	236.4	5	10.4	155	5	9	5.59	5	0.06
2010	9	SJMFZ01AB0_01	0～10	368.7	5	30.2	22.3	5	4.2	306.2	5	11.8	192	5	9	5.56	5	0.05
2010	9	SJMFZ01AB0_01	>10～20	245.8	5	34.3	18.7	5	1.1	236.6	5	10.4	155	5	2	5.64	5	0.06
2010	9	SJMZQ08B00_01	0～10	1 050.5	3	100.9	20.9	3	2.1	194.7	3	9.6	265	3	9	5.57	3	0.02
2010	9	SJMZQ08B00_01	>10～20	981.8	3	91.3	15.3	3	0.9	124.8	3	5.3	145	3	4	5.54	3	0.04
2011	9	SJMZH01AB0_01	0～10	866.7	5	68.3	5.8	5	0.9	142.8	5	10.7	—	—	—	5.54	5	0.05
2011	9	SJMZH01AB0_01	>10～20	559.2	5	53.2	4.6	5	0.5	98.6	5	7.2	—	—	—	5.58	5	0.07
2011	9	SJMFZ01AB0_01	0～10	397.7	5	30.3	20.8	5	1.7	122.7	5	13.6	—	—	—	5.58	5	0.04
2011	9	SJMFZ01AB0_01	>10～20	286.4	5	34.3	17.7	5	1.3	104.8	5	9.7	—	—	—	5.64	5	0.05
2011	9	SJMZQ08B00_01	0～10	897.2	3	17.9	6.8	3	0.7	139.5	3	8.3	—	—	—	5.53	3	0.03
2011	9	SJMZQ08B00_01	>10～20	702.5	3	33.2	5.1	3	0.5	108.7	3	7.2	—	—	—	5.63	3	0.04
2012	10	SJMZH01AB0_01	0～10	1 650.5	5	162.5	24.1	5	1.9	261.6	5	28.5	—	—	—	5.52	5	0.03
2012	10	SJMZH01AB0_01	>10～20	1 472.1	5	93.6	11.8	5	0.9	236.5	5	37.2	—	—	—	5.57	5	0.05
2012	10	SJMFZ01AB0_01	0～10	727.1	5	81.6	42.8	5	2.1	383.5	5	12.6	—	—	—	5.61	5	0.04

（续）

年	月	样地代码	观测层次/cm	速效氮 平均值/(mg/kg)	速效氮 重复数	速效氮 标准差	有效磷 平均值/(mg/kg)	有效磷 重复数	有效磷 标准差	速效钾 平均值/(mg/kg)	速效钾 重复数	速效钾 标准差	缓效钾 平均值/(mg/kg)	缓效钾 重复数	缓效钾 标准差	pH 平均值	pH 重复数	pH 标准差
2012	10	SJMFZ01AB0_01	>10~20	446.8	5	53.3	29.6	5	2.8	291.6	5	32.3	—	—	—	5.66	5	0.05
2012	10	SJMZQ08B00_01	0~10	1 461.2	3	138.9	32.8	3	4.3	351.1	3	36.8	—	—	—	5.54	3	0.03
2012	10	SJMZQ08B00_01	>10~20	1 278.6	3	99.7	28.3	3	3.2	269.6	3	29.6	—	—	—	5.60	3	0.05
2013	10	SJMZH01AB0_01	0~10	685.7	5	57.2	18.2	5	1.8	394.7	5	55.6	266	5	32	4.98	5	0.12
2013	10	SJMZH01AB0_01	>10~20	637.5	5	35.6	11.7	5	1.2	269.3	5	43.2	242	5	37	5.05	5	0.13
2013	10	SJMFZ01AB0_01	0~10	527.8	5	44.7	18.3	5	2.3	350.2	5	46.7	358	5	35	5.38	5	0.08
2013	10	SJMFZ01AB0_01	>10~20	518.5	5	46.8	15.2	5	1.1	297.6	5	28.5	317	5	18	5.25	5	0.07
2013	9	SJMZQ08B00_01	0~10	616.1	3	51.3	32.9	3	0.8	293.6	3	30.2	307	3	19	5.35	3	0.08
2013	9	SJMZQ08B00_01	>10~20	534.9	3	41.8	25.1	3	0.9	287.7	3	22.8	227	3	12	5.29	3	0.05
2014	9	SJMZH01AB0_01	0~10	1 390.2	5	71.6	19.2	5	2.3	352.7	5	40.1	—	—	—	4.92	5	0.09
2014	9	SJMZH01AB0_01	>10~20	1 482.1	5	68.3	10.8	5	1.3	254.9	5	16.7	—	—	—	5.02	5	0.09
2014	9	SJMFZ01AB0_01	0~10	572.5	5	58.3	17.5	5	1.3	320.6	5	22.4	—	—	—	5.35	5	0.12
2014	9	SJMFZ01AB0_01	>10~20	466.8	5	60.5	20.7	5	2.1	268.5	5	31.6	—	—	—	5.42	5	0.17
2014	9	SJMZQ08B00_01	0~10	1 364.3	3	62.7	29.4	3	3.5	323.9	3	22.9	—	—	—	5.34	—	0.07
2014	9	SJMZQ08B00_01	>10~20	1 403.2	3	12.7	28.2	3	1.4	239.5	3	17.8	—	—	—	5.27	—	0.11
2015	9	SJMZH01AB0_01	0~10	1 340.5	6	94.8	19.3	6	3.1	179.6	6	28.5	189	6	41	4.78	6	0.08
2015	9	SJMZH01AB0_01	>10~20	1 420.6	6	88.6	9.8	6	1.0	108.7	6	19.8	172	6	28	4.91	6	0.06
2015	9	SJMFZ01AB0_01	0~10	635.8	6	18.5	27.3	6	2.4	165.8	6	21.3	134	6	21	4.93	6	0.07
2015	9	SJMFZ01AB0_01	>10~20	598.7	6	22.7	24.8	6	2.7	143.4	6	14.5	138	6	14	4.96	6	0.06

表 3 – 16　农田土壤养分观测数据（一）

年	月	样地代码	观测层次/cm	土壤有机质			全氮			全磷			全钾		
				平均值/(g/kg)	重复数	标准差	平均值/(g/kg)	重复数	标准差	平均值/(g/kg)	重复数	标准差	平均值/(g/kg)	重复数	标准差
2000	5	SJMFZ02AB0_01	0~20	41.5	5	4.2	2.42	5	0.52	0.698	5	0.123	14.1	5	1.3
2001	5	SJMFZ02AB0_01	0~20	34.1	5	2.9	1.86	5	0.83	1.051	5	0.105	13.2	5	1.1
2001	5	SJMFZ03AB0_01	0~20	49.3	4	3.8	2.79	4	0.31	1.142	4	0.112	12.6	4	0.9
2002	9	SJMFZ02AB0_01	0~20	39.1	10	3.4	2.33	10	0.41	0.627	10	0.107	12.9	10	1.2
2002	9	SJMFZ03AB0_01	0~20	42.7	4	4.2	2.95	4	0.38	0.683	4	0.125	13.1	4	0.8
2003	9	SJMFZ02AB0_01	0~20	36.6	10	3.1	2.49	10	0.61	0.758	10	0.132	12.8	10	1.5
2003	9	SJMFZ03AB0_01	0~20	44.3	6	2.6	3.34	6	0.27	0.582	6	0.202	13.2	6	1.2
2004	9	SJMFZ02AB0_01	0~20	32.9	6	2.6	2.23	6	0.31	0.911	6	0.075	13.4	6	0.3
2004	9	SJMFZ03AB0_01	0~20	48.8	3	1.5	3.57	3	0.25	0.872	3	0.113	12.5	3	0.4
2005	9	SJMFZ02AB0_01	0~20	32.5	6	2.1	1.65	6	0.45	0.831	6	0.016	17.3	6	0.8
2007	9	SJMFZ02AB0_01	0~20	37.4	8	2.7	1.89	8	0.51	0.683	8	0.027	17.2	8	0.5
2007	9	SJMFZ03AB0_01	0~20	52.3	8	3.9	2.34	8	0.35	0.702	8	0.035	16.5	8	0.6
2008	9	SJMFZ02AB0_01	0~20	39.7	8	3.2	1.92	8	0.16	0.716	8	0.036	17.6	8	0.3
2008	9	SJMFZ03AB0_01	0~20	49.6	8	5.1	2.47	8	0.09	0.757	8	0.028	16.8	8	0.2
2009	9	SJMFZ02AB0_01	0~20	37.3	8	2.4	1.87	8	0.16	0.631	8	0.051	18.1	8	0.4
2009	9	SJMFZ03AB0_01	0~20	51.8	8	2.8	2.37	8	0.21	0.673	8	0.053	17.1	8	0.5
2010	9	SJMFZ02AB0_01	0~20	38.7	3	1.4	1.95	3	0.04	0.663	3	0.063	18.5	3	0.6
2010	9	SJMFZ02AB0_01	>20~40	22.8	3	1.7	0.67	3	0.03	0.436	3	0.036	16.7	3	0.3
2010	9	SJMFZ02AB0_01	>40~60	20.1	3	0.6	0.61	3	0.06	0.428	3	0.028	15.4	3	0.2
2010	9	SJMFZ02AB0_01	>60~100	13.5	3	1.3	0.51	3	0.03	0.387	3	0.031	15.8	3	0.3
2010	9	SJMFZ03AB0_01	0~20	51.6	3	2.5	2.75	3	0.14	0.812	3	0.023	17.4	3	0.8
2010	9	SJMFZ03AB0_01	>20~40	27.9	3	1.5	1.10	3	0.15	0.613	3	0.018	16.2	3	0.7
2010	9	SJMFZ03AB0_01	>40~60	21.5	3	1.4	0.82	3	0.07	0.513	3	0.031	16.3	3	0.5
2010	9	SJMFZ03AB0_01	>60~100	15.7	3	0.9	0.59	3	0.05	0.477	3	0.038	16.5	3	0.6
2011	10	SJMFZ02AB0_01	0~20	39.1	8	3.1	2.03	8	0.14	0.657	8	0.042	12.5	8	0.7

（续）

年	月	样地代码	观测层次/cm	土壤有机质 平均值/(g/kg)	重复数	标准差	全氮 平均值/(g/kg)	重复数	标准差	全磷 平均值/(g/kg)	重复数	标准差	全钾 平均值/(g/kg)	重复数	标准差
2011	10	SJMZQ09B00_01	0~20	40.5	3	1.2	2.05	3	0.15	0.672	3	0.036	12.4	3	0.3
2011	10	SJMFZ03AB0_01	0~20	53.6	8	5.1	2.72	8	0.37	0.675	8	0.048	17.3	8	0.4
2012	10	SJMFZ02AB0_01	0~20	36.3	8	4.4	1.93	8	0.34	0.723	8	0.051	19.7	8	0.7
2012	10	SJMZQ09B00_01	0~20	35.8	3	2.3	1.74	3	0.05	0.703	3	0.034	19.6	3	0.4
2012	10	SJMFZ03AB0_01	0~20	55.4	8	3.1	2.34	8	0.39	0.662	8	0.026	19.3	8	0.4
2013	10	SJMFZ02AB0_01	0~20	38.6	8	5.3	1.86	8	0.46	0.806	8	0.084	17.5	8	1.2
2013	10	SJMZQ09B00_01	0~20	42.4	3	2.8	2.26	3	0.34	0.812	3	0.025	16.4	3	1.8
2013	10	SJMFZ03AB0_01	0~20	48.3	8	5.1	2.47	8	0.26	0.725	8	0.052	16.7	8	1.1
2014	10	SJMFZ02AB0_01	0~20	36.2	8	3.5	1.69	8	0.21	0.852	8	0.117	16.4	8	0.4
2014	10	SJMZQ09B00_01	0~20	42.4	3	1.1	2.19	3	0.06	0.897	3	0.051	16.7	3	0.3
2014	10	SJMFZ03AB0_01	0~20	37.6	8	3.1	1.57	8	0.16	0.726	8	0.053	17.3	8	0.4
2015	9	SJMFZ02AB0_01	0~20	35.6	8	2.6	1.63	8	0.11	0.682	8	0.053	20.3	8	0.9
2015	9	SJMZQ09B00_01	0~20	44.9	3	3.5	2.25	3	0.09	0.982	3	0.051	19.8	3	0.4
2015	9	SJMFZ03AB0_01	0~20	45.2	8	4.7	2.12	8	0.28	0.715	8	0.036	19.7	8	0.9

表3-17　农田土壤养分观测数据（二）

年	月	样地代码	观测层次/cm	速效氮 平均值/(mg/kg)	重复数	标准差	有效磷 平均值/(mg/kg)	重复数	标准差	速效钾 平均值/(mg/kg)	重复数	标准差	缓效钾 平均值/(mg/kg)	重复数	标准差	pH 平均值	重复数	标准差
2000	5	SJMFZ02AB0_01	0~20	169.1	5	30.8	33.5	5	3.9	118.6	5	18.6	—	—	—	4.97	5	0.21
2001	5	SJMFZ02AB0_01	0~20	170.6	5	28.1	23.3	5	3.7	90.2	5	10.8	—	—	—	5.67	5	0.07

(续)

年	月	样地代码	观测层次/cm	速效氮			有效磷			速效钾			缓效钾			pH		
				平均值/(mg/kg)	重复数	标准差	平均值/(mg/kg)	重复数	标准差	平均值/(mg/kg)	重复数	标准差	平均值/(mg/kg)	重复数	标准差	平均值	重复数	标准差
2001	5	SJMFZ03AB0_01	0~20	280.3	4	23.6	25.4	4	4.6	99.4	4	11.5	—	—	—	5.76	4	0.15
2002	9	SJMFZ02AB0_01	0~20	170.6	10	21.2	25.4	10	3.2	102.7	10	15.3	—	—	—	5.83	10	0.14
2002	9	SJMFZ03AB0_01	0~20	190.5	4	19.5	29.8	4	4.1	136.7	4	16.8	—	—	—	5.96	4	0.18
2003	9	SJMFZ02AB0_01	0~20	251.2	10	31.6	31.9	10	5.3	123.7	10	15.1	—	—	—	6.05	10	0.15
2003	9	SJMFZ03AB0_01	0~20	325.4	6	42.9	23.6	6	3.8	161.6	6	17.2	—	—	—	6.13	6	0.12
2004	9	SJMFZ02AB0_01	0~20	194.8	6	13.7	20.6	6	1.2	105.3	6	12.6	276	6	18	5.18	6	0.03
2004	9	SJMZQ09AB0_01	0~20	190.3	3	16.9	21.9	3	1.1	103.7	3	9.8	264	3	22	5.19	3	0.05
2005	9	SJMFZ02AB0_01	0~20	255.8	7	13.6	36.1	7	2.3	78.5	7	9.8	368	7	26	5.46	7	0.19
2007	9	SJMFZ02AB0_01	0~20	248.3	8	25.2	21.6	8	6.2	117.5	8	17.9	355	8	42	5.39	8	0.08
2007	9	SJMFZ03AB0_01	0~20	260.5	8	19.1	28.8	8	5.9	188.2	8	21.2	387	8	28	5.64	8	0.09
2008	9	SJMFZ02AB0_01	0~20	220.3	8	27.8	22.8	8	5.3	95.1	8	10.5	—	—	—	5.51	8	0.09
2008	9	SJMFZ03AB0_01	0~20	252.2	8	32.6	30.7	8	7.9	148.2	8	13.2	—	—	—	5.76	8	0.11
2009	9	SJMFZ02AB0_01	0~20	202.5	8	31.8	18.5	8	2.5	69.1	8	9.3	—	—	—	5.19	8	0.03
2009	9	SJMFZ03AB0_01	0~20	242.7	8	18.6	28.4	8	4.1	107.4	8	5.1	—	—	—	5.82	8	0.05
2010	9	SJMFZ02AB0_01	0~20	172.3	3	10.7	40.3	3	1.2	114.7	3	6.2	174	3	6	5.42	3	0.03
2010	9	SJMFZ02AB0_01	>20~40	95.4	3	7.3	26.5	3	2.3	93.2	3	10.3	191	3	13	5.58	3	0.04
2010	9	SJMFZ02AB0_01	>40~60	85.5	3	11.4	21.7	3	3.1	80.5	3	9.8	169	3	15	5.54	3	0.06
2010	9	SJMFZ02AB0_01	>60~100	68.2	3	6.9	18.2	3	1.8	63.5	3	6.8	159	3	9	5.66	3	0.05
2010	9	SJMFZ03AB0_01	0~20	214.1	3	7.8	33.8	3	0.9	158.2	3	8.3	195	3	13	5.59	3	0.06
2010	9	SJMFZ03AB0_01	>20~40	106.7	3	6.5	28.6	3	0.8	115.6	3	5.2	215	3	16	5.60	3	0.08
2010	9	SJMFZ03AB0_01	>40~60	84.7	3	3.7	23.7	3	2.6	84.3	3	3.9	202	3	17	5.62	3	0.06
2010	9	SJMFZ03AB0_01	>60~100	64.9	3	4.5	17.9	3	1.8	67.5	3	4.2	186	3	15	5.69	3	0.03

（续）

年	月	样地代码	观测层次/cm	速效氮			有效磷			速效钾			缓效钾			pH		
				平均值/(mg/kg)	重复数	标准差	平均值/(mg/kg)	重复数	标准差	平均值/(mg/kg)	重复数	标准差	平均值/(mg/kg)	重复数	标准差	平均值	重复数	标准差
2011	10	SJMFZ02AB0_01	0～20	229.1	8	22.6	30.1	8	3.1	115.6	8	9.5	—	—	—	5.29	8	0.07
2011	10	SJMZQ09B00_01	0～20	238.5	3	13.2	31.5	3	3.3	116.7	3	4.4	—	—	—	5.53	3	0.06
2011	10	SJMFZ03AB0_01	0～20	168.4	8	16.3	30.8	8	4.1	148.3	8	7.9	—	—	—	5.68	8	0.05
2012	10	SJMFZ02AB0_01	0～20	176.3	8	14.6	22.3	8	2.7	84.9	8	9.3	—	—	—	5.32	8	0.07
2012	10	SJMZQ09B00_01	0～20	173.1	3	12.1	23.7	3	1.9	70.1	3	2.5	—	—	—	5.49	3	0.06
2012	10	SJMFZ03AB0_01	0～20	185.3	8	15.9	23.1	8	2.1	161.2	8	7.3	—	—	—	5.67	8	0.05
2013	10	SJMFZ02AB0_01	0～20	192.2	8	34.2	20.7	8	2.2	89.5	8	12.7	347	8	13	5.54	8	0.04
2013	10	SJMZQ09B00_01	0～20	204.4	3	58.6	17.0	3	3.8	106.1	3	13.8	338	3	26	5.31	3	0.03
2013	10	SJMFZ03AB0_01	0～20	184.8	8	32.6	18.8	8	1.4	168.7	8	19.7	450	8	23	5.65	8	0.08
2014	10	SJMFZ02AB0_01	0～20	247.6	8	38.3	22.6	8	2.3	87.9	8	4.7	—	—	—	5.46	8	0.11
2014	10	SJMZQ09B00_01	0～20	236.6	3	9.3	16.5	3	1.2	99.6	3	6.8	—	—	—	5.31	3	0.05
2014	10	SJMFZ03AB0_01	0～20	226.7	8	28.5	23.1	8	2.4	194.4	8	23.6	—	—	—	5.58	8	0.07
2015	9	SJMFZ02AB0_01	0～20	254.5	8	37.9	23.6	8	2.4	93.6	8	9.7	260	8	30	5.17	8	0.03
2015	9	SJMZQ09B00_01	0～20	343.8	3	24.5	19.1	3	1.4	103.8	3	7.6	209	3	12	5.06	3	0.02
2015	9	SJMFZ03AB0_01	0～20	309.6	8	22.9	26.5	8	2.3	213.7	8	21.8	346	8	28	5.66	8	0.08

3.2.2　剖面土壤容重

(1) 概述。土壤容重的测定频率是每 5 年 1 次。2000 年、2005 年、2010 年和 2015 年对三江站湿地长期监测样地剖面（0～10 cm、10～20 cm 和 20～40 cm）土壤容重进行了测定；2000 年、2003 年、2004 年、2010 年和 2015 年对农田长期固定观测样地进行了剖面土壤容重监测工作，农田剖面土壤容重 2010 年统一监测规范后对 0～20 cm、20～40 cm、40～60 cm 和 60～100 cm 4 层进行测定。土壤容重调查采用环刀法，8—10 月完成。

(2) 数据采集和处理方法。土壤容重长期监测样地为常年积水沼泽湿地综合观测场（SJMZH01AB0＿01）、季节性积水沼泽湿地辅助观测场（SJMFZ01AB0＿01）、旱田辅助观测场（SJMFZ02AB0＿01）、水田辅助观测场（SJMFZ03AB0＿01）、洪河农场三区沼泽湿地辅助观测点（SJMZQ08B00＿01）、洪河农场三区旱田辅助观测点（SJMZQ09B00＿01）。

湿地剖面土壤容重测定时，先选定 10 m×10 m 临时样地，在其内选取三点作为剖面样品采样点，用环刀采集不同深度土层剖面样品，每一层均取三点以获得该层的容重数值；农田土壤剖面样品采集前先划定 20 m×20 m 临时样地一块，具体取样方法同湿地剖面样品采集。取得的土壤剖面样品带回实验室后在 105 ℃条件下烘干至恒重，结合环刀体积计算容重。获得土壤剖面不同层次容重数据后，以土壤分中心土壤报表为标准，样地采样分区对应的观测值数目为重复数，取平均值后作为本数据的最终结果，同时标明重复数及标准差。

(3) 数据质量控制和评估。对相同土层取得的 3 个平行样均进行容重测定，检查测定的容重数据是否超出相同土壤类型和采样深度的历史数据阈值范围，每个观测场土壤容重均值是否超出该样地相同深度历史数据均值的 2 倍标准差，对于超出范围的数据进行核实或进行重新剖面取样测定。

(4) 数据。剖面土壤容重数据见表 3 - 18、表 3 - 19。

表 3 - 18　湿地剖面土壤容重观测数据

年	月	样地代码	观测层次/cm	容重/（g/cm³）	重复数	标准差
2000	5	SJMZQ08B00＿01	0～10	0.31	3	0.05
2000	5	SJMZQ08B00＿01	＞10～20	0.55	3	0.06
2000	5	SJMZQ08B00＿01	＞20～40	0.93	3	0.03
2005	9	SJMZH01AB0＿01	0～10	0.35	6	0.06
2005	9	SJMZH01AB0＿01	＞10～20	0.46	6	0.10
2005	9	SJMZH01AB0＿01	＞20～40	0.85	6	0.09
2005	9	SJMFZ01AB0＿01	0～10	0.46	6	0.11
2005	9	SJMFZ01AB0＿01	＞10～20	0.73	6	0.07
2010	9	SJMZH01AB0＿01	0～10	0.35	3	0.02
2010	9	SJMZH01AB0＿01	＞10～20	0.49	3	0.01
2010	9	SJMZH01AB0＿01	＞20～40	1.08	3	0.02
2010	9	SJMFZ01AB0＿01	0～10	0.47	3	0.02
2010	9	SJMFZ01AB0＿01	＞10～20	0.73	3	0.04
2010	9	SJMFZ01AB0＿01	＞20～40	1.11	3	0.03

42

（续）

年	月	样地代码	观测层次/cm	容重/（g/cm³）	重复数	标准差
2015	9	SJMZH01AB0_01	0～10	0.39	3	0.05
2015	9	SJMZH01AB0_01	＞10～20	0.51	3	0.03
2015	9	SJMZH01AB0_01	＞20～40	1.09	3	0.04
2015	9	SJMFZ01AB0_01	0～10	0.47	3	0.03
2015	9	SJMFZ01AB0_01	＞10～20	0.77	3	0.07
2015	9	SJMFZ01AB0_01	＞20～40	1.16	3	0.05
2015	5	SJMZQ08B00_01	0～10	0.37	3	0.03
2015	5	SJMZQ08B00_01	＞10～20	0.54	3	0.02
2015	5	SJMZQ08B00_01	＞20～40	1.09	3	0.05

表 3 - 19　农田剖面土壤容重观测数据

年	月	样地代码	观测层次/cm	容重/（g/cm³）	重复数	标准差
2000	5	SJMFZ02AB0_01	0～8	0.89	3	0.03
2000	5	SJMFZ02AB0_01	＞8～16	0.98	3	0.04
2003	9	SJMFZ02AB0_01	0～20	1.10	6	0.08
2003	9	SJMFZ03AB0_01	0～20	1.15	4	0.09
2004	9	SJMFZ02AB0_01	0～10	1.05	6	0.08
2004	9	SJMZQ09B00_01	0～10	1.12	6	0.07
2010	9	SJMFZ02AB0_01	0～20	1.12	3	0.03
2010	9	SJMFZ02AB0_01	＞20～40	1.19	3	0.02
2010	9	SJMFZ02AB0_01	＞40～60	1.28	3	0.02
2010	9	SJMFZ02AB0_01	＞60～100	1.34	3	0.02
2010	9	SJMFZ03AB0_01	0～20	1.18	3	0.01
2010	9	SJMFZ03AB0_01	＞20～40	1.27	3	0.02
2010	9	SJMFZ03AB0_01	＞40～60	1.31	3	0.03
2010	9	SJMFZ03AB0_01	＞60～100	1.39	3	0.02
2015	9	SJMFZ02AB0_01	0～20	1.06	3	0.02
2015	9	SJMFZ02AB0_01	＞20～40	1.18	3	0.01
2015	9	SJMFZ02AB0_01	＞40～60	1.26	3	0.03
2015	9	SJMFZ02AB0_01	＞60～100	1.34	3	0.02
2015	9	SJMFZ03AB0_01	0～20	1.21	3	0.03
2015	9	SJMFZ03AB0_01	＞20～40	1.34	3	0.05
2015	9	SJMFZ03AB0_01	＞40～60	1.38	3	0.03

（续）

年	月	样地代码	观测层次/cm	容重/（g/cm³）	重复数	标准差
2015	9	SJMFZ03AB0 _ 01	>60～100	1.43	3	0.02
2015	9	SJMZQ09B00 _ 01	0～20	1.12	3	0.03
2015	9	SJMZQ09B00 _ 01	>20～40	1.22	3	0.03
2015	9	SJMZQ09B00 _ 01	>40～60	1.31	3	0.04
2015	9	SJMZQ09B00 _ 01	>60～100	1.39	3	0.02

3.2.3　土壤交换量

（1）概述。本数据集列出了三江站湿地和农田长期监测样地 2000 年、2005 年、2010 年和 2015 年期间土壤交换性钙、交换性镁、交换性钾、交换性钠和阳离子交换量含量数据。

（2）数据采集和处理方法。按照 CERN 土壤长期监测规范，土壤交换量含量监测频率为每 5 年 1 次。监测样地包括沼泽湿地土壤综合观测场（SJMZH01AB0 _ 01）、沼泽湿地辅助观测场（SJM-FZ01AB0 _ 01）、旱田辅助观测场（SJMFZ02AB0 _ 01）、水田辅助观测场（SJMFZ03AB0 _ 01）、洪河农场三区沼泽湿地土壤辅助观测点（SJMZQ08B00 _ 01）、洪河农场三区旱田辅助观测点（SJMZQ09B00 _ 01）。

湿地、农田土壤剖面样品采集方法同土壤容重样品采集方法，湿地表层样品采集于 0～10 cm 和 10～20 cm 两层，农田表层样品采集于 0～20 cm，于 8—10 月完成。采集的土壤样品自然风干去除根系等植物残体及石砾后进行过筛处理，作为分析测试样。获得各样品不同监测指标数据后，以土壤分中心土壤报表为标准，样地采样分区对应的观测值数目为重复数，取平均值后作为本数据的最终结果，同时标明重复数及标准差。本数据集包含的测定指标名称、数据获取方法、数据计量单位、小数位数等（表 3 - 20）。

表 3 - 20　土壤交换量指标名称及测量方法

序号	指标名称	单位	小数位数	数据获取方法
1	交换性钙	mmol/kg（1/2Ca²⁺）	1	乙酸铵交换法
2	交换性镁	mmol/kg（1/2Mg²⁺）	1	乙酸铵交换法
3	交换性钾	mmol/kg（K⁺）	2	乙酸铵交换法
4	交换性钠	mmol/kg（Na⁺）	2	乙酸铵交换法
5	阳离子交换量	mmol/kg（＋）	1	乙酸铵交换法

（3）数据质量控制和评估。测定时对每个样品进行 3 次平行样品测定，同时插入国家标准样品进行质控。检查测定的各监测指标数据是否超出相同土壤类型和采样深度的历史数据阈值范围和每个观测场监测项目均值是否超出该样地相同深度历史数据均值的 2 倍标准差，对于超出范围的土壤交换量数据进行核实或重新测定。

（4）数据。土壤交换量数据见表 3 - 21、表 3 - 22。

表 3－21　湿地土壤交换量观测数据

年	月	样地代码	观测层次/cm	交换性钙 平均值/[mmol/kg(1/2 Ca^{2+})]	交换性钙 重复数	交换性钙 标准差	交换性镁 平均值/[mmol/kg(1/2 Mg^{2+})]	交换性镁 重复数	交换性镁 标准差	交换性钾 平均值/[mmol/kg (K^{+})]	交换性钾 重复数	交换性钾 标准差	交换性钠 平均值/[mmol/kg (Na^{+})]	交换性钠 重复数	交换性钠 标准差	阳离子交换量 平均值/[mmol/kg(+)]	阳离子交换量 重复数	阳离子交换量 标准差
2000	5	SJMZQ08B00_01	0～10	6.7	3	0.5	2.6	3	0.2	1.03	3	0.07	1.94	3	0.08	—	—	
2000	5	SJMZQ08B00_01	＞10～20	5.8	3	0.3	1.9	3	0.3	0.61	3	0.05	0.65	3	0.04	—	—	
2000	5	SJMZQ08B00_01	＞20～40	5.3	3	0.2	1.5	3	0.1	0.42	3	0.03	0.65	3	0.05	—	—	
2005	9	SJMZH01AB0_01	0～10	17.6	5	0.7	4.3	5	0.1	1.13	5	0.06	0.79	5	0.08	343.9	5	24.7
2005	9	SJMZH01AB0_01	＞10～20	16.3	5	0.6	3.8	5	0.2	0.82	5	0.04	0.52	5	0.03	362.4	5	33.4
2005	9	SJMFZ01AB0_01	0～10	8.3	5	0.4	2.4	5	0.2	0.78	5	0.04	0.31	5	0.05	325.1	5	36.2
2005	9	SJMFZ01AB0_01	＞10～20	6.9	5	0.5	2.3	5	0.1	0.67	5	0.05	0.24	5	0.03	225.6	5	27.3
2010	9	SJMZH01AB0_01	0～10	17.7	3	0.8	4.3	3	0.2	1.18	3	0.11	0.69	3	0.02	403.3	3	15.8
2010	9	SJMZH01AB0_01	＞10～20	16.5	3	0.9	4.0	3	0.2	1.07	3	0.08	0.63	3	0.03	411.7	3	51.4
2010	9	SJMZH01AB0_01	＞20～40	6.4	3	0.7	1.9	3	0.1	0.48	3	0.04	0.45	3	0.04	218.4	3	8.6
2010	9	SJMFZ01AB0_01	0～10	7.9	3	0.3	2.8	3	0.2	0.79	3	0.05	0.68	3	0.02	268.9	3	9.6
2010	9	SJMFZ01AB0_01	＞10～20	5.9	3	0.8	2.2	3	0.4	0.61	3	0.09	0.52	3	0.01	213.5	3	7.5
2010	9	SJMFZ01AB0_01	＞20～40	5.0	3	0.7	1.9	3	0.5	0.53	3	0.04	0.41	3	0.01	163.7	3	4.2
2010	9	SJMZQ08B00_01	0～10	14.3	3	0.9	3.3	3	0.2	0.94	3	0.15	0.84	3	0.06	406.9	3	50.6
2010	9	SJMZQ08B00_01	＞10～20	11.8	3	0.9	3.3	3	0.5	0.59	3	0.11	0.68	3	0.06	353.7	3	22.3
2010	9	SJMZQ08B00_01	＞20～40	6.9	3	0.8	2.2	3	0.4	0.47	3	0.02	0.48	3	0.03	235.9	3	7.2
2015	9	SJMZH01AB0_01	0～10	15.5	6	1.4	3.9	6	0.5	1.09	6	0.25	0.56	6	0.12	340.1	6	29.4
2015	9	SJMZH01AB0_01	＞10～20	18.0	6	1.3	4.2	6	0.3	0.71	6	0.12	0.67	6	0.13	327.3	6	26.5
2015	9	SJMFZ01AB0_01	0～10	12.5	6	1.2	2.9	6	0.3	0.82	6	0.08	0.71	6	0.12	206.5	6	9.7
2015	9	SJMFZ01AB0_01	＞10～20	12.3	6	0.9	2.9	6	0.4	0.76	6	0.07	0.35	6	0.09	197.2	6	19.1
2015	9	SJMZQ08B00_01	0～10	13.3	3	1.6	3.2	3	0.3	1.01	3	0.11	0.68	3	0.15	291.9	3	18.7
2015	9	SJMZQ08B00_01	＞10～20	16.3	3	0.8	3.2	3	0.3	0.51	3	0.08	0.23	3	0.09	349.1	3	31.9

表 3-22　农田土壤交换量观测数据

年	月	样地代码	观测层次/cm	交换性钙 平均值/[mmol/kg(1/2 Ca²⁺)]	重复数	标准差	交换性镁 平均值/[mmol/kg(1/2 Mg²⁺)]	重复数	标准差	交换性钾 平均值/[mmol/kg(K⁺)]	重复数	标准差	交换性钠 平均值/[mmol/kg(Na⁺)]	重复数	标准差	阳离子交换量 平均值/[mmol/kg(+)]	重复数	标准差
2000	5	SJMFZ02AB0_01	0~20	7.7	3	0.6	3.2	3	0.3	0.94	3	0.03	0.41	3	0.03	196.5	3	9.5
2005	9	SJMFZ02AB0_01	0~20	6.2	6	0.4	2.6	6	0.2	0.56	6	0.05	0.28	6	0.04	192.3	6	14.4
2010	9	SJMFZ02AB0_01	0~20	5.1	3	0.2	2.1	3	0.1	0.42	3	0.03	0.44	3	0.02	180.9	3	6.3
2010	9	SJMFZ02AB0_01	>20~40	4.4	3	0.1	1.5	3	0.1	0.41	3	0.09	0.32	3	0.01	159.7	3	7.5
2010	9	SJMFZ02AB0_01	>40~60	3.9	3	0.2	1.4	3	0.1	0.33	3	0.04	0.31	3	0.01	145.7	3	8.2
2010	9	SJMFZ02AB0_01	>60~100	3.4	3	0.3	1.3	3	0.2	0.31	3	0.02	0.25	3	0.03	132.8	3	5.8
2010	9	SJMFZ03AB0_01	0~20	8.3	3	0.3	3.3	3	0.2	0.64	3	0.05	0.33	3	0.02	195.9	3	7.6
2010	9	SJMFZ03AB0_01	>20~40	7.2	3	0.5	2.9	3	0.3	0.53	3	0.07	0.38	3	0.05	180.7	3	8.3
2010	9	SJMFZ03AB0_01	>40~60	5.4	3	0.4	2.5	3	0.4	0.49	3	0.02	0.32	3	0.03	168.9	3	9.2
2010	9	SJMFZ03AB0_01	>60~100	4.8	3	0.3	1.7	3	0.3	0.42	3	0.03	0.26	3	0.04	154.7	3	8.9
2015	9	SJMFZ02AB0_01	0~20	4.9	8	0.2	3.3	8	0.2	0.34	8	0.04	0.32	8	0.03	185.7	8	11.1
2015	9	SJMZQ09B00_01	0~20	3.7	3	0.2	2.2	3	0.3	0.31	3	0.05	0.29	3	0.05	188.3	3	8.7
2015	9	SJMFZ03AB0_01	0~20	4.4	8	0.5	3.8	8	0.2	0.62	8	0.08	0.32	8	0.06	216.5	8	9.9

3.2.4　剖面土壤矿质全量

（1）概述。湿地土壤矿质全量监测工作开展于 2000 年、2003 年、2005 年和 2015 年，主要以剖面样品为观测研究对象，2015 年对农田土壤剖面矿质元素全量进行了较为系统的测定。本数据集中土壤矿质全量主要包括 SiO_2、Fe_2O_3、MnO、TiO_2、Al_2O_3、CaO、MgO、K_2O、Na_2O 和 S 含量数据。

（2）数据采集和处理方法。土壤样品采集于湿地土壤综合观测场（SJMZH01AB0＿01）、湿地土壤辅助观测场（SJMFZ01AB0＿01）、旱田土壤辅助观测场（SJMFZ02AB0＿01）、水田辅助观测场（SJMFZ03AB0＿01）、洪河农场三区湿地土壤辅助观测点（SJMZQ08B00＿01）、洪河农场三区旱田辅助观测点（SJMZQ09B00＿01）。

土壤剖面样品采集方法同土壤容重测量采样方法，8—10 月完成。所有取得的土壤样品自然风干过筛后备用作为分析测试样。获得各样品不同矿质全量数据后，以土壤分中心土壤报表为标准，样地采样分区对应的观测值数目为重复数，取平均值后作为本数据的最终结果，同时标明重复数及标准差，本表格为按照实际观测频率处理的观测数据。本数据集中测定的矿质元素指标、数据的获取方法、数据计量单位、小数位数见表 3-23。

表 3-23　土壤矿质全量指标名称及测量方法

序号	指标名称	单位	小数位数	数据获取方法
1	SiO_2	%	2	碱熔-盐酸提取-重量法
2	Fe_2O_3	%	2	碱熔-盐酸提取-等离子体发射光谱法
3	MnO	%	3	碱熔-盐酸提取-等离子体发射光谱法
4	TiO_2	%	3	碱熔-盐酸提取-等离子体发射光谱法
5	Al_2O_3	%	3	碱熔-盐酸提取-等离子体发射光谱法
6	CaO	%	3	碱熔-盐酸提取-等离子体发射光谱法
7	MgO	%	3	碱熔-盐酸提取-等离子体发射光谱法
8	K_2O	%	3	碱熔-盐酸提取-等离子体发射光谱法
9	Na_2O	%	3	碱熔-盐酸提取-等离子体发射光谱法
10	S	g/kg	2	电感耦合等离子体发射光谱（ICP-AES）法

（3）数据质量控制和评估。测定时对每个样品进行 3 次平行样品测定，同时插入国家标准样品进行质控。检查测定的各监测指标数据是否超出相同土壤类型和采样深度的历史数据阈值范围，验证每个观测场监测项目均值是否超出该样地相同深度历史数据均值的 2 倍标准差，对于超出范围的数据进行核实或再次测定。

（4）数据。剖面土壤矿质全量数据见表 3-24 至表 3-27。

表 3 - 24　湿地剖面土壤矿质全量观测数据（一）

年	月	样地代码	观测层次/cm	SiO₂ 平均值/%	SiO₂ 重复数	SiO₂ 标准差	Fe₂O₃ 平均值/%	Fe₂O₃ 重复数	Fe₂O₃ 标准差	MnO 平均值/%	MnO 重复数	MnO 标准差	TiO₂ 平均值/%	TiO₂ 重复数	TiO₂ 标准差	Al₂O₃ 平均值/%	Al₂O₃ 重复数	Al₂O₃ 标准差
2000	5	SJMZQ08B00_01	0~10	36.28	3	3.17	2.75	3	0.25	0.062	3	0.004	0.446	3	0.036	7.525	3	0.585
2000	5	SJMZQ08B00_01	>10~20	41.25	3	4.25	3.77	3	0.21	0.041	3	0.003	0.581	3	0.042	8.183	3	0.418
2000	5	SJMZQ08B00_01	>20~40	48.69	3	2.36	5.62	3	0.36	0.035	3	0.002	0.673	3	0.029	10.416	3	0.363
2003	9	SJMZH01AB0_01	0~10	—	—	—	1.55	6	0.15	0.092	6	0.005	—	—	—	—	—	—
2003	9	SJMZH01AB0_01	>10~20	—	—	—	1.92	6	0.12	0.083	6	0.007	—	—	—	—	—	—
2003	9	SJMFZ01AB0_01	0~10	—	—	—	2.95	6	0.18	0.065	6	0.007	—	—	—	—	—	—
2003	9	SJMFZ01AB0_01	>10~20	—	—	—	2.72	6	0.23	0.035	6	0.006	—	—	—	—	—	—
2005	9	SJMZH01AB0_01	0~10	23.72	3	3.57	1.74	3	0.21	0.078	3	0.007	0.253	3	0.008	5.513	3	0.203
2005	9	SJMZH01AB0_01	>10~20	28.16	3	3.98	2.75	3	0.16	0.053	3	0.009	0.284	3	0.011	6.157	3	0.108
2005	9	SJMZH01AB0_01	>20~40	33.56	3	5.91	2.87	3	0.19	0.065	3	0.006	0.419	3	0.015	7.249	3	0.237
2015	9	SJMZH01AB0_01	0~10	11.37	3	2.07	1.18	3	0.17	0.063	3	0.008	0.123	3	0.012	2.523	3	0.503
2015	9	SJMZH01AB0_01	>10~20	19.78	3	3.51	1.22	3	0.05	0.067	3	0.012	0.125	3	0.019	2.917	3	0.088
2015	9	SJMZH01AB0_01	>20~40	37.26	3	4.25	1.27	3	0.14	0.052	3	0.009	0.159	3	0.022	3.849	3	0.577
2015	9	SJMFZ01AB0_01	0~10	45.23	3	3.09	2.25	3	0.24	0.043	3	0.004	0.415	3	0.056	7.045	3	0.715
2015	9	SJMFZ01AB0_01	>10~20	50.21	3	5.81	2.72	3	0.23	0.035	3	0.006	0.513	3	0.032	8.113	3	0.378
2015	9	SJMFZ01AB0_01	>20~40	53.66	3	2.78	3.64	3	0.76	0.024	3	0.002	0.603	3	0.034	8.453	3	0.613

表 3 - 25　湿地剖面土壤矿质全量观测数据（二）

年	月	样地代码	观测层次/cm	CaO 平均值/%	CaO 重复数	CaO 标准差	MgO 平均值/%	MgO 重复数	MgO 标准差	K₂O 平均值/%	K₂O 重复数	K₂O 标准差	Na₂O 平均值/%	Na₂O 重复数	Na₂O 标准差	S 平均值/(g/kg)	S 重复数	S 标准差
2000	5	SJMZQ08B00_01	0~10	0.573	3	0.062	0.585	3	0.055	—	—	—	—	—	—	—	—	—
2000	5	SJMZQ08B00_01	>10~20	0.685	3	0.059	0.792	3	0.086	—	—	—	—	—	—	—	—	—
2000	5	SJMZQ08B00_01	>20~40	0.797	3	0.047	0.809	3	0.072	—	—	—	—	—	—	—	—	—
2003	9	SJMZH01AB0_01	0~10	0.825	6	0.081	0.425	6	0.041	—	—	—	0.893	6	0.098	—	—	—

（续）

年	月	样地代码	观测层次/cm	CaO			MgO			K_2O			Na_2O			S		
				平均值/%	重复数	标准差	平均值/%	重复数	标准差	平均值/%	重复数	标准差	平均值/%	重复数	标准差	平均值/(g/kg)	重复数	标准差
2003	9	SJMZH01AB0_01	>10～20	0.972	6	0.076	0.535	6	0.032	—	—	—	0.993	6	0.021	—	—	—
2003	9	SJMFZ01AB0_01	0～10	0.735	6	0.026	0.375	6	0.051	—	—	—	0.883	6	0.112	—	—	—
2003	9	SJMFZ01AB0_01	>10～20	0.902	6	0.106	0.443	6	0.032	—	—	—	0.923	6	0.106	—	—	—
2005	9	SJMZH01AB0_01	0～10	0.583	3	0.126	0.335	3	0.072	0.683	3	0.132	—	—	—	1.67	3	0.11
2005	9	SJMZH01AB0_01	>10～20	0.697	3	0.106	0.405	3	0.034	0.796	3	0.098	—	—	—	1.53	3	0.09
2005	9	SJMZH01AB0_01	>20～40	0.968	3	0.087	0.496	3	0.052	0.924	3	0.136	—	—	—	1.26	3	0.08
2015	9	SJMZH01AB0_01	0～10	0.645	3	0.031	0.285	3	0.032	0.573	3	0.042	0.783	3	0.108	1.85	3	0.05
2015	9	SJMZH01AB0_01	>10～20	0.792	3	0.276	0.315	3	0.012	0.586	3	0.052	0.823	3	0.051	1.61	3	0.11
2015	9	SJMZH01AB0_01	>20～40	0.992	3	0.057	0.384	3	0.032	0.764	3	0.083	1.036	3	0.096	1.19	3	0.07
2015	9	SJMFZ01AB0_01	0～10	0.694	3	0.058	0.665	3	0.085	1.452	3	0.157	1.276	3	0.083	0.94	3	0.11
2015	9	SJMFZ01AB0_01	>10～20	0.663	3	0.079	0.742	3	0.036	1.837	3	0.047	1.545	3	0.106	0.41	3	0.06
2015	9	SJMFZ01AB0_01	>20～40	0.604	3	0.097	0.825	3	0.034	2.123	3	0.108	1.763	3	0.084	0.21	3	0.03

表 3-26 农田剖面土壤矿质全量观测数据（一）

年	月	样地代码	观测层次/cm	SiO_2			Fe_2O_3			MnO			TiO_2			Al_2O_3		
				平均值/%	重复数	标准差	平均值/%	重复数	标准差	平均值/%	重复数	标准差	平均值/%	重复数	标准差	平均值/%	重复数	标准差
2015	9	SJMFZ02AB0_01	0～20	41.95	3	2.05	2.95	3	0.18	0.072	3	0.012	0.542	3	0.031	9.472	3	1.032
2015	9	SJMFZ02AB0_01	>20～40	43.39	3	2.27	2.69	3	0.11	0.053	3	0.009	0.547	3	0.035	8.723	3	0.443
2015	9	SJMFZ02AB0_01	>40～60	51.38	3	1.72	2.94	3	0.24	0.025	3	0.013	0.553	3	0.017	9.926	3	0.857
2015	9	SJMFZ02AB0_01	>60～100	62.64	3	1.95	4.05	3	0.38	0.016	3	0.014	0.582	3	0.047	11.152	3	0.628
2015	9	SJMFZ03AB0_01	0～20	44.91	3	2.52	2.97	3	0.15	0.033	3	0.006	0.503	3	0.012	9.162	3	0.276
2015	9	SJMFZ03AB0_01	>20～40	49.48	3	3.06	3.96	3	0.66	0.037	3	0.018	0.563	3	0.037	9.853	3	0.513
2015	9	SJMFZ03AB0_01	>40～60	59.82	3	3.71	4.26	3	0.26	0.021	3	0.011	0.569	3	0.052	10.894	3	0.826
2015	9	SJMFZ03AB0_01	>60～100	62.15	3	1.64	4.38	3	0.18	0.027	3	0.005	0.593	3	0.006	10.562	3	0.813

（续）

年	月	样地代码	观测层次/cm	SiO$_2$ 平均值/%	重复数	标准差	Fe$_2$O$_3$ 平均值/%	重复数	标准差	MnO 平均值/%	重复数	标准差	TiO$_2$ 平均值/%	重复数	标准差	Al$_2$O$_3$ 平均值/%	重复数	标准差
2015	9	SJMZQ09B00_01	0~20	42.11	3	1.78	3.01	3	0.19	0.103	3	0.009	0.542	3	0.033	8.879	3	0.962
2015	9	SJMZQ09B00_01	>20~40	44.19	3	1.37	2.89	3	0.06	0.074	3	0.026	0.528	3	0.017	8.653	3	0.837
2015	9	SJMZQ09B00_01	>40~60	48.57	3	4.07	3.05	3	0.16	0.032	3	0.023	0.553	3	0.057	9.243	3	0.352
2015	9	SJMZQ09B00_01	>60~100	63.59	3	2.15	4.16	3	0.23	0.015	3	0.012	0.598	3	0.022	10.785	3	1.026

表 3 - 27　农田剖面土壤矿质全量观测数据（二）

年	月	样地代码	观测层次/cm	CaO 平均值/%	重复数	标准差	MgO 平均值/%	重复数	标准差	K$_2$O 平均值/%	重复数	标准差	Na$_2$O 平均值/%	重复数	标准差	S 平均值/(g/kg)	重复数	标准差
2015	9	SJMFZ02AB0_01	0~20	0.953	3	0.116	0.713	3	0.052	2.303	3	0.062	2.091	3	0.038	0.24	3	0.02
2015	9	SJMFZ02AB0_01	>20~40	0.857	3	0.028	0.685	3	0.032	2.376	3	0.091	2.143	3	0.085	0.15	3	0.02
2015	9	SJMFZ02AB0_01	>40~60	0.838	3	0.057	0.806	3	0.092	2.492	3	0.086	2.017	3	0.092	0.12	3	0.01
2015	9	SJMFZ02AB0_01	>60~100	0.819	3	0.042	1.053	3	0.064	2.314	3	0.036	1.523	3	0.087	0.11	3	0.01
2015	9	SJMFZ03AB0_01	0~20	0.863	3	0.006	0.663	3	0.023	2.343	3	0.034	1.812	3	0.053	0.22	3	0.02
2015	9	SJMFZ03AB0_01	>20~40	0.941	3	0.021	0.785	3	0.062	2.413	3	0.052	1.783	3	0.104	0.15	3	0.04
2015	9	SJMFZ03AB0_01	>40~60	0.912	3	0.076	0.975	3	0.083	2.386	3	0.053	1.553	3	0.091	0.11	3	0.01
2015	9	SJMFZ03AB0_01	>60~100	0.902	3	0.037	1.054	3	0.059	2.342	3	0.043	1.456	3	0.108	0.11	3	0.01
2015	9	SJMZQ09B00_01	0~20	0.914	3	0.086	0.675	3	0.052	2.279	3	0.107	1.976	3	0.103	0.30	3	0.04
2015	9	SJMZQ09B00_01	>20~40	0.832	3	0.107	0.642	3	0.032	2.273	3	0.097	1.945	3	0.076	0.23	3	0.08
2015	9	SJMZQ09B00_01	>40~60	0.784	3	0.037	0.695	3	0.048	2.332	3	0.088	1.963	3	0.064	0.15	3	0.06
2015	9	SJMZQ09B00_01	>60~100	0.779	3	0.076	1.017	3	0.097	2.241	3	0.064	1.496	3	0.053	0.10	3	0.03

3.2.5 剖面土壤微量元素

（1）概述。本数据集为三江站6个长期监测样地土壤微量元素数据，其中湿地土壤微量元素含量主要测定于2005年、2015年，农田土壤微量元素含量主要测定于2010年、2015年，主要指标包括全硼、全钼、全锰、全锌、全铜和全铁含量。

（2）数据采集和处理方法。土壤微量元素含量长期监测是以不同深度土壤剖面样品为观测对象，采集于三江站湿地综合观测场（SJMZH01AB0_01）、季节性积水湿地辅助观测场（SJMFZ01AB0_01）、旱田辅助观测场（SJMFZ02AB0_01）、水田辅助观测场（SJMFZ03AB0_01）、洪河农场三区湿地辅助观测点（SJMZQ08B00_01）、洪河农场三区旱田辅助观测点（SJMZQ09B00_01）。

土壤剖面样品采集方法同土壤容重测量采样方法，在观测年份的8—10月完成样品采集及预处理工作。所有取得的土壤样品自然风干过筛后备用作为分析测试样。获得各样品不同微量元素数据值后，以土壤分中心土壤报表为标准，样地采样分区对应的观测值数目为重复数，取平均值后作为本数据的最终结果，同时标明重复数及标准差；本表格为按照实际观测频率处理的观测数据。湿地、农田土壤微量元素具体指标、数据获取方法、数据计量单位、小数位数等见表3-28。

表3-28 土壤微量元素指标名称及测量方法

序号	指标名称	单位	小数位数	数据获取方法
1	全硼	mg/kg	2	ICP-AES法
2	全钼	mg/kg	2	ICP-AES法
3	全锰	mg/kg	2	ICP-AES法
4	全锌	mg/kg	2	ICP-AES法
5	全铜	mg/kg	2	ICP-AES法
6	全铁	mg/kg	2	ICP-AES法

（3）数据质量控制和评估。测定时对每个样品进行3次平行样品测定，同时插入国家标准样品进行质控。检查测定的各监测指标数据是否超出相同土壤类型和采样深度的历史数据阈值范围、每个观测场监测项目均值是否超出该样地相同深度历史数据均值的2倍标准差，对于超出范围的微量元素数据进行核实或再次测定。

（4）数据。剖面土壤微量元素数据见表3-29、表3-30。

表 3-29　湿地剖面土壤微量元素观测数据

年	月	样地代码	观测层次/cm	全硼			全钼			全锰			全锌			全铜			全铁		
				平均值/%	重复数	标准差	平均值/%	重复数	标准差	平均值/%	重复数	标准差	平均值/%	重复数	标准差	平均值/%	重复数	标准差	平均值/%	重复数	标准差
2005	9	SJMZH01AB0_01	0~10	15.21	3	1.57	4.25	3	0.98	396.11	3	32.31	41.23	3	3.82	8.83	3	1.31	7 567.05	3	366.92
2005	9	SJMZH01AB0_01	>10~20	13.98	3	2.03	3.88	3	1.06	395.65	3	11.74	27.36	3	1.12	9.56	3	1.17	7 142.63	3	295.72
2005	9	SJMZH01AB0_01	>20~40	29.06	3	3.08	10.48	3	1.46	228.44	3	16.14	35.82	3	2.19	16.26	3	2.23	9 987.93	3	328.16
2015	9	SJMZH01AB0_01	0~10	21.32	3	2.47	5.47	3	0.06	429.36	3	57.92	45.95	3	6.44	11.16	3	1.98	8 273.86	3	385.44
2015	9	SJMZH01AB0_01	>10~20	21.85	3	0.43	6.04	3	0.11	445.82	3	41.79	38.07	3	2.96	10.35	3	0.98	8 502.47	3	340.79
2015	9	SJMZH01AB0_01	>20~40	22.52	3	2.31	5.91	3	0.17	380.23	3	60.22	22.51	3	2.42	12.56	3	0.59	8 850.36	3	376.76
2015	9	SJMFZ01AB0_01	0~10	21.28	3	2.63	3.65	3	0.13	277.42	3	17.27	45.96	3	2.97	25.12	3	2.95	15 206.8	3	1 703.6
2015	9	SJMFZ01AB0_01	>10~20	25.39	3	2.98	1.52	3	0.98	198.18	3	4.87	41.79	3	2.87	24.08	3	1.37	19 007.9	3	1 575.9
2015	9	SJMFZ01AB0_01	>20~40	34.18	3	5.85	0.69	3	0.12	137.62	3	18.26	44.83	3	6.27	23.47	3	1.25	25 473.7	3	2 326.7
2015	9	SJMZQ08B00_01	0~10	12.67	3	1.28	5.06	3	0.07	137.93	3	13.85	35.15	3	7.28	7.27	3	0.54	8 987.3	3	509.1
2015	9	SJMZQ08B00_01	>10~20	13.11	3	1.53	6.52	3	0.05	140.35	3	20.61	27.03	3	4.69	6.67	3	0.36	9 319.6	3	496.2
2015	9	SJMZQ08B00_01	>20~40	15.68	3	1.72	6.46	3	0.07	136.78	3	15.83	27.75	3	4.51	9.72	3	1.18	10 945.7	3	609.2

表 3-30　农田剖面土壤微量元素观测数据

年	月	样地代码	观测层次/cm	全硼			全钼			全锰			全锌			全铜			全铁		
				平均值/%	重复数	标准差	平均值/%	重复数	标准差	平均值/%	重复数	标准差	平均值/%	重复数	标准差	平均值/%	重复数	标准差	平均值/%	重复数	标准差
2010	9	SJMFZ02AB0_01	0~20	44.76	3	5.74	0.93	3	0.08	262.65	3	21.25	43.87	3	3.76	15.94	3	1.65	17 300.06	3	953.91
2010	9	SJMFZ02AB0_01	>20~40	49.93	3	3.14	1.08	3	0.15	153.61	3	14.57	43.89	3	2.22	18.46	3	1.93	20 133.33	3	737.11
2010	9	SJMFZ02AB0_01	>40~60	62.89	3	7.62	1.36	3	0.06	118.05	3	8.19	61.83	3	5.46	24.03	3	4.32	26 900.16	3	1 216.55
2010	9	SJMFZ02AB0_01	>60~100	75.67	3	6.01	1.49	3	0.03	208.09	3	18.26	72.07	3	2.89	26.90	3	2.38	29 327.73	3	838.65

（续）

年	月	样地代码	观测层 次/cm	全硼 平均值/%	重复数	标准差	全钼 平均值/%	重复数	标准差	全锰 平均值/%	重复数	标准差	全锌 平均值/%	重复数	标准差	全铜 平均值/%	重复数	标准差	全铁 平均值/%	重复数	标准差
2010	9	SJMFZ03AB0_01	0~20	46.52	3	2.36	0.76	3	0.05	281.83	3	11.91	48.39	3	1.95	17.71	3	0.31	28 616.18	3	2 645.72
2010	9	SJMFZ03AB0_01	>20~40	54.52	3	2.17	0.93	3	0.03	246.93	3	21.31	56.74	3	1.86	19.57	3	0.36	25 266.67	3	3 022.08
2010	9	SJMFZ03AB0_01	>40~60	66.53	3	2.96	1.57	3	0.11	233.58	3	15.68	68.65	3	1.22	25.31	3	0.28	30 932.18	3	923.78
2010	9	SJMFZ03AB0_01	>60~100	81.53	3	3.51	1.81	3	0.06	196.21	3	6.22	83.42	3	3.36	29.35	3	0.58	33 066.86	3	1 101.17
2015	9	SJMFZ02AB0_01	0~20	51.63	3	3.97	1.57	3	0.09	567.88	3	39.35	40.98	3	4.22	14.53	3	1.06	20 644.12	3	1 274.28
2015	9	SJMFZ02AB0_01	>20~40	47.21	3	2.08	1.53	3	0.05	365.69	3	22.75	35.40	3	3.17	14.34	3	1.98	18 778.92	3	615.27
2015	9	SJMFZ02AB0_01	>40~60	50.66	3	5.12	1.12	3	0.04	125.76	3	11.27	41.19	3	3.09	15.81	3	1.21	20 546.69	3	1 362.88
2015	9	SJMFZ02AB0_01	>60~100	73.39	3	8.37	1.12	3	0.03	113.96	3	19.37	57.32	3	7.37	23.21	3	3.15	28 323.43	3	1 292.18
2015	9	SJMFZ03AB0_01	0~20	53.73	3	1.79	3.73	3	0.07	217.26	3	22.16	35.38	3	2.85	16.27	3	1.86	20 758.37	3	1 061.43
2015	9	SJMFZ03AB0_01	>20~40	70.81	3	10.72	2.75	3	0.09	283.69	3	26.18	37.97	3	6.28	18.38	3	2.96	27 710.58	3	989.68
2015	9	SJMFZ03AB0_01	>40~60	76.75	3	5.27	1.09	3	0.04	177.29	3	24.19	45.85	3	5.22	22.51	3	3.06	29 798.83	3	1 032.17
2015	9	SJMFZ03AB0_01	>60~100	78.40	3	5.09	1.04	3	0.05	153.35	3	10.63	50.51	3	3.18	23.08	3	1.69	30 617.08	3	1 065.27
2015	9	SJMZQ09B00_01	0~20	52.94	3	3.82	2.61	3	0.03	794.66	3	39.27	37.26	3	3.72	14.31	3	1.28	21 080.22	3	1 085.38
2015	9	SJMZQ09B00_01	>20~40	50.60	3	1.99	1.34	3	0.06	555.93	3	37.28	34.70	3	2.73	14.42	3	1.35	20 217.15	3	251.88
2015	9	SJMZQ09B00_01	>40~60	53.06	3	3.62	1.04	3	0.12	250.48	3	41.20	34.14	3	1.95	15.20	3	0.93	21 298.54	3	839.63
2015	9	SJMZQ09B00_01	>60~100	74.47	3	3.87	1.10	3	0.08	87.11	3	13.82	48.90	3	4.85	21.79	3	1.86	29 121.12	3	1 172.83

3.2.6 土壤速效微量元素及有效硫

(1) 概述。2005 年、2010 年和 2015 年，对湿地、农田表层或剖面样品土壤速效微量元素及有效硫含量进行了测定，本数据集中速效微量元素主要包括有效铁、有效铜、有效硼、有效锰和有效锌。

(2) 数据采集和处理方法。土壤样品采集频率为每 5 年 1 次，开展于湿地土壤综合观测场 (SJMZH01AB0＿01)、辅助观测场 (SJMFZ01AB0＿01)、旱田辅助观测场 (SJMFZ02AB0＿01)、水田辅助观测场 (SJMFZ03AB0＿01)、洪河农场三区湿地土壤辅助观测点 (SJMZQ08B00＿01)、洪河农场三区旱田辅助观测点 (SJMZQ09B00＿01)，在 8—10 月完成。

湿地、农田土壤剖面样品采集方法同土壤容重样品采集方法，湿地表层样品采集于 0～10 cm 和 10～20 cm 两层，农田表层样品采集于 0～20 cm。采集的土壤样品自然风干去除根系等植物残体及石砾后进行过筛处理，作为分析测试样。获得各样品测定的速效微量元素及有效硫数据后，以土壤分中心土壤报表为标准，样地采样分区对应的观测值数目为重复数，取平均值后作为本数据的最终结果，同时标明重复数及标准差。本数据集包括的速效微量元素及有效硫的数据获取方法、数据计量单位、小数位数见表 3 - 31。

表 3 - 31 土壤速效微量元素及有效硫测量方法

序号	指标名称	单位	小数位数	数据获取方法
1	有效铁	mg/kg	1	二乙烯三胺五乙酸（DTPA）浸提（1∶2）-等离子体质谱法
2	有效铜	mg/kg	2	DTPA 浸提（1∶2）-等离子体质谱法
3	有效硼	mg/kg	3	沸水浸提（1∶2）—等离子体质谱法
4	有效锰	mg/kg	2	乙酸铵—对苯二酚浸提—原子吸收光谱法
5	有效锌	mg/kg	2	DTPA 浸提（1∶2）-等离子体质谱法
6	有效硫	mg/kg	2	磷酸盐-乙酸浸提法比色法

(3) 数据质量控制和评估。测定时对每个样品进行 3 次平行样品测定，同时插入国家标准样品进行质控。检查测定的各监测指标数据是否超出相同土壤类型和采样深度的历史数据阈值范围、每个观测场监测项目均值是否超出该样地相同深度历史数据均值的 2 倍标准差，对于超出范围的数据进行核实或再次测定。

(4) 数据。土壤速效微量元素数据见表 3 - 32、表 3 - 33。

表 3 - 32　湿地土壤速效微量元素观测数据

年	月	样地代码	观测层次/cm	有效铁			有效铜			有效硼			有效锰			有效锌			有效硫		
				平均值/(mg/kg)	重复数	标准差	平均值/(mg/kg)	重复数	标准差	平均值/(mg/kg)	重复数	标准差	平均值/(mg/kg)	重复数	标准差	平均值/(mg/kg)	重复数	标准差	平均值/(mg/kg)	重复数	标准差
2005	9	SJMZH01AB0_01	0～10	603.1	5	55.3	—	—	—	—	—	—	272.07	5	35.39	11.69	5	2.77	38.64	5	2.25
2005	9	SJMZH01AB0_01	>10～20	466.2	5	47.6	—	—	—	—	—	—	233.65	5	31.08	6.51	5	1.26	33.58	5	2.16
2010	9	SJMFZ01AB0_01	0～10	313.5	5	42.1	—	—	—	—	—	—	71.49	5	11.27	2.18	5	0.85	30.11	5	1.27
2010	9	SJMFZ01AB0_01	>10～20	166.2	5	28.3	—	—	—	—	—	—	23.43	5	3.75	0.38	5	0.09	26.43	5	1.48
2010	9	SJMZH01AB0_01	0～10	401.1	3	4.9	2.67	3	0.13	0.513	3	0.036	45.18	3	3.65	2.46	3	0.07	70.22	3	2.25
2010	9	SJMZH01AB0_01	>10～20	249.9	3	10.5	1.93	3	0.08	0.462	3	0.039	19.26	3	1.82	1.78	3	0.15	55.06	3	1.36
2010	9	SJMZH01AB0_01	>20～40	185.6	3	3.7	1.65	3	0.15	0.227	3	0.091	12.47	3	0.49	1.12	3	0.18	50.36	3	4.37
2010	9	SJMFZ01AB0_01	0～10	487.5	3	23.1	2.44	3	0.12	0.462	3	0.015	36.51	3	1.93	2.28	3	0.11	63.62	3	5.78
2010	9	SJMFZ01AB0_01	>10～20	310.7	3	15.8	2.24	3	0.18	0.362	3	0.038	30.67	3	1.27	1.29	3	0.28	26.25	3	4.18
2010	9	SJMFZ01AB0_01	>20～40	165.6	3	3.8	1.97	3	0.18	0.257	3	0.125	12.88	3	1.26	0.64	3	0.09	13.15	3	1.75
2015	9	SJMZH01AB0_01	0～10	347.1	6	42.6	1.52	6	0.35	1.813	6	0.381	45.12	6	3.39	2.18	6	0.21	79.43	6	2.61
2015	9	SJMZH01AB0_01	>10～20	366.1	6	39.7	1.23	6	0.16	2.023	6	0.209	40.22	6	4.22	1.44	6	0.38	74.11	6	2.68
2015	9	SJMFZ01AB0_01	0～10	204.3	6	16.8	1.42	6	0.13	0.392	6	0.107	16.17	6	1.97	2.39	6	0.21	66.36	6	1.43
2015	9	SJMFZ01AB0_01	>10～20	184.8	6	33.7	1.24	6	0.43	0.293	6	0.042	10.32	6	0.85	1.34	6	0.11	62.43	6	1.82
2015	9	SJMZQ08B00_01	0～10	205.9	3	22.6	0.95	3	0.17	1.653	3	0.671	23.15	3	1.58	2.25	3	0.22	69.54	3	1.38
2015	9	SJMZQ08B00_01	>10～20	283.1	3	33.1	1.27	3	0.04	1.632	3	0.204	14.76	3	1.29	1.67	3	0.45	72.15	3	1.45

表 3 - 33　农田土壤速效微量元素观测数据

年	月	样地代码	观测层次/cm	有效铁			有效铜			有效硼			有效锰			有效锌			有效硫		
				平均值/(mg/kg)	重复数	标准差	平均值/(mg/kg)	重复数	标准差	平均值/(mg/kg)	重复数	标准差	平均值/(mg/kg)	重复数	标准差	平均值/(mg/kg)	重复数	标准差	平均值/(mg/kg)	重复数	标准差
2005	9	SJMFZ02AB0_01	0~20	61.3	5	9.3	1.94	5	0.06	0.427	5	0.059	31.73	5	5.36	1.09	5	0.19	30.48	5	3.05
2010	9	SJMFZ02AB0_01	0~20	36.5	3	3.7	1.95	3	0.09	0.763	3	0.085	20.05	3	1.36	1.01	3	0.05	24.38	3	1.65
2010	9	SJMFZ02AB0_01	>20~40	27.1	3	2.6	1.68	3	0.05	0.604	3	0.043	17.21	3	0.53	0.85	3	0.13	22.23	3	1.23
2010	9	SJMFZ02AB0_01	>40~60	21.3	3	0.9	1.54	3	0.07	0.542	3	0.121	15.92	3	0.36	0.68	3	0.12	19.72	3	1.43
2010	9	SJMFZ02AB0_01	>60~100	18.1	3	2.9	1.38	3	0.07	0.462	3	0.103	16.59	3	3.06	0.77	3	0.18	15.85	3	0.26
2010	9	SJMFZ03AB0_01	0~20	101.8	3	5.5	2.59	3	0.22	0.495	3	0.033	52.37	3	2.77	1.15	3	0.06	27.54	3	2.44
2010	9	SJMFZ03AB0_01	>20~40	83.3	3	7.2	2.08	3	0.07	0.413	3	0.051	46.39	3	4.02	0.97	3	0.07	22.79	3	1.18
2010	9	SJMFZ03AB0_01	>40~60	65.7	3	2.9	1.46	3	0.11	0.352	3	0.035	36.18	3	3.72	0.78	3	0.04	20.64	3	0.96
2010	9	SJMFZ03AB0_01	>60~100	41.2	3	1.3	1.06	3	0.05	0.331	3	0.027	23.78	3	1.58	0.61	3	0.05	15.28	3	1.15
2015	9	SJMFZ02AB0_01	0~20	82.7	8	8.3	1.97	8	0.28	0.282	8	0.013	44.71	8	5.29	1.38	8	0.21	19.04	8	1.39
2015	9	SJMZQ09B00_01	0~20	116.2	3	13.5	1.84	3	0.17	0.253	3	0.062	53.07	3	5.18	1.19	3	0.22	18.09	3	0.66
2015	9	SJMFZ03AB0_01	0~20	115.3	8	12.1	3.98	8	0.41	0.375	8	0.062	51.71	8	5.97	1.31	8	0.16	18.87	8	0.79

3.2.7　剖面土壤重金属元素全量

（1）概述。本数据集为三江站长期监测样地 2005 年、2015 年湿地土壤剖面（0～10 cm、10～20 cm 和 20～40 cm）和 2015 年农田土壤剖面（0～20 cm、20～40 cm、40～60 cm 和 60～100 cm）样品重金属元素（镉、铅、铬、镍、汞、硒和砷）全量数据。

（2）数据采集和处理方法。土壤重金属元素含量监测工作开展于沼泽湿地综合观测场（SJMZH01AB0_01）、湿地辅助观测场（SJMFZ01AB0_01）、旱田辅助观测场（SJMFZ02AB0_01）、水田辅助观测场（SJMFZ03AB0_01）、洪河农场三区湿地辅助观测点（SJMZQ08B00_01）、洪河农场三区旱田辅助观测点（SJMZQ09B00_01），采样工作在 8—10 月完成。

土壤剖面样品采集方法同土壤容重测量采样方法，所有取得的土壤样品自然风干过筛后备用作为分析测试样。获得各样品不同重金属元素数据值后，以土壤分中心土壤报表为标准，样地采样分区对应的观测值数目为重复数，取平均值后作为本数据的最终结果，同时标明重复数及标准差，按照实际观测频率处理观测数据。测定的重金属元素指标名称、数据获取方法、数据计量单位、小数位数见表 3-34。

表 3-34　土壤重金属元素指标名称及测量方法

序号	指标名称	单位	小数位数	数据获取方法
1	镉	mg/kg	3	电感耦合等离子体质谱（ICP-MS）法
2	铅	mg/kg	2	ICP-AES 法
3	铬	mg/kg	1	ICP-AES 法
4	镍	mg/kg	1	ICP-AES 法
5	硒	mg/kg	2	ICP-MS 法
6	汞	mg/kg	2	原子荧光法
7	砷	mg/kg	2	原子荧光法

（3）数据质量控制和评估。测定时对每个样品进行 3 次平行样品测定，同时插入国家标准样品进行质控。检查测定的各监测指标数据是否超出相同土壤类型和采样深度的历史数据阈值范围、每个观测场监测项目均值是否超出该样地相同深度历史数据均值的 2 倍标准差，对于超出范围的数据进行核实或再次测定。

（4）数据。剖面土壤重金属元素全量数据见表 3-35 至表 3-38。

表 3 - 35　湿地剖面土壤重金属元素观测数据（一）

年	月	样地代码	观测层次/cm	镉 平均值/(mg/kg)	镉 重复数	镉 标准差	铅 平均值/(mg/kg)	铅 重复数	铅 标准差	铬 平均值/(mg/kg)	铬 重复数	铬 标准差	镍 平均值/(mg/kg)	镍 重复数	镍 标准差
2005	9	SJMZH01AB0_01	0~10	0.112	3	0.013	22.51	3	3.18	16.3	3	2.2	5.6	3	1.5
2005	9	SJMZH01AB0_01	>10~20	0.093	3	0.011	15.94	3	2.37	15.7	3	1.9	5.6	3	1.1
2005	9	SJMZH01AB0_01	>20~40	0.035	3	0.012	24.13	3	1.72	21.1	3	1.1	9.8	3	0.9
2015	9	SJMZH01AB0_01	0~10	0.463	3	0.014	15.73	3	1.08	16.5	3	0.7	8.2	3	0.7
2015	9	SJMZH01AB0_01	>10~20	0.266	3	0.031	12.67	3	1.36	18.6	3	1.8	9.1	3	0.6
2015	9	SJMZH01AB0_01	>20~40	0.192	3	0.023	10.09	3	1.37	21.9	3	0.8	9.2	3	0.9
2015	9	SJMFZ01AB0_01	0~10	0.251	3	0.021	17.92	3	2.32	23.8	3	2.1	12.3	3	1.8
2015	9	SJMFZ01AB0_01	>10~20	0.172	3	0.011	18.92	3	2.63	27.7	3	1.8	14.9	3	1.3
2015	9	SJMFZ01AB0_01	>20~40	0.151	3	0.012	20.41	3	3.08	30.4	3	2.2	15.4	3	1.5
2015	9	SJMZQ08B00_01	0~10	0.243	3	0.021	14.05	3	0.59	17.2	3	2.1	6.1	3	0.9
2015	9	SJMZQ08B00_01	>10~20	0.156	3	0.012	13.16	3	0.52	14.5	3	0.3	4.9	3	0.7
2015	9	SJMZQ08B00_01	>20~40	0.145	3	0.014	9.12	3	0.97	16.8	3	1.8	7.7	3	0.8

表 3 - 36　湿地剖面土壤重金属元素观测数据（二）

年	月	样地代码	观测层次/cm	硒 平均值/(mg/kg)	硒 重复数	硒 标准差	汞 平均值/(mg/kg)	汞 重复数	汞 标准差	砷 平均值/(mg/kg)	砷 重复数	砷 标准差
2005	9	SJMZH01AB0_01	0~10	—	—	—	0.16	3	0.02	2.13	3	0.25
2005	9	SJMZH01AB0_01	>10~20	—	—	—	0.11	3	0.01	3.66	3	0.31
2005	9	SJMZH01AB0_01	>20~40	—	—	—	0.06	3	0.01	2.12	3	0.27
2015	9	SJMZH01AB0_01	0~10	0.91	3	0.05	0.22	3	0.06	2.41	3	0.15
2015	9	SJMZH01AB0_01	>10~20	0.85	3	0.04	0.14	3	0.05	1.96	3	0.06
2015	9	SJMZH01AB0_01	>20~40	0.76	3	0.03	0.14	3	0.04	1.72	3	0.06
2015	9	SJMFZ01AB0_01	0~10	1.13	3	0.09	0.06	3	0.01	2.54	3	0.08
2015	9	SJMFZ01AB0_01	>10~20	1.16	3	0.03	0.05	3	0.01	2.99	3	0.15

（续）

年	月	样地代码	观测层次/cm	硒			汞			砷		
				平均值/(mg/kg)	重复数	标准差	平均值/(mg/kg)	重复数	标准差	平均值/(mg/kg)	重复数	标准差
2015	9	SJMFZ01AB0_01	>20~40	1.08	3	0.04	0.05	3	0.01	5.15	3	0.27
2015	9	SJMZQ08B00_01	0~10	0.64	3	0.02	0.11	3	0.01	1.69	3	0.03
2015	9	SJMZQ08B00_01	>10~20	0.58	3	0.01	0.07	3	0.01	1.59	3	0.02
2015	9	SJMZQ08B00_01	>20~40	0.73	3	0.04	0.07	3	0.01	1.47	3	0.02

表 3 - 37　农田剖面土壤重金属元素观测数据（一）

年	月	样地代码	观测层次/cm	镉			铅			铬			镍		
				平均值/(mg/kg)	重复数	标准差	平均值/(mg/kg)	重复数	标准差	平均值/(mg/kg)	重复数	标准差	平均值/(mg/kg)	重复数	标准差
2015	9	SJMFZ02AB0_01	0~20	0.143	3	0.032	31.49	3	3.65	46.2	3	2.3	11.4	3	1.1
2015	9	SJMFZ02AB0_01	>20~40	0.122	3	0.021	31.15	3	2.13	42.0	3	2.7	9.4	3	1.0
2015	9	SJMFZ02AB0_01	>40~60	0.110	3	0.017	32.97	3	3.22	48.1	3	3.1	10.6	3	1.3
2015	9	SJMFZ02AB0_01	>60~100	0.126	3	0.031	43.88	3	6.08	64.3	3	2.7	20.6	3	1.1
2015	9	SJMFZ03AB0_01	0~20	0.146	3	0.032	36.10	3	3.36	43.6	3	2.8	13.8	3	1.1
2015	9	SJMFZ03AB0_01	>20~40	0.151	3	0.021	38.21	3	3.37	50.3	3	5.7	16.5	3	2.1
2015	9	SJMFZ03AB0_01	>40~60	0.113	3	0.032	40.39	3	5.02	58.9	3	5.1	20.8	3	2.1
2015	9	SJMFZ03AB0_01	>60~100	0.191	3	0.022	39.19	3	3.63	63.2	3	3.8	23.1	3	2.8
2015	9	SJMZQ09B00_01	0~20	0.179	3	0.013	33.05	3	3.08	45.6	3	2.5	13.4	3	1.3
2015	9	SJMZQ09B00_01	>20~40	0.175	3	0.041	31.84	3	1.38	43.2	3	1.6	12.1	3	2.1
2015	9	SJMZQ09B00_01	>40~60	0.124	3	0.035	32.05	3	2.18	45.3	3	3.7	10.9	3	0.9
2015	9	SJMZQ09B00_01	>60~100	0.122	3	0.046	38.42	3	3.17	63.2	3	2.9	18.8	3	1.2

表 3 - 38 农田剖面土壤重金属元素观测数据(二)

年	月	样地代码	观测层次/cm	硒				汞				砷		
				平均值/(mg/kg)	重复数	标准差		平均值/(mg/kg)	重复数	标准差		平均值/(mg/kg)	重复数	标准差
2015	9	SJMFZ02AB0_01	0~20	1.64	3	0.08		0.02	3	0.01		3.57	3	0.23
2015	9	SJMFZ02AB0_01	>20~40	1.21	3	0.04		0.01	3	0.01		3.28	3	0.15
2015	9	SJMFZ02AB0_01	>40~60	1.04	3	0.02		0.01	3	0.01		3.37	3	0.23
2015	9	SJMFZ02AB0_01	>60~100	0.82	3	0.03		0.03	3	0.02		3.82	3	0.37
2015	9	SJMFZ03AB0_01	0~20	1.65	3	0.06		0.02	3	0.01		3.40	3	0.06
2015	9	SJMFZ03AB0_01	>20~40	1.23	3	0.04		0.04	3	0.01		3.81	3	0.04
2015	9	SJMFZ03AB0_01	>40~60	1.03	3	0.01		0.04	3	0.01		4.27	3	0.05
2015	9	SJMFZ03AB0_01	>60~100	1.01	3	0.02		0.06	3	0.01		4.55	3	0.09
2015	9	SJMZQ09B00_01	0~20	1.07	3	0.03		0.05	3	0.01		3.65	3	0.75
2015	9	SJMZQ09B00_01	>20~40	1.13	3	0.05		0.05	3	0.01		3.52	3	0.98
2015	9	SJMZQ09B00_01	>40~60	0.86	3	0.04		0.04	3	0.01		3.28	3	0.13
2015	9	SJMZQ09B00_01	>60~100	0.87	3	0.05		0.04	3	0.01		3.82	3	0.21

3.2.8　剖面土壤机械组成

（1）概述。本数据集为三江站长期监测样地湿地、农田土壤剖面机械组成数据。其中，湿地土壤剖面（0～10 cm、10～20 cm 和 20～40 cm）样品机械组成测定于 2000 年、2001 年和 2015 年，农田土壤剖面（0～20 cm、20～40 cm、40～60 cm 和 60～100 cm）样品机械组成测定于 2015 年。

（2）数据采集和处理方法。土壤机械组成数据观测于三江站沼泽湿地土壤综合观测场（SJMZH01AB0＿01）、湿地辅助观测场（SJMFZ01AB0＿01）、旱田辅助观测场（SJMFZ02AB0＿01）、水田辅助观测场（SJMFZ03AB0＿01）、洪河农场三区湿地辅助观测点（SJMZQ08B00＿01）、洪河农场三区旱田辅助观测点（SJMZQ09B00＿01），采样工作在 8—10 月完成。

土壤剖面样品采集方法同土壤容重测量采样方法，所有取得的土壤样品自然风干后过 5 mm 土壤筛作为分析测试样。土壤机械组成分析采用激光粒度仪测定。获得各样品不同粒径含量数据值后，以土壤分中心土壤报表为标准，样地采样分区对应的观测值数目为重复数，取平均值后作为本数据的最终结果，同时标明重复数及标准差，均按照实际观测频率处理观测数据。

（3）数据质量控制和评估。对每个样品进行 3 次平行样品测定，检查测定的不同粒径含量数据是否超出相同土壤类型和采样深度的历史数据阈值范围、每个观测场相同层次各粒径含量均值是否超出该样地相同深度历史数据均值的 2 倍标准差，对于超出范围的数据进行核实或重新测定。

（4）数据。剖面土壤机械组成数据见表 3-39、表 3-40。

表 3-39　湿地剖面土壤机械组成观测数据

年	月	样地代码	观测层次/cm	颗粒组成/%			重复数	土壤质地名称
				2～0.05 mm	0.05～0.002 mm	<0.002 mm		
2000	5	SJMZQ08B00＿01	0～10	4.08	88.63	7.29	3	粉土
2000	5	SJMZQ08B00＿01	>10～20	10.77	76.18	13.05	3	粉壤土
2000	5	SJMZQ08B00＿01	>20～40	5.32	80.15	14.53	3	粉壤土
2001	5	SJMZH01AB0＿01	0～10	4.11	91.08	4.81	3	粉土
2001	5	SJMZH01AB0＿01	>10~20	3.53	92.23	4.24	3	粉土
2001	5	SJMZH01AB0＿01	>20～40	4.24	91.70	4.06	3	粉土
2015	9	SJMZH01AB0＿01	0～10	4.34	91.26	4.40	3	粉土
2015	9	SJMZH01AB0＿01	>10～20	3.22	92.37	4.41	3	粉土
2015	9	SJMZH01AB0＿01	>20～40	3.24	92.04	4.72	3	粉土
2015	9	SJMFZ01AB0＿01	0～10	7.08	87.18	5.74	3	粉土
2015	9	SJMFZ01AB0＿01	>10～20	10.12	78.86	11.02	3	粉壤土
2015	9	SJMFZ01AB0＿01	>20～40	5.68	82.14	12.19	3	粉壤土
2015	9	SJMZQ08B00＿01	0～10	4.11	91.08	4.81	3	粉土
2015	9	SJMZQ08B00＿01	>10～20	3.53	92.23	4.24	3	粉土
2015	9	SJMZQ08B00＿01	>20～40	4.24	91.70	4.06	3	粉土

表 3-40　农田剖面土壤机械组成观测数据

年	月	样地代码	观测层次/cm	颗粒组成/%			重复数	土壤质地名称
				2～0.05 mm	0.05～0.002 mm	<0.002 mm		
2015	9	SJMFZ02AB0＿01	0～20	7.31	83.52	9.17	3	粉土
2015	9	SJMFZ02AB0＿01	>20～40	7.29	82.87	9.84	3	粉土

（续）

| 年 | 月 | 样地代码 | 观测层次/cm | 颗粒组成/% | | | 重复数 | 土壤质地名称 |
				2~0.05 mm	0.05~0.002 mm	<0.002 mm		
2015	9	SJMFZ02AB0_01	>40~60	6.25	83.29	10.46	3	粉土
2015	9	SJMFZ02AB0_01	>60~100	6.39	80.91	12.70	3	粉土
2015	9	SJMFZ03AB0_01	0~20	7.18	82.75	10.07	3	粉土
2015	9	SJMFZ03AB0_01	>20~40	7.69	80.53	11.78	3	粉壤土
2015	9	SJMFZ03AB0_01	>40~60	5.74	80.21	14.05	3	粉壤土
2015	9	SJMFZ03AB0_01	>60~100	5.50	80.65	13.85	3	粉壤土
2015	9	SJMZQ09B00_01	0~20	6.13	84.24	9.63	3	粉土
2015	9	SJMZQ09B00_01	>20~40	6.07	82.81	11.12	3	粉土
2015	9	SJMZQ09B00_01	>40~60	6.02	84.67	9.32	3	粉土
2015	9	SJMZQ09B00_01	>60~100	4.64	81.28	14.08	3	粉壤土

3.3　水分观测数据

3.3.1　土壤体积含水量

（1）概述。本数据集包括三江站 2001—2015 年观测样地的土壤体积含水量数据，数据项包括土壤体积含水量、标准差、重复数、观测层次等。观测样地分别为旱田辅助观测场中子土壤水分观测样地（SJMFZ02CTS_01）、季节性积水区辅助观测场中子土壤水分观测样地（SJMFZ01CTS_01）、常年积水区综合观测场中子土壤水分观测样地（SJMZH01CTS_01）。

（2）数据采集和处理方法。数据采集方法为中子仪法，通过人工野外观测获得，观测频率为每 5 d1 次，观测样地土壤体积含水量观测层次为 10 cm、20 cm、30 cm、40 cm、50 cm、60 cm、70 cm、80 cm、90 cm、100 cm、110 cm、120 cm、130 cm、140 cm、150 cm、160 cm、170 cm、180 cm。数据质控后按样地计算月平均数据，将每个样地各层次观测值取平均值后，作为本数据集数据，同时标明重复数及标准差。

（3）数据质量控制和评估。数据观测做到操作规范、记录准确，参照阈值法、过程趋势法检验数据准确性，使用比对法、统计法检验数据合理性。旱田辅助观测场中子土壤水分观测样地和季节性积水区辅助观测场中子土壤水分观测样地数据从 2002 年开始观测。个别年份观测层次可能有变化。

（4）数据。土壤体积含水量数据见表 3-41 至表 3-43。

表 3-41　旱田辅助观测场中子土壤水分观测样地土壤体积含水量观测数据

年	月	样地代码	作物名称	观测层次/cm	体积含水量/%	重复数	标准差
2015	5	SJMFZ02CTS_01	大豆	10	49.6	4	0.073
2015	5	SJMFZ02CTS_01	大豆	20	44.1	4	0.072
2015	5	SJMFZ02CTS_01	大豆	30	47.1	4	0.050
2015	5	SJMFZ02CTS_01	大豆	40	45.5	4	0.064
2015	5	SJMFZ02CTS_01	大豆	50	46.7	4	0.060
2015	5	SJMFZ02CTS_01	大豆	60	46.6	4	0.054
2015	5	SJMFZ02CTS_01	大豆	70	47.0	4	0.050
2015	5	SJMFZ02CTS_01	大豆	80	45.8	4	0.026

（续）

年	月	样地代码	作物名称	观测层次/cm	体积含水量/%	重复数	标准差
2015	5	SJMFZ02CTS_01	大豆	90	45.8	4	0.027
2015	5	SJMFZ02CTS_01	大豆	100	48.1	4	0.027
2015	5	SJMFZ02CTS_01	大豆	110	46.3	4	0.033
2015	5	SJMFZ02CTS_01	大豆	120	45.7	4	0.038
2015	5	SJMFZ02CTS_01	大豆	130	43.1	4	0.035
2015	5	SJMFZ02CTS_01	大豆	140	43.5	4	0.030
2015	5	SJMFZ02CTS_01	大豆	150	44.0	4	0.030
2015	5	SJMFZ02CTS_01	大豆	160	44.3	4	0.037
2015	5	SJMFZ02CTS_01	大豆	170	44.0	4	0.041
2015	5	SJMFZ02CTS_01	大豆	180	44.4	4	0.046
2015	6	SJMFZ02CTS_01	大豆	10	50.5	4	0.136
2015	6	SJMFZ02CTS_01	大豆	20	43.1	4	0.047
2015	6	SJMFZ02CTS_01	大豆	30	41.8	4	0.048
2015	6	SJMFZ02CTS_01	大豆	40	40.3	4	0.043
2015	6	SJMFZ02CTS_01	大豆	50	43.8	4	0.039
2015	6	SJMFZ02CTS_01	大豆	60	42.8	4	0.043
2015	6	SJMFZ02CTS_01	大豆	70	44.2	4	0.036
2015	6	SJMFZ02CTS_01	大豆	80	44.1	4	0.032
2015	6	SJMFZ02CTS_01	大豆	90	45.6	4	0.024
2015	6	SJMFZ02CTS_01	大豆	100	45.7	4	0.018
2015	6	SJMFZ02CTS_01	大豆	110	44.1	4	0.026
2015	6	SJMFZ02CTS_01	大豆	120	44.3	4	0.034
2015	6	SJMFZ02CTS_01	大豆	130	44.0	4	0.035
2015	6	SJMFZ02CTS_01	大豆	140	43.6	4	0.038
2015	6	SJMFZ02CTS_01	大豆	150	45.0	4	0.028
2015	6	SJMFZ02CTS_01	大豆	160	43.2	4	0.041
2015	6	SJMFZ02CTS_01	大豆	170	42.9	4	0.050
2015	6	SJMFZ02CTS_01	大豆	180	43.1	4	0.044
2015	7	SJMFZ02CTS_01	大豆	10	50.5	4	0.135
2015	7	SJMFZ02CTS_01	大豆	20	41.1	4	0.045
2015	7	SJMFZ02CTS_01	大豆	30	43.0	4	0.041
2015	7	SJMFZ02CTS_01	大豆	40	42.7	4	0.032
2015	7	SJMFZ02CTS_01	大豆	50	44.7	4	0.051
2015	7	SJMFZ02CTS_01	大豆	60	43.9	4	0.047
2015	7	SJMFZ02CTS_01	大豆	70	43.8	4	0.045
2015	7	SJMFZ02CTS_01	大豆	80	41.8	4	0.092
2015	7	SJMFZ02CTS_01	大豆	90	45.8	4	0.024
2015	7	SJMFZ02CTS_01	大豆	100	45.1	4	0.023

(续)

年	月	样地代码	作物名称	观测层次/cm	体积含水量/%	重复数	标准差
2015	7	SJMFZ02CTS_01	大豆	110	44.7	4	0.019
2015	7	SJMFZ02CTS_01	大豆	120	44.6	4	0.025
2015	7	SJMFZ02CTS_01	大豆	130	43.2	4	0.037
2015	7	SJMFZ02CTS_01	大豆	140	42.7	4	0.036
2015	7	SJMFZ02CTS_01	大豆	150	42.5	4	0.038
2015	7	SJMFZ02CTS_01	大豆	160	41.9	4	0.034
2015	7	SJMFZ02CTS_01	大豆	170	42.2	4	0.040
2015	7	SJMFZ02CTS_01	大豆	180	42.9	4	0.039
2015	8	SJMFZ02CTS_01	大豆	10	42.4	4	0.100
2015	8	SJMFZ02CTS_01	大豆	20	46.5	4	0.051
2015	8	SJMFZ02CTS_01	大豆	30	43.0	4	0.042
2015	8	SJMFZ02CTS_01	大豆	40	41.8	4	0.034
2015	8	SJMFZ02CTS_01	大豆	50	43.9	4	0.028
2015	8	SJMFZ02CTS_01	大豆	60	45.7	4	0.037
2015	8	SJMFZ02CTS_01	大豆	70	44.4	4	0.041
2015	8	SJMFZ02CTS_01	大豆	80	46.5	4	0.027
2015	8	SJMFZ02CTS_01	大豆	90	45.7	4	0.031
2015	8	SJMFZ02CTS_01	大豆	100	44.7	4	0.028
2015	8	SJMFZ02CTS_01	大豆	110	44.3	4	0.029
2015	8	SJMFZ02CTS_01	大豆	120	45.3	4	0.025
2015	8	SJMFZ02CTS_01	大豆	130	43.3	4	0.052
2015	8	SJMFZ02CTS_01	大豆	140	43.6	4	0.033
2015	8	SJMFZ02CTS_01	大豆	150	42.9	4	0.035
2015	8	SJMFZ02CTS_01	大豆	160	41.7	4	0.041
2015	8	SJMFZ02CTS_01	大豆	170	42.7	4	0.041
2015	8	SJMFZ02CTS_01	大豆	180	43.4	4	0.044
2015	9	SJMFZ02CTS_01	大豆	10	38.2	4	0.098
2015	9	SJMFZ02CTS_01	大豆	20	43.4	4	0.053
2015	9	SJMFZ02CTS_01	大豆	30	44.6	4	0.029
2015	9	SJMFZ02CTS_01	大豆	40	42.6	4	0.029
2015	9	SJMFZ02CTS_01	大豆	50	42.7	4	0.042
2015	9	SJMFZ02CTS_01	大豆	60	42.2	4	0.041
2015	9	SJMFZ02CTS_01	大豆	70	44.8	4	0.031
2015	9	SJMFZ02CTS_01	大豆	80	45.2	4	0.027
2015	9	SJMFZ02CTS_01	大豆	90	45.5	4	0.028
2015	9	SJMFZ02CTS_01	大豆	100	42.8	4	0.050
2015	9	SJMFZ02CTS_01	大豆	110	45.1	4	0.024
2015	9	SJMFZ02CTS_01	大豆	120	44.6	4	0.039

（续）

年	月	样地代码	作物名称	观测层次/cm	体积含水量/%	重复数	标准差
2015	9	SJMFZ02CTS_01	大豆	130	43.4	4	0.038
2015	9	SJMFZ02CTS_01	大豆	140	43.2	4	0.035
2015	9	SJMFZ02CTS_01	大豆	150	43.5	4	0.040
2015	9	SJMFZ02CTS_01	大豆	160	43.1	4	0.027
2015	9	SJMFZ02CTS_01	大豆	170	43.0	4	0.038
2015	9	SJMFZ02CTS_01	大豆	180	43.4	4	0.039
2015	10	SJMFZ02CTS_01	大豆	10	43.8	4	0.112
2015	10	SJMFZ02CTS_01	大豆	20	44.6	4	0.042
2015	10	SJMFZ02CTS_01	大豆	30	44.5	4	0.027
2015	10	SJMFZ02CTS_01	大豆	40	43.6	4	0.033
2015	10	SJMFZ02CTS_01	大豆	50	43.6	4	0.061
2015	10	SJMFZ02CTS_01	大豆	60	42.3	4	0.042
2015	10	SJMFZ02CTS_01	大豆	70	46.7	4	0.023
2015	10	SJMFZ02CTS_01	大豆	80	46.5	4	0.022
2015	10	SJMFZ02CTS_01	大豆	90	46.7	4	0.016
2015	10	SJMFZ02CTS_01	大豆	100	43.7	4	0.045
2015	10	SJMFZ02CTS_01	大豆	110	46.2	4	0.012
2015	10	SJMFZ02CTS_01	大豆	120	45.7	4	0.023
2015	10	SJMFZ02CTS_01	大豆	130	44.6	4	0.032
2015	10	SJMFZ02CTS_01	大豆	140	43.7	4	0.033
2015	10	SJMFZ02CTS_01	大豆	150	42.7	4	0.036
2015	10	SJMFZ02CTS_01	大豆	160	42.7	4	0.033
2015	10	SJMFZ02CTS_01	大豆	170	43.5	4	0.039
2015	10	SJMFZ02CTS_01	大豆	180	44.1	4	0.041
2014	5	SJMFZ02CTS_01	大豆	10	43.3	4	0.028
2014	5	SJMFZ02CTS_01	大豆	20	39.0	4	0.043
2014	5	SJMFZ02CTS_01	大豆	30	39.2	4	0.018
2014	5	SJMFZ02CTS_01	大豆	40	40.8	4	0.017
2014	5	SJMFZ02CTS_01	大豆	50	42.7	4	0.036
2014	5	SJMFZ02CTS_01	大豆	60	44.1	4	0.028
2014	5	SJMFZ02CTS_01	大豆	70	45.6	4	0.006
2014	5	SJMFZ02CTS_01	大豆	80	46.0	4	0.010
2014	5	SJMFZ02CTS_01	大豆	90	46.2	4	0.022
2014	5	SJMFZ02CTS_01	大豆	100	45.8	4	0.024
2014	5	SJMFZ02CTS_01	大豆	110	44.9	4	0.021
2014	5	SJMFZ02CTS_01	大豆	120	44.3	4	0.019
2014	5	SJMFZ02CTS_01	大豆	130	44.4	4	0.017
2014	5	SJMFZ02CTS_01	大豆	140	44.1	4	0.018

（续）

年	月	样地代码	作物名称	观测层次/cm	体积含水量/%	重复数	标准差
2014	5	SJMFZ02CTS_01	大豆	150	43.2	4	0.015
2014	5	SJMFZ02CTS_01	大豆	160	43.2	4	0.013
2014	5	SJMFZ02CTS_01	大豆	170	43.2	4	0.011
2014	5	SJMFZ02CTS_01	大豆	180	43.1	4	0.012
2014	6	SJMFZ02CTS_01	大豆	10	44.8	4	0.045
2014	6	SJMFZ02CTS_01	大豆	20	40.7	4	0.082
2014	6	SJMFZ02CTS_01	大豆	30	35.9	4	0.037
2014	6	SJMFZ02CTS_01	大豆	40	36.5	4	0.023
2014	6	SJMFZ02CTS_01	大豆	50	37.2	4	0.022
2014	6	SJMFZ02CTS_01	大豆	60	40.6	4	0.027
2014	6	SJMFZ02CTS_01	大豆	70	43.6	4	0.023
2014	6	SJMFZ02CTS_01	大豆	80	45.8	4	0.016
2014	6	SJMFZ02CTS_01	大豆	90	47.0	4	0.011
2014	6	SJMFZ02CTS_01	大豆	100	47.6	4	0.011
2014	6	SJMFZ02CTS_01	大豆	110	47.1	4	0.009
2014	6	SJMFZ02CTS_01	大豆	120	46.2	4	0.008
2014	6	SJMFZ02CTS_01	大豆	130	44.4	4	0.021
2014	6	SJMFZ02CTS_01	大豆	140	44.3	4	0.009
2014	6	SJMFZ02CTS_01	大豆	150	44.0	4	0.009
2014	6	SJMFZ02CTS_01	大豆	160	43.5	4	0.009
2014	6	SJMFZ02CTS_01	大豆	170	43.3	4	0.008
2014	6	SJMFZ02CTS_01	大豆	180	43.3	4	0.006
2014	7	SJMFZ02CTS_01	大豆	10	43.1	4	0.025
2014	7	SJMFZ02CTS_01	大豆	20	44.6	4	0.042
2014	7	SJMFZ02CTS_01	大豆	30	39.0	4	0.048
2014	7	SJMFZ02CTS_01	大豆	40	39.6	4	0.047
2014	7	SJMFZ02CTS_01	大豆	50	41.6	4	0.049
2014	7	SJMFZ02CTS_01	大豆	60	41.9	4	0.047
2014	7	SJMFZ02CTS_01	大豆	70	45.4	4	0.019
2014	7	SJMFZ02CTS_01	大豆	80	46.1	4	0.015
2014	7	SJMFZ02CTS_01	大豆	90	46.2	4	0.028
2014	7	SJMFZ02CTS_01	大豆	100	45.8	4	0.021
2014	7	SJMFZ02CTS_01	大豆	110	45.8	4	0.019
2014	7	SJMFZ02CTS_01	大豆	120	44.7	4	0.017
2014	7	SJMFZ02CTS_01	大豆	130	44.4	4	0.016
2014	7	SJMFZ02CTS_01	大豆	140	43.4	4	0.016
2014	7	SJMFZ02CTS_01	大豆	150	43.8	4	0.035
2014	7	SJMFZ02CTS_01	大豆	160	43.7	4	0.030

（续）

年	月	样地代码	作物名称	观测层次/cm	体积含水量/%	重复数	标准差
2014	7	SJMFZ02CTS_01	大豆	170	43.2	4	0.009
2014	7	SJMFZ02CTS_01	大豆	180	43.4	4	0.010
2014	8	SJMFZ02CTS_01	大豆	10	46.2	4	0.046
2014	8	SJMFZ02CTS_01	大豆	20	54.3	4	0.069
2014	8	SJMFZ02CTS_01	大豆	30	50.5	4	0.068
2014	8	SJMFZ02CTS_01	大豆	40	53.0	4	0.067
2014	8	SJMFZ02CTS_01	大豆	50	45.5	4	0.054
2014	8	SJMFZ02CTS_01	大豆	60	46.2	4	0.069
2014	8	SJMFZ02CTS_01	大豆	70	44.9	4	0.039
2014	8	SJMFZ02CTS_01	大豆	80	44.6	4	0.043
2014	8	SJMFZ02CTS_01	大豆	90	46.2	4	0.049
2014	8	SJMFZ02CTS_01	大豆	100	44.9	4	0.029
2014	8	SJMFZ02CTS_01	大豆	110	44.1	4	0.027
2014	8	SJMFZ02CTS_01	大豆	120	45.3	4	0.029
2014	8	SJMFZ02CTS_01	大豆	130	45.7	4	0.040
2014	8	SJMFZ02CTS_01	大豆	140	45.1	4	0.025
2014	8	SJMFZ02CTS_01	大豆	150	46.4	4	0.054
2014	8	SJMFZ02CTS_01	大豆	160	47.8	4	0.045
2014	8	SJMFZ02CTS_01	大豆	170	44.0	4	0.019
2014	8	SJMFZ02CTS_01	大豆	180	46.9	4	0.036
2014	9	SJMFZ02CTS_01	大豆	10	43.1	4	0.100
2014	9	SJMFZ02CTS_01	大豆	20	45.3	4	0.053
2014	9	SJMFZ02CTS_01	大豆	30	44.7	4	0.090
2014	9	SJMFZ02CTS_01	大豆	40	42.0	4	0.064
2014	9	SJMFZ02CTS_01	大豆	50	45.0	4	0.059
2014	9	SJMFZ02CTS_01	大豆	60	43.8	4	0.038
2014	9	SJMFZ02CTS_01	大豆	70	43.7	4	0.045
2014	9	SJMFZ02CTS_01	大豆	80	42.3	4	0.044
2014	9	SJMFZ02CTS_01	大豆	90	41.8	4	0.039
2014	9	SJMFZ02CTS_01	大豆	100	41.6	4	0.062
2014	9	SJMFZ02CTS_01	大豆	110	42.1	4	0.060
2014	9	SJMFZ02CTS_01	大豆	120	43.8	4	0.074
2014	9	SJMFZ02CTS_01	大豆	130	43.1	4	0.078
2014	9	SJMFZ02CTS_01	大豆	140	42.2	4	0.068
2014	9	SJMFZ02CTS_01	大豆	150	42.0	4	0.058
2014	9	SJMFZ02CTS_01	大豆	160	42.8	4	0.048
2014	9	SJMFZ02CTS_01	大豆	170	41.7	4	0.042
2014	9	SJMFZ02CTS_01	大豆	180	44.8	4	0.086

（续）

年	月	样地代码	作物名称	观测层次/cm	体积含水量/%	重复数	标准差
2014	10	SJMFZ02CTS_01	大豆	10	44.9	4	0.033
2014	10	SJMFZ02CTS_01	大豆	20	46.8	4	0.051
2014	10	SJMFZ02CTS_01	大豆	30	46.1	4	0.040
2014	10	SJMFZ02CTS_01	大豆	40	44.1	4	0.032
2014	10	SJMFZ02CTS_01	大豆	50	45.2	4	0.036
2014	10	SJMFZ02CTS_01	大豆	60	44.3	4	0.020
2014	10	SJMFZ02CTS_01	大豆	70	40.5	4	0.022
2014	10	SJMFZ02CTS_01	大豆	80	45.2	4	0.034
2014	10	SJMFZ02CTS_01	大豆	90	39.1	4	0.036
2014	10	SJMFZ02CTS_01	大豆	100	44.3	4	0.034
2014	10	SJMFZ02CTS_01	大豆	110	41.4	4	0.030
2014	10	SJMFZ02CTS_01	大豆	120	42.0	4	0.016
2014	10	SJMFZ02CTS_01	大豆	130	43.7	4	0.016
2014	10	SJMFZ02CTS_01	大豆	140	42.5	4	0.020
2014	10	SJMFZ02CTS_01	大豆	150	45.5	4	0.043
2014	10	SJMFZ02CTS_01	大豆	160	41.8	4	0.028
2014	10	SJMFZ02CTS_01	大豆	170	41.6	4	0.023
2014	10	SJMFZ02CTS_01	大豆	180	46.6	4	0.031
2013	5	SJMFZ02CTS_01	大豆	10	43.1	4	0.020
2013	5	SJMFZ02CTS_01	大豆	20	43.5	4	0.025
2013	5	SJMFZ02CTS_01	大豆	30	42.4	4	0.024
2013	5	SJMFZ02CTS_01	大豆	40	43.0	4	0.027
2013	5	SJMFZ02CTS_01	大豆	50	44.3	4	0.027
2013	5	SJMFZ02CTS_01	大豆	60	46.2	4	0.011
2013	5	SJMFZ02CTS_01	大豆	70	47.5	4	0.011
2013	5	SJMFZ02CTS_01	大豆	80	47.4	4	0.022
2013	5	SJMFZ02CTS_01	大豆	90	47.5	4	0.023
2013	5	SJMFZ02CTS_01	大豆	100	46.5	4	0.023
2013	5	SJMFZ02CTS_01	大豆	110	45.2	4	0.021
2013	5	SJMFZ02CTS_01	大豆	120	44.7	4	0.017
2013	5	SJMFZ02CTS_01	大豆	130	44.1	4	0.022
2013	5	SJMFZ02CTS_01	大豆	140	43.7	4	0.017
2013	5	SJMFZ02CTS_01	大豆	150	43.4	4	0.012
2013	5	SJMFZ02CTS_01	大豆	160	44.0	4	0.006
2013	5	SJMFZ02CTS_01	大豆	170	44.2	4	0.005
2013	5	SJMFZ02CTS_01	大豆	180	44.0	4	0.008
2013	6	SJMFZ02CTS_01	大豆	10	44.0	4	0.020
2013	6	SJMFZ02CTS_01	大豆	20	42.9	4	0.018

（续）

年	月	样地代码	作物名称	观测层次/cm	体积含水量/%	重复数	标准差
2013	6	SJMFZ02CTS_01	大豆	30	39.6	4	0.029
2013	6	SJMFZ02CTS_01	大豆	40	42.0	4	0.009
2013	6	SJMFZ02CTS_01	大豆	50	38.9	4	0.023
2013	6	SJMFZ02CTS_01	大豆	60	42.8	4	0.015
2013	6	SJMFZ02CTS_01	大豆	70	45.8	4	0.014
2013	6	SJMFZ02CTS_01	大豆	80	47.4	4	0.008
2013	6	SJMFZ02CTS_01	大豆	90	47.5	4	0.013
2013	6	SJMFZ02CTS_01	大豆	100	46.9	4	0.010
2013	6	SJMFZ02CTS_01	大豆	110	45.7	4	0.008
2013	6	SJMFZ02CTS_01	大豆	120	45.9	4	0.008
2013	6	SJMFZ02CTS_01	大豆	130	44.5	4	0.008
2013	6	SJMFZ02CTS_01	大豆	140	44.0	4	0.006
2013	6	SJMFZ02CTS_01	大豆	150	43.6	4	0.008
2013	6	SJMFZ02CTS_01	大豆	160	43.3	4	0.007
2013	6	SJMFZ02CTS_01	大豆	170	43.5	4	0.006
2013	6	SJMFZ02CTS_01	大豆	180	43.2	4	0.008
2013	7	SJMFZ02CTS_01	大豆	10	42.6	4	0.051
2013	7	SJMFZ02CTS_01	大豆	20	42.9	4	0.017
2013	7	SJMFZ02CTS_01	大豆	30	42.3	4	0.044
2013	7	SJMFZ02CTS_01	大豆	40	41.5	4	0.021
2013	7	SJMFZ02CTS_01	大豆	50	39.7	4	0.035
2013	7	SJMFZ02CTS_01	大豆	60	42.2	4	0.022
2013	7	SJMFZ02CTS_01	大豆	70	44.8	4	0.009
2013	7	SJMFZ02CTS_01	大豆	80	45.8	4	0.009
2013	7	SJMFZ02CTS_01	大豆	90	46.0	4	0.025
2013	7	SJMFZ02CTS_01	大豆	100	45.8	4	0.017
2013	7	SJMFZ02CTS_01	大豆	110	45.1	4	0.020
2013	7	SJMFZ02CTS_01	大豆	120	44.4	4	0.014
2013	7	SJMFZ02CTS_01	大豆	130	43.4	4	0.017
2013	7	SJMFZ02CTS_01	大豆	140	43.5	4	0.015
2013	7	SJMFZ02CTS_01	大豆	150	43.4	4	0.016
2013	7	SJMFZ02CTS_01	大豆	160	43.3	4	0.011
2013	7	SJMFZ02CTS_01	大豆	170	43.2	4	0.005
2013	7	SJMFZ02CTS_01	大豆	180	43.2	4	0.007
2013	8	SJMFZ02CTS_01	大豆	10	42.6	4	0.019
2013	8	SJMFZ02CTS_01	大豆	20	44.2	4	0.034
2013	8	SJMFZ02CTS_01	大豆	30	44.8	4	0.026
2013	8	SJMFZ02CTS_01	大豆	40	44.4	4	0.030

（续）

年	月	样地代码	作物名称	观测层次/cm	体积含水量/%	重复数	标准差
2013	8	SJMFZ02CTS_01	大豆	50	46.1	4	0.028
2013	8	SJMFZ02CTS_01	大豆	60	47.3	4	0.029
2013	8	SJMFZ02CTS_01	大豆	70	48.3	4	0.024
2013	8	SJMFZ02CTS_01	大豆	80	49.2	4	0.021
2013	8	SJMFZ02CTS_01	大豆	90	48.2	4	0.031
2013	8	SJMFZ02CTS_01	大豆	100	48.2	4	0.019
2013	8	SJMFZ02CTS_01	大豆	110	47.9	4	0.022
2013	8	SJMFZ02CTS_01	大豆	120	47.5	4	0.024
2013	8	SJMFZ02CTS_01	大豆	130	47.1	4	0.016
2013	8	SJMFZ02CTS_01	大豆	140	47.0	4	0.015
2013	8	SJMFZ02CTS_01	大豆	150	46.6	4	0.008
2013	8	SJMFZ02CTS_01	大豆	160	45.7	4	0.011
2013	8	SJMFZ02CTS_01	大豆	170	45.3	4	0.013
2013	8	SJMFZ02CTS_01	大豆	180	44.6	4	0.017
2013	9	SJMFZ02CTS_01	大豆	10	44.8	4	0.026
2013	9	SJMFZ02CTS_01	大豆	20	43.0	4	0.030
2013	9	SJMFZ02CTS_01	大豆	30	43.9	4	0.022
2013	9	SJMFZ02CTS_01	大豆	40	40.7	4	0.010
2013	9	SJMFZ02CTS_01	大豆	50	43.7	4	0.019
2013	9	SJMFZ02CTS_01	大豆	60	46.5	4	0.013
2013	9	SJMFZ02CTS_01	大豆	70	47.7	4	0.013
2013	9	SJMFZ02CTS_01	大豆	80	48.7	4	0.014
2013	9	SJMFZ02CTS_01	大豆	90	48.8	4	0.014
2013	9	SJMFZ02CTS_01	大豆	100	48.0	4	0.013
2013	9	SJMFZ02CTS_01	大豆	110	47.3	4	0.010
2013	9	SJMFZ02CTS_01	大豆	120	46.6	4	0.014
2013	9	SJMFZ02CTS_01	大豆	130	45.9	4	0.014
2013	9	SJMFZ02CTS_01	大豆	140	45.3	4	0.013
2013	9	SJMFZ02CTS_01	大豆	150	44.2	4	0.009
2013	9	SJMFZ02CTS_01	大豆	160	44.6	4	0.025
2013	9	SJMFZ02CTS_01	大豆	170	43.7	4	0.009
2013	9	SJMFZ02CTS_01	大豆	180	43.4	4	0.008
2013	10	SJMFZ02CTS_01	大豆	10	45.0	4	0.021
2013	10	SJMFZ02CTS_01	大豆	20	42.5	4	0.010
2013	10	SJMFZ02CTS_01	大豆	30	43.7	4	0.028
2013	10	SJMFZ02CTS_01	大豆	40	40.5	4	0.012
2013	10	SJMFZ02CTS_01	大豆	50	42.7	4	0.017
2013	10	SJMFZ02CTS_01	大豆	60	45.7	4	0.003

（续）

年	月	样地代码	作物名称	观测层次/cm	体积含水量/%	重复数	标准差
2013	10	SJMFZ02CTS_01	大豆	70	47.1	4	0.012
2013	10	SJMFZ02CTS_01	大豆	80	48.4	4	0.009
2013	10	SJMFZ02CTS_01	大豆	90	49.2	4	0.018
2013	10	SJMFZ02CTS_01	大豆	100	48.2	4	0.007
2013	10	SJMFZ02CTS_01	大豆	110	46.9	4	0.004
2013	10	SJMFZ02CTS_01	大豆	120	45.6	4	0.006
2013	10	SJMFZ02CTS_01	大豆	130	45.2	4	0.008
2013	10	SJMFZ02CTS_01	大豆	140	44.4	4	0.010
2013	10	SJMFZ02CTS_01	大豆	150	44.3	4	0.008
2013	10	SJMFZ02CTS_01	大豆	160	43.7	4	0.003
2013	10	SJMFZ02CTS_01	大豆	170	43.8	4	0.005
2013	10	SJMFZ02CTS_01	大豆	180	43.8	4	0.008
2012	5	SJMFZ02CTS_01	大豆	10	40.6	4	0.101
2012	5	SJMFZ02CTS_01	大豆	20	48.7	4	0.038
2012	5	SJMFZ02CTS_01	大豆	30	48.4	4	0.041
2012	5	SJMFZ02CTS_01	大豆	40	45.1	4	0.020
2012	5	SJMFZ02CTS_01	大豆	50	47.8	4	0.019
2012	5	SJMFZ02CTS_01	大豆	60	51.4	4	0.015
2012	5	SJMFZ02CTS_01	大豆	70	53.8	4	0.007
2012	5	SJMFZ02CTS_01	大豆	80	55.0	4	0.017
2012	5	SJMFZ02CTS_01	大豆	90	55.1	4	0.013
2012	5	SJMFZ02CTS_01	大豆	100	53.9	4	0.011
2012	5	SJMFZ02CTS_01	大豆	110	52.9	4	0.007
2012	5	SJMFZ02CTS_01	大豆	120	51.6	4	0.011
2012	5	SJMFZ02CTS_01	大豆	130	50.8	4	0.012
2012	5	SJMFZ02CTS_01	大豆	140	50.2	4	0.010
2012	5	SJMFZ02CTS_01	大豆	150	50.1	4	0.009
2012	5	SJMFZ02CTS_01	大豆	160	49.4	4	0.008
2012	5	SJMFZ02CTS_01	大豆	170	48.9	4	0.009
2012	5	SJMFZ02CTS_01	大豆	180	48.9	4	0.008
2012	6	SJMFZ02CTS_01	大豆	10	29.5	4	0.070
2012	6	SJMFZ02CTS_01	大豆	20	38.7	4	0.034
2012	6	SJMFZ02CTS_01	大豆	30	39.3	4	0.025
2012	6	SJMFZ02CTS_01	大豆	40	39.5	4	0.013
2012	6	SJMFZ02CTS_01	大豆	50	44.0	4	0.023
2012	6	SJMFZ02CTS_01	大豆	60	48.7	4	0.019
2012	6	SJMFZ02CTS_01	大豆	70	52.0	4	0.010
2012	6	SJMFZ02CTS_01	大豆	80	53.6	4	0.011

（续）

年	月	样地代码	作物名称	观测层次/cm	体积含水量/%	重复数	标准差
2012	6	SJMFZ02CTS_01	大豆	90	53.5	4	0.011
2012	6	SJMFZ02CTS_01	大豆	100	52.9	4	0.007
2012	6	SJMFZ02CTS_01	大豆	110	52.1	4	0.007
2012	6	SJMFZ02CTS_01	大豆	120	51.3	4	0.008
2012	6	SJMFZ02CTS_01	大豆	130	50.6	4	0.014
2012	6	SJMFZ02CTS_01	大豆	140	49.9	4	0.011
2012	6	SJMFZ02CTS_01	大豆	150	49.1	4	0.011
2012	6	SJMFZ02CTS_01	大豆	160	49.0	4	0.012
2012	6	SJMFZ02CTS_01	大豆	170	49.2	4	0.006
2012	6	SJMFZ02CTS_01	大豆	180	49.0	4	0.010
2012	7	SJMFZ02CTS_01	大豆	10	33.4	4	0.062
2012	7	SJMFZ02CTS_01	大豆	20	42.0	4	0.049
2012	7	SJMFZ02CTS_01	大豆	30	41.4	4	0.037
2012	7	SJMFZ02CTS_01	大豆	40	40.8	4	0.018
2012	7	SJMFZ02CTS_01	大豆	50	45.6	4	0.018
2012	7	SJMFZ02CTS_01	大豆	60	49.3	4	0.013
2012	7	SJMFZ02CTS_01	大豆	70	52.1	4	0.014
2012	7	SJMFZ02CTS_01	大豆	80	53.7	4	0.013
2012	7	SJMFZ02CTS_01	大豆	90	53.3	4	0.012
2012	7	SJMFZ02CTS_01	大豆	100	52.3	4	0.007
2012	7	SJMFZ02CTS_01	大豆	110	51.8	4	0.005
2012	7	SJMFZ02CTS_01	大豆	120	50.6	4	0.012
2012	7	SJMFZ02CTS_01	大豆	130	50.2	4	0.010
2012	7	SJMFZ02CTS_01	大豆	140	49.8	4	0.009
2012	7	SJMFZ02CTS_01	大豆	150	49.3	4	0.006
2012	7	SJMFZ02CTS_01	大豆	160	48.9	4	0.007
2012	7	SJMFZ02CTS_01	大豆	170	49.0	4	0.007
2012	7	SJMFZ02CTS_01	大豆	180	49.2	4	0.006
2012	8	SJMFZ02CTS_01	大豆	10	33.0	4	0.077
2012	8	SJMFZ02CTS_01	大豆	20	41.7	4	0.060
2012	8	SJMFZ02CTS_01	大豆	30	40.7	4	0.043
2012	8	SJMFZ02CTS_01	大豆	40	40.4	4	0.027
2012	8	SJMFZ02CTS_01	大豆	50	44.9	4	0.023
2012	8	SJMFZ02CTS_01	大豆	60	49.3	4	0.016
2012	8	SJMFZ02CTS_01	大豆	70	51.9	4	0.015
2012	8	SJMFZ02CTS_01	大豆	80	53.8	4	0.014
2012	8	SJMFZ02CTS_01	大豆	90	54.0	4	0.014
2012	8	SJMFZ02CTS_01	大豆	100	52.9	4	0.013

（续）

年	月	样地代码	作物名称	观测层次/cm	体积含水量/%	重复数	标准差
2012	8	SJMFZ02CTS_01	大豆	110	51.9	4	0.008
2012	8	SJMFZ02CTS_01	大豆	120	50.8	4	0.006
2012	8	SJMFZ02CTS_01	大豆	130	50.1	4	0.012
2012	8	SJMFZ02CTS_01	大豆	140	49.7	4	0.009
2012	8	SJMFZ02CTS_01	大豆	150	49.3	4	0.014
2012	8	SJMFZ02CTS_01	大豆	160	49.1	4	0.007
2012	8	SJMFZ02CTS_01	大豆	170	48.9	4	0.007
2012	8	SJMFZ02CTS_01	大豆	180	48.9	4	0.007
2012	9	SJMFZ02CTS_01	大豆	10	44.7	4	0.067
2012	9	SJMFZ02CTS_01	大豆	20	53.2	4	0.018
2012	9	SJMFZ02CTS_01	大豆	30	47.8	4	0.025
2012	9	SJMFZ02CTS_01	大豆	40	44.3	4	0.014
2012	9	SJMFZ02CTS_01	大豆	50	48.4	4	0.018
2012	9	SJMFZ02CTS_01	大豆	60	51.7	4	0.015
2012	9	SJMFZ02CTS_01	大豆	70	53.5	4	0.013
2012	9	SJMFZ02CTS_01	大豆	80	54.8	4	0.015
2012	9	SJMFZ02CTS_01	大豆	90	54.5	4	0.012
2012	9	SJMFZ02CTS_01	大豆	100	53.3	4	0.011
2012	9	SJMFZ02CTS_01	大豆	110	51.9	4	0.007
2012	9	SJMFZ02CTS_01	大豆	120	51.3	4	0.011
2012	9	SJMFZ02CTS_01	大豆	130	50.7	4	0.011
2012	9	SJMFZ02CTS_01	大豆	140	50.1	4	0.011
2012	9	SJMFZ02CTS_01	大豆	150	48.8	4	0.013
2012	9	SJMFZ02CTS_01	大豆	160	48.7	4	0.007
2012	9	SJMFZ02CTS_01	大豆	170	48.8	4	0.008
2012	9	SJMFZ02CTS_01	大豆	180	48.8	4	0.005
2012	10	SJMFZ02CTS_01	大豆	10	46.3	4	0.029
2012	10	SJMFZ02CTS_01	大豆	20	53.4	4	0.017
2012	10	SJMFZ02CTS_01	大豆	30	47.8	4	0.024
2012	10	SJMFZ02CTS_01	大豆	40	44.7	4	0.009
2012	10	SJMFZ02CTS_01	大豆	50	49.6	4	0.013
2012	10	SJMFZ02CTS_01	大豆	60	51.4	4	0.003
2012	10	SJMFZ02CTS_01	大豆	70	53.4	4	0.012
2012	10	SJMFZ02CTS_01	大豆	80	55.3	4	0.015
2012	10	SJMFZ02CTS_01	大豆	90	54.0	4	0.011
2012	10	SJMFZ02CTS_01	大豆	100	53.1	4	0.010
2012	10	SJMFZ02CTS_01	大豆	110	52.2	4	0.002
2012	10	SJMFZ02CTS_01	大豆	120	51.3	4	0.014

（续）

年	月	样地代码	作物名称	观测层次/cm	体积含水量/%	重复数	标准差
2012	10	SJMFZ02CTS_01	大豆	130	50.4	4	0.009
2012	10	SJMFZ02CTS_01	大豆	140	49.6	4	0.003
2012	10	SJMFZ02CTS_01	大豆	150	49.4	4	0.005
2012	10	SJMFZ02CTS_01	大豆	160	49.5	4	0.003
2012	10	SJMFZ02CTS_01	大豆	170	48.6	4	0.007
2012	10	SJMFZ02CTS_01	大豆	180	49.2	4	0.011
2011	5	SJMFZ02CTS_01	大豆	10	45.8	4	0.050
2011	5	SJMFZ02CTS_01	大豆	20	49.5	4	0.038
2011	5	SJMFZ02CTS_01	大豆	30	47.1	4	0.008
2011	5	SJMFZ02CTS_01	大豆	40	47.6	4	0.038
2011	5	SJMFZ02CTS_01	大豆	50	50.9	4	0.017
2011	5	SJMFZ02CTS_01	大豆	60	52.6	4	0.007
2011	5	SJMFZ02CTS_01	大豆	70	53.0	4	0.016
2011	5	SJMFZ02CTS_01	大豆	80	53.0	4	0.024
2011	5	SJMFZ02CTS_01	大豆	90	52.0	4	0.026
2011	5	SJMFZ02CTS_01	大豆	100	51.4	4	0.019
2011	5	SJMFZ02CTS_01	大豆	110	50.5	4	0.017
2011	5	SJMFZ02CTS_01	大豆	120	49.7	4	0.018
2011	5	SJMFZ02CTS_01	大豆	130	49.0	4	0.022
2011	5	SJMFZ02CTS_01	大豆	140	48.9	4	0.017
2011	5	SJMFZ02CTS_01	大豆	150	48.6	4	0.013
2011	5	SJMFZ02CTS_01	大豆	160	49.4	4	0.008
2011	5	SJMFZ02CTS_01	大豆	170	49.1	4	0.007
2011	5	SJMFZ02CTS_01	大豆	180	49.3	4	0.007
2011	6	SJMFZ02CTS_01	大豆	10	35.5	4	0.040
2011	6	SJMFZ02CTS_01	大豆	20	45.1	4	0.020
2011	6	SJMFZ02CTS_01	大豆	30	42.5	4	0.026
2011	6	SJMFZ02CTS_01	大豆	40	42.2	4	0.014
2011	6	SJMFZ02CTS_01	大豆	50	46.3	4	0.014
2011	6	SJMFZ02CTS_01	大豆	60	50.5	4	0.010
2011	6	SJMFZ02CTS_01	大豆	70	52.9	4	0.008
2011	6	SJMFZ02CTS_01	大豆	80	53.9	4	0.019
2011	6	SJMFZ02CTS_01	大豆	90	53.2	4	0.017
2011	6	SJMFZ02CTS_01	大豆	100	51.9	4	0.007
2011	6	SJMFZ02CTS_01	大豆	110	52.0	4	0.011
2011	6	SJMFZ02CTS_01	大豆	120	50.6	4	0.007
2011	6	SJMFZ02CTS_01	大豆	130	50.5	4	0.007
2011	6	SJMFZ02CTS_01	大豆	140	49.7	4	0.010

（续）

年	月	样地代码	作物名称	观测层次/cm	体积含水量/%	重复数	标准差
2011	6	SJMFZ02CTS_01	大豆	150	49.5	4	0.010
2011	6	SJMFZ02CTS_01	大豆	160	48.8	4	0.006
2011	6	SJMFZ02CTS_01	大豆	170	48.8	4	0.009
2011	6	SJMFZ02CTS_01	大豆	180	48.9	4	0.011
2011	7	SJMFZ02CTS_01	大豆	10	30.1	4	0.074
2011	7	SJMFZ02CTS_01	大豆	20	39.4	4	0.082
2011	7	SJMFZ02CTS_01	大豆	30	36.8	4	0.064
2011	7	SJMFZ02CTS_01	大豆	40	40.4	4	0.060
2011	7	SJMFZ02CTS_01	大豆	50	45.3	4	0.041
2011	7	SJMFZ02CTS_01	大豆	60	49.0	4	0.022
2011	7	SJMFZ02CTS_01	大豆	70	50.8	4	0.011
2011	7	SJMFZ02CTS_01	大豆	80	51.2	4	0.015
2011	7	SJMFZ02CTS_01	大豆	90	51.6	4	0.025
2011	7	SJMFZ02CTS_01	大豆	100	50.8	4	0.019
2011	7	SJMFZ02CTS_01	大豆	110	50.5	4	0.015
2011	7	SJMFZ02CTS_01	大豆	120	49.6	4	0.015
2011	7	SJMFZ02CTS_01	大豆	130	49.5	4	0.023
2011	7	SJMFZ02CTS_01	大豆	140	48.5	4	0.019
2011	7	SJMFZ02CTS_01	大豆	150	48.4	4	0.013
2011	7	SJMFZ02CTS_01	大豆	160	49.0	4	0.009
2011	7	SJMFZ02CTS_01	大豆	170	48.9	4	0.008
2011	7	SJMFZ02CTS_01	大豆	180	48.8	4	0.005
2011	8	SJMFZ02CTS_01	大豆	10	35.4	4	0.068
2011	8	SJMFZ02CTS_01	大豆	20	40.7	4	0.065
2011	8	SJMFZ02CTS_01	大豆	30	38.9	4	0.061
2011	8	SJMFZ02CTS_01	大豆	40	42.0	4	0.064
2011	8	SJMFZ02CTS_01	大豆	50	45.2	4	0.053
2011	8	SJMFZ02CTS_01	大豆	60	47.7	4	0.033
2011	8	SJMFZ02CTS_01	大豆	70	49.6	4	0.027
2011	8	SJMFZ02CTS_01	大豆	80	51.7	4	0.017
2011	8	SJMFZ02CTS_01	大豆	90	51.1	4	0.026
2011	8	SJMFZ02CTS_01	大豆	100	50.5	4	0.017
2011	8	SJMFZ02CTS_01	大豆	110	50.4	4	0.015
2011	8	SJMFZ02CTS_01	大豆	120	49.3	4	0.018
2011	8	SJMFZ02CTS_01	大豆	130	49.3	4	0.020
2011	8	SJMFZ02CTS_01	大豆	140	46.0	4	0.091
2011	8	SJMFZ02CTS_01	大豆	150	48.2	4	0.013
2011	8	SJMFZ02CTS_01	大豆	160	49.1	4	0.008

（续）

年	月	样地代码	作物名称	观测层次/cm	体积含水量/%	重复数	标准差
2011	8	SJMFZ02CTS_01	大豆	170	49.3	4	0.005
2011	8	SJMFZ02CTS_01	大豆	180	48.2	4	0.018
2011	9	SJMFZ02CTS_01	大豆	10	39.2	4	0.041
2011	9	SJMFZ02CTS_01	大豆	20	47.5	4	0.053
2011	9	SJMFZ02CTS_01	大豆	30	44.1	4	0.025
2011	9	SJMFZ02CTS_01	大豆	40	46.3	4	0.035
2011	9	SJMFZ02CTS_01	大豆	50	49.3	4	0.022
2011	9	SJMFZ02CTS_01	大豆	60	50.8	4	0.015
2011	9	SJMFZ02CTS_01	大豆	70	52.2	4	0.021
2011	9	SJMFZ02CTS_01	大豆	80	52.5	4	0.026
2011	9	SJMFZ02CTS_01	大豆	90	52.1	4	0.027
2011	9	SJMFZ02CTS_01	大豆	100	51.3	4	0.022
2011	9	SJMFZ02CTS_01	大豆	110	50.6	4	0.022
2011	9	SJMFZ02CTS_01	大豆	120	49.9	4	0.019
2011	9	SJMFZ02CTS_01	大豆	130	49.4	4	0.027
2011	9	SJMFZ02CTS_01	大豆	140	48.6	4	0.020
2011	9	SJMFZ02CTS_01	大豆	150	49.0	4	0.016
2011	9	SJMFZ02CTS_01	大豆	160	49.0	4	0.007
2011	9	SJMFZ02CTS_01	大豆	170	49.1	4	0.006
2011	9	SJMFZ02CTS_01	大豆	180	49.4	4	0.010
2010	5	SJMFZ02CTS_01	大豆	10	39.0	4	0.040
2010	5	SJMFZ02CTS_01	大豆	20	42.2	4	0.054
2010	5	SJMFZ02CTS_01	大豆	30	43.0	4	0.060
2010	5	SJMFZ02CTS_01	大豆	40	45.3	4	0.065
2010	5	SJMFZ02CTS_01	大豆	50	46.1	4	0.046
2010	5	SJMFZ02CTS_01	大豆	60	46.8	4	0.034
2010	5	SJMFZ02CTS_01	大豆	70	46.0	4	0.037
2010	5	SJMFZ02CTS_01	大豆	80	46.4	4	0.042
2010	5	SJMFZ02CTS_01	大豆	90	47.5	4	0.030
2010	5	SJMFZ02CTS_01	大豆	100	46.7	4	0.028
2010	5	SJMFZ02CTS_01	大豆	110	46.3	4	0.031
2010	5	SJMFZ02CTS_01	大豆	120	45.9	4	0.032
2010	5	SJMFZ02CTS_01	大豆	130	45.5	4	0.031
2010	5	SJMFZ02CTS_01	大豆	140	44.9	4	0.029
2010	5	SJMFZ02CTS_01	大豆	150	44.9	4	0.026
2010	5	SJMFZ02CTS_01	大豆	160	44.5	4	0.024
2010	5	SJMFZ02CTS_01	大豆	170	44.2	4	0.026
2010	5	SJMFZ02CTS_01	大豆	180	44.0	4	0.024

（续）

年	月	样地代码	作物名称	观测层次/cm	体积含水量/%	重复数	标准差
2010	6	SJMFZ02CTS_01	大豆	10	38.8	4	0.033
2010	6	SJMFZ02CTS_01	大豆	20	42.4	4	0.043
2010	6	SJMFZ02CTS_01	大豆	30	45.9	4	0.038
2010	6	SJMFZ02CTS_01	大豆	40	48.9	4	0.053
2010	6	SJMFZ02CTS_01	大豆	50	48.2	4	0.038
2010	6	SJMFZ02CTS_01	大豆	60	46.5	4	0.028
2010	6	SJMFZ02CTS_01	大豆	70	45.7	4	0.029
2010	6	SJMFZ02CTS_01	大豆	80	43.0	4	0.024
2010	6	SJMFZ02CTS_01	大豆	90	42.5	4	0.032
2010	6	SJMFZ02CTS_01	大豆	100	42.9	4	0.024
2010	6	SJMFZ02CTS_01	大豆	110	42.9	4	0.026
2010	6	SJMFZ02CTS_01	大豆	120	42.5	4	0.026
2010	6	SJMFZ02CTS_01	大豆	130	42.3	4	0.026
2010	6	SJMFZ02CTS_01	大豆	140	43.0	4	0.023
2010	6	SJMFZ02CTS_01	大豆	150	42.0	4	0.025
2010	6	SJMFZ02CTS_01	大豆	160	42.7	4	0.025
2010	6	SJMFZ02CTS_01	大豆	170	42.6	4	0.027
2010	6	SJMFZ02CTS_01	大豆	180	42.1	4	0.033
2010	7	SJMFZ02CTS_01	大豆	10	35.8	4	0.059
2010	7	SJMFZ02CTS_01	大豆	20	40.8	4	0.050
2010	7	SJMFZ02CTS_01	大豆	30	44.7	4	0.030
2010	7	SJMFZ02CTS_01	大豆	40	45.7	4	0.049
2010	7	SJMFZ02CTS_01	大豆	50	47.0	4	0.038
2010	7	SJMFZ02CTS_01	大豆	60	46.7	4	0.035
2010	7	SJMFZ02CTS_01	大豆	70	45.1	4	0.021
2010	7	SJMFZ02CTS_01	大豆	80	43.5	4	0.030
2010	7	SJMFZ02CTS_01	大豆	90	41.9	4	0.042
2010	7	SJMFZ02CTS_01	大豆	100	42.4	4	0.040
2010	7	SJMFZ02CTS_01	大豆	110	42.4	4	0.029
2010	7	SJMFZ02CTS_01	大豆	120	41.8	4	0.029
2010	7	SJMFZ02CTS_01	大豆	130	39.8	4	0.035
2010	7	SJMFZ02CTS_01	大豆	140	39.5	4	0.038
2010	7	SJMFZ02CTS_01	大豆	150	40.6	4	0.043
2010	7	SJMFZ02CTS_01	大豆	160	41.5	4	0.019
2010	7	SJMFZ02CTS_01	大豆	170	41.2	4	0.031
2010	7	SJMFZ02CTS_01	大豆	180	39.8	4	0.017
2010	8	SJMFZ02CTS_01	大豆	10	40.1	4	0.052
2010	8	SJMFZ02CTS_01	大豆	20	41.8	4	0.050

（续）

年	月	样地代码	作物名称	观测层次/cm	体积含水量/%	重复数	标准差
2010	8	SJMFZ02CTS_01	大豆	30	44.5	4	0.068
2010	8	SJMFZ02CTS_01	大豆	40	45.3	4	0.083
2010	8	SJMFZ02CTS_01	大豆	50	45.5	4	0.065
2010	8	SJMFZ02CTS_01	大豆	60	46.8	4	0.038
2010	8	SJMFZ02CTS_01	大豆	70	46.1	4	0.039
2010	8	SJMFZ02CTS_01	大豆	80	47.2	4	0.042
2010	8	SJMFZ02CTS_01	大豆	90	47.0	4	0.048
2010	8	SJMFZ02CTS_01	大豆	100	46.0	4	0.035
2010	8	SJMFZ02CTS_01	大豆	110	45.8	4	0.030
2010	8	SJMFZ02CTS_01	大豆	120	45.2	4	0.023
2010	8	SJMFZ02CTS_01	大豆	130	45.3	4	0.020
2010	8	SJMFZ02CTS_01	大豆	140	44.5	4	0.023
2010	8	SJMFZ02CTS_01	大豆	150	44.3	4	0.036
2010	8	SJMFZ02CTS_01	大豆	160	44.6	4	0.037
2010	8	SJMFZ02CTS_01	大豆	170	43.9	4	0.039
2010	8	SJMFZ02CTS_01	大豆	180	43.4	4	0.037
2010	9	SJMFZ02CTS_01	大豆	10	40.3	4	0.036
2010	9	SJMFZ02CTS_01	大豆	20	45.3	4	0.034
2010	9	SJMFZ02CTS_01	大豆	30	45.9	4	0.035
2010	9	SJMFZ02CTS_01	大豆	40	46.2	4	0.033
2010	9	SJMFZ02CTS_01	大豆	50	47.0	4	0.035
2010	9	SJMFZ02CTS_01	大豆	60	47.3	4	0.040
2010	9	SJMFZ02CTS_01	大豆	70	48.1	4	0.036
2010	9	SJMFZ02CTS_01	大豆	80	48.9	4	0.034
2010	9	SJMFZ02CTS_01	大豆	90	47.3	4	0.054
2010	9	SJMFZ02CTS_01	大豆	100	47.4	4	0.032
2010	9	SJMFZ02CTS_01	大豆	110	47.4	4	0.017
2010	9	SJMFZ02CTS_01	大豆	120	46.2	4	0.017
2010	9	SJMFZ02CTS_01	大豆	130	46.7	4	0.012
2010	9	SJMFZ02CTS_01	大豆	140	47.1	4	0.012
2010	9	SJMFZ02CTS_01	大豆	150	46.9	4	0.011
2010	9	SJMFZ02CTS_01	大豆	160	47.0	4	0.011
2010	9	SJMFZ02CTS_01	大豆	170	46.7	4	0.014
2010	9	SJMFZ02CTS_01	大豆	180	46.0	4	0.026
2010	10	SJMFZ02CTS_01	大豆	10	39.7	4	0.038
2010	10	SJMFZ02CTS_01	大豆	20	46.8	4	0.021
2010	10	SJMFZ02CTS_01	大豆	30	44.6	4	0.035
2010	10	SJMFZ02CTS_01	大豆	40	44.9	4	0.034

（续）

年	月	样地代码	作物名称	观测层次/cm	体积含水量/%	重复数	标准差
2010	10	SJMFZ02CTS_01	大豆	50	48.9	4	0.029
2010	10	SJMFZ02CTS_01	大豆	60	48.8	4	0.056
2010	10	SJMFZ02CTS_01	大豆	70	48.1	4	0.032
2010	10	SJMFZ02CTS_01	大豆	80	48.7	4	0.004
2010	10	SJMFZ02CTS_01	大豆	90	47.1	4	0.023
2010	10	SJMFZ02CTS_01	大豆	100	45.7	4	0.026
2010	10	SJMFZ02CTS_01	大豆	110	44.6	4	0.029
2010	10	SJMFZ02CTS_01	大豆	120	44.1	4	0.029
2010	10	SJMFZ02CTS_01	大豆	130	44.4	4	0.026
2010	10	SJMFZ02CTS_01	大豆	140	43.6	4	0.030
2010	10	SJMFZ02CTS_01	大豆	150	43.3	4	0.029
2010	10	SJMFZ02CTS_01	大豆	160	42.5	4	0.027
2010	10	SJMFZ02CTS_01	大豆	170	43.2	4	0.030
2010	10	SJMFZ02CTS_01	大豆	180	43.1	4	0.032
2009	5	SJMFZ02CTS_01	大豆	10	26.5	4	0.033
2009	5	SJMFZ02CTS_01	大豆	20	37.3	4	0.021
2009	5	SJMFZ02CTS_01	大豆	30	35.8	4	0.015
2009	5	SJMFZ02CTS_01	大豆	40	36.1	4	0.027
2009	5	SJMFZ02CTS_01	大豆	50	41.3	4	0.012
2009	5	SJMFZ02CTS_01	大豆	60	43.8	4	0.007
2009	5	SJMFZ02CTS_01	大豆	70	45.2	4	0.008
2009	5	SJMFZ02CTS_01	大豆	80	46.2	4	0.007
2009	5	SJMFZ02CTS_01	大豆	90	46.0	4	0.006
2009	5	SJMFZ02CTS_01	大豆	100	45.7	4	0.007
2009	5	SJMFZ02CTS_01	大豆	110	45.1	4	0.006
2009	5	SJMFZ02CTS_01	大豆	120	44.7	4	0.010
2009	5	SJMFZ02CTS_01	大豆	130	44.5	4	0.011
2009	5	SJMFZ02CTS_01	大豆	140	43.9	4	0.009
2009	5	SJMFZ02CTS_01	大豆	150	43.7	4	0.008
2009	5	SJMFZ02CTS_01	大豆	160	43.4	4	0.006
2009	5	SJMFZ02CTS_01	大豆	170	43.2	4	0.007
2009	5	SJMFZ02CTS_01	大豆	180	43.7	4	0.007
2009	6	SJMFZ02CTS_01	大豆	10	28.6	4	0.049
2009	6	SJMFZ02CTS_01	大豆	20	38.1	4	0.038
2009	6	SJMFZ02CTS_01	大豆	30	35.5	4	0.023
2009	6	SJMFZ02CTS_01	大豆	40	36.9	4	0.020
2009	6	SJMFZ02CTS_01	大豆	50	41.0	4	0.017
2009	6	SJMFZ02CTS_01	大豆	60	44.0	4	0.020

（续）

年	月	样地代码	作物名称	观测层次/cm	体积含水量/%	重复数	标准差
2009	6	SJMFZ02CTS_01	大豆	70	45.4	4	0.014
2009	6	SJMFZ02CTS_01	大豆	80	46.4	4	0.015
2009	6	SJMFZ02CTS_01	大豆	90	46.1	4	0.006
2009	6	SJMFZ02CTS_01	大豆	100	45.4	4	0.005
2009	6	SJMFZ02CTS_01	大豆	110	44.7	4	0.007
2009	6	SJMFZ02CTS_01	大豆	120	44.5	4	0.010
2009	6	SJMFZ02CTS_01	大豆	130	44.2	4	0.011
2009	6	SJMFZ02CTS_01	大豆	140	43.9	4	0.007
2009	6	SJMFZ02CTS_01	大豆	150	43.9	4	0.011
2009	6	SJMFZ02CTS_01	大豆	160	43.0	4	0.005
2009	6	SJMFZ02CTS_01	大豆	170	43.4	4	0.006
2009	6	SJMFZ02CTS_01	大豆	180	43.6	4	0.004
2009	7	SJMFZ02CTS_01	大豆	10	37.9	4	0.053
2009	7	SJMFZ02CTS_01	大豆	20	45.2	4	0.027
2009	7	SJMFZ02CTS_01	大豆	30	39.6	4	0.014
2009	7	SJMFZ02CTS_01	大豆	40	39.5	4	0.012
2009	7	SJMFZ02CTS_01	大豆	50	44.4	4	0.030
2009	7	SJMFZ02CTS_01	大豆	60	46.2	4	0.012
2009	7	SJMFZ02CTS_01	大豆	70	47.5	4	0.011
2009	7	SJMFZ02CTS_01	大豆	80	48.1	4	0.012
2009	7	SJMFZ02CTS_01	大豆	90	46.8	4	0.009
2009	7	SJMFZ02CTS_01	大豆	100	45.7	4	0.008
2009	7	SJMFZ02CTS_01	大豆	110	45.3	4	0.007
2009	7	SJMFZ02CTS_01	大豆	120	44.6	4	0.010
2009	7	SJMFZ02CTS_01	大豆	130	44.5	4	0.009
2009	7	SJMFZ02CTS_01	大豆	140	43.6	4	0.008
2009	7	SJMFZ02CTS_01	大豆	150	43.6	4	0.008
2009	7	SJMFZ02CTS_01	大豆	160	43.2	4	0.005
2009	7	SJMFZ02CTS_01	大豆	170	43.4	4	0.002
2009	7	SJMFZ02CTS_01	大豆	180	43.5	4	0.005
2009	8	SJMFZ02CTS_01	大豆	10	38.0	4	0.085
2009	8	SJMFZ02CTS_01	大豆	20	44.1	4	0.039
2009	8	SJMFZ02CTS_01	大豆	30	40.3	4	0.026
2009	8	SJMFZ02CTS_01	大豆	40	40.7	4	0.029
2009	8	SJMFZ02CTS_01	大豆	50	45.0	4	0.040
2009	8	SJMFZ02CTS_01	大豆	60	48.2	4	0.041
2009	8	SJMFZ02CTS_01	大豆	70	49.6	4	0.045
2009	8	SJMFZ02CTS_01	大豆	80	51.9	4	0.057

（续）

年	月	样地代码	作物名称	观测层次/cm	体积含水量/%	重复数	标准差
2009	8	SJMFZ02CTS_01	大豆	90	53.0	4	0.078
2009	8	SJMFZ02CTS_01	大豆	100	46.3	4	0.009
2009	8	SJMFZ02CTS_01	大豆	110	46.0	4	0.018
2009	8	SJMFZ02CTS_01	大豆	120	45.3	4	0.014
2009	8	SJMFZ02CTS_01	大豆	130	45.5	4	0.020
2009	8	SJMFZ02CTS_01	大豆	140	46.6	4	0.035
2009	8	SJMFZ02CTS_01	大豆	150	45.8	4	0.031
2009	8	SJMFZ02CTS_01	大豆	160	45.2	4	0.021
2009	8	SJMFZ02CTS_01	大豆	170	45.7	4	0.041
2009	8	SJMFZ02CTS_01	大豆	180	45.8	4	0.038
2009	9	SJMFZ02CTS_01	大豆	10	37.5	4	0.046
2009	9	SJMFZ02CTS_01	大豆	20	46.4	4	0.022
2009	9	SJMFZ02CTS_01	大豆	30	45.6	4	0.063
2009	9	SJMFZ02CTS_01	大豆	40	44.2	4	0.062
2009	9	SJMFZ02CTS_01	大豆	50	46.1	4	0.034
2009	9	SJMFZ02CTS_01	大豆	60	48.6	4	0.033
2009	9	SJMFZ02CTS_01	大豆	70	50.1	4	0.025
2009	9	SJMFZ02CTS_01	大豆	80	50.1	4	0.035
2009	9	SJMFZ02CTS_01	大豆	90	48.3	4	0.020
2009	9	SJMFZ02CTS_01	大豆	100	48.5	4	0.044
2009	9	SJMFZ02CTS_01	大豆	110	46.8	4	0.030
2009	9	SJMFZ02CTS_01	大豆	120	46.3	4	0.041
2009	9	SJMFZ02CTS_01	大豆	130	46.1	4	0.034
2009	9	SJMFZ02CTS_01	大豆	140	44.8	4	0.019
2009	9	SJMFZ02CTS_01	大豆	150	44.2	4	0.011
2009	9	SJMFZ02CTS_01	大豆	160	43.9	4	0.010
2009	9	SJMFZ02CTS_01	大豆	170	43.6	4	0.008
2009	9	SJMFZ02CTS_01	大豆	180	43.7	4	0.006
2009	10	SJMFZ02CTS_01	大豆	10	45.5	4	0.051
2009	10	SJMFZ02CTS_01	大豆	20	46.9	4	0.023
2009	10	SJMFZ02CTS_01	大豆	30	43.7	4	0.034
2009	10	SJMFZ02CTS_01	大豆	40	45.8	4	0.049
2009	10	SJMFZ02CTS_01	大豆	50	47.4	4	0.038
2009	10	SJMFZ02CTS_01	大豆	60	47.7	4	0.029
2009	10	SJMFZ02CTS_01	大豆	70	47.9	4	0.029
2009	10	SJMFZ02CTS_01	大豆	80	48.1	4	0.029
2009	10	SJMFZ02CTS_01	大豆	90	47.4	4	0.026
2009	10	SJMFZ02CTS_01	大豆	100	47.1	4	0.019

（续）

年	月	样地代码	作物名称	观测层次/cm	体积含水量/%	重复数	标准差
2009	10	SJMFZ02CTS_01	大豆	110	46.4	4	0.014
2009	10	SJMFZ02CTS_01	大豆	120	46.0	4	0.008
2009	10	SJMFZ02CTS_01	大豆	130	45.1	4	0.011
2009	10	SJMFZ02CTS_01	大豆	140	44.4	4	0.011
2009	10	SJMFZ02CTS_01	大豆	150	44.0	4	0.014
2009	10	SJMFZ02CTS_01	大豆	160	44.2	4	0.022
2009	10	SJMFZ02CTS_01	大豆	170	44.4	4	0.022
2009	10	SJMFZ02CTS_01	大豆	180	45.0	4	0.024
2008	7	SJMFZ02CTS_01	大豆	10	22.5	3	0.025
2008	7	SJMFZ02CTS_01	大豆	20	31.1	3	0.034
2008	7	SJMFZ02CTS_01	大豆	30	35.6	3	0.029
2008	7	SJMFZ02CTS_01	大豆	40	35.9	3	0.025
2008	7	SJMFZ02CTS_01	大豆	50	39.7	3	0.035
2008	7	SJMFZ02CTS_01	大豆	60	43.3	3	0.020
2008	7	SJMFZ02CTS_01	大豆	70	45.4	3	0.013
2008	7	SJMFZ02CTS_01	大豆	80	46.7	3	0.016
2008	7	SJMFZ02CTS_01	大豆	90	46.8	3	0.018
2008	7	SJMFZ02CTS_01	大豆	100	46.7	3	0.017
2008	7	SJMFZ02CTS_01	大豆	110	45.8	3	0.017
2008	7	SJMFZ02CTS_01	大豆	120	45.3	3	0.013
2008	7	SJMFZ02CTS_01	大豆	130	45.3	3	0.009
2008	7	SJMFZ02CTS_01	大豆	140	44.5	3	0.009
2008	7	SJMFZ02CTS_01	大豆	150	44.2	3	0.013
2008	7	SJMFZ02CTS_01	大豆	160	44.2	3	0.006
2008	7	SJMFZ02CTS_01	大豆	170	44.2	3	0.005
2008	7	SJMFZ02CTS_01	大豆	180	43.9	3	0.008
2008	8	SJMFZ02CTS_01	大豆	10	22.9	3	0.023
2008	8	SJMFZ02CTS_01	大豆	20	29.6	3	0.036
2008	8	SJMFZ02CTS_01	大豆	30	34.8	3	0.043
2008	8	SJMFZ02CTS_01	大豆	40	36.1	3	0.026
2008	8	SJMFZ02CTS_01	大豆	50	40.6	3	0.031
2008	8	SJMFZ02CTS_01	大豆	60	43.4	3	0.017
2008	8	SJMFZ02CTS_01	大豆	70	45.3	3	0.013
2008	8	SJMFZ02CTS_01	大豆	80	46.7	3	0.022
2008	8	SJMFZ02CTS_01	大豆	90	46.8	3	0.018
2008	8	SJMFZ02CTS_01	大豆	100	46.2	3	0.018
2008	8	SJMFZ02CTS_01	大豆	110	45.4	3	0.015
2008	8	SJMFZ02CTS_01	大豆	120	45.4	3	0.011

（续）

年	月	样地代码	作物名称	观测层次/cm	体积含水量/%	重复数	标准差
2008	8	SJMFZ02CTS_01	大豆	130	45.3	3	0.008
2008	8	SJMFZ02CTS_01	大豆	140	44.8	3	0.009
2008	8	SJMFZ02CTS_01	大豆	150	44.4	3	0.011
2008	8	SJMFZ02CTS_01	大豆	160	43.9	3	0.008
2008	8	SJMFZ02CTS_01	大豆	170	44.1	3	0.006
2008	8	SJMFZ02CTS_01	大豆	180	44.3	3	0.007
2008	9	SJMFZ02CTS_01	大豆	10	23.0	3	0.018
2008	9	SJMFZ02CTS_01	大豆	20	26.3	3	0.051
2008	9	SJMFZ02CTS_01	大豆	30	28.3	3	0.026
2008	9	SJMFZ02CTS_01	大豆	40	29.5	3	0.026
2008	9	SJMFZ02CTS_01	大豆	50	34.8	3	0.025
2008	9	SJMFZ02CTS_01	大豆	60	40.6	3	0.019
2008	9	SJMFZ02CTS_01	大豆	70	43.8	3	0.018
2008	9	SJMFZ02CTS_01	大豆	80	46.6	3	0.018
2008	9	SJMFZ02CTS_01	大豆	90	47.4	3	0.009
2008	9	SJMFZ02CTS_01	大豆	100	47.1	3	0.006
2008	9	SJMFZ02CTS_01	大豆	110	46.5	3	0.006
2008	9	SJMFZ02CTS_01	大豆	120	45.7	3	0.012
2008	9	SJMFZ02CTS_01	大豆	130	45.6	3	0.007
2008	9	SJMFZ02CTS_01	大豆	140	45.0	3	0.007
2008	9	SJMFZ02CTS_01	大豆	150	44.7	3	0.007
2008	9	SJMFZ02CTS_01	大豆	160	44.5	3	0.007
2008	9	SJMFZ02CTS_01	大豆	170	44.1	3	0.007
2008	9	SJMFZ02CTS_01	大豆	180	44.2	3	0.011
2008	10	SJMFZ02CTS_01	大豆	10	20.0	3	0.004
2008	10	SJMFZ02CTS_01	大豆	20	28.4	3	0.015
2008	10	SJMFZ02CTS_01	大豆	30	30.1	3	0.018
2008	10	SJMFZ02CTS_01	大豆	40	32.2	3	0.005
2008	10	SJMFZ02CTS_01	大豆	50	37.9	3	0.011
2008	10	SJMFZ02CTS_01	大豆	60	41.8	3	0.006
2008	10	SJMFZ02CTS_01	大豆	70	43.5	3	0.011
2008	10	SJMFZ02CTS_01	大豆	80	45.3	3	0.018
2008	10	SJMFZ02CTS_01	大豆	90	45.9	3	0.017
2008	10	SJMFZ02CTS_01	大豆	100	45.5	3	0.013
2008	10	SJMFZ02CTS_01	大豆	110	45.1	3	0.018
2008	10	SJMFZ02CTS_01	大豆	120	45.0	3	0.012
2008	10	SJMFZ02CTS_01	大豆	130	45.4	3	0.004
2008	10	SJMFZ02CTS_01	大豆	140	44.8	3	0.009

（续）

年	月	样地代码	作物名称	观测层次/cm	体积含水量/%	重复数	标准差
2008	10	SJMFZ02CTS_01	大豆	150	43.9	3	0.012
2008	10	SJMFZ02CTS_01	大豆	160	43.9	3	0.006
2008	10	SJMFZ02CTS_01	大豆	170	43.8	3	0.007
2008	10	SJMFZ02CTS_01	大豆	180	43.7	3	0.011
2007	5	SJMFZ02CTS_01	大豆	10	37.4	3	0.034
2007	5	SJMFZ02CTS_01	大豆	20	51.6	3	0.016
2007	5	SJMFZ02CTS_01	大豆	30	52.3	3	0.017
2007	5	SJMFZ02CTS_01	大豆	40	47.3	3	0.029
2007	5	SJMFZ02CTS_01	大豆	50	49.6	3	0.028
2007	5	SJMFZ02CTS_01	大豆	60	52.1	3	0.017
2007	5	SJMFZ02CTS_01	大豆	70	52.4	3	0.013
2007	5	SJMFZ02CTS_01	大豆	80	53.6	3	0.020
2007	5	SJMFZ02CTS_01	大豆	90	53.2	3	0.023
2007	5	SJMFZ02CTS_01	大豆	100	51.3	3	0.021
2007	5	SJMFZ02CTS_01	大豆	110	50.7	3	0.013
2007	5	SJMFZ02CTS_01	大豆	120	50.4	3	0.017
2007	5	SJMFZ02CTS_01	大豆	130	50.0	3	0.010
2007	5	SJMFZ02CTS_01	大豆	140	49.5	3	0.017
2007	5	SJMFZ02CTS_01	大豆	150	49.2	3	0.014
2007	5	SJMFZ02CTS_01	大豆	160	49.4	3	0.009
2007	5	SJMFZ02CTS_01	大豆	170	48.7	3	0.005
2007	5	SJMFZ02CTS_01	大豆	180	49.7	3	0.010
2007	6	SJMFZ02CTS_01	大豆	10	40.4	3	0.045
2007	6	SJMFZ02CTS_01	大豆	20	54.2	3	0.025
2007	6	SJMFZ02CTS_01	大豆	30	57.7	3	0.036
2007	6	SJMFZ02CTS_01	大豆	40	57.8	3	0.024
2007	6	SJMFZ02CTS_01	大豆	50	57.4	3	0.012
2007	6	SJMFZ02CTS_01	大豆	60	55.2	3	0.019
2007	6	SJMFZ02CTS_01	大豆	70	53.0	3	0.013
2007	6	SJMFZ02CTS_01	大豆	80	52.9	3	0.021
2007	6	SJMFZ02CTS_01	大豆	90	53.2	3	0.011
2007	6	SJMFZ02CTS_01	大豆	100	51.6	3	0.013
2007	6	SJMFZ02CTS_01	大豆	110	50.4	3	0.010
2007	6	SJMFZ02CTS_01	大豆	120	48.8	3	0.016
2007	6	SJMFZ02CTS_01	大豆	130	48.2	3	0.014
2007	6	SJMFZ02CTS_01	大豆	140	47.9	3	0.007
2007	6	SJMFZ02CTS_01	大豆	150	47.7	3	0.008
2007	6	SJMFZ02CTS_01	大豆	160	47.0	3	0.007

（续）

年	月	样地代码	作物名称	观测层次/cm	体积含水量/%	重复数	标准差
2007	6	SJMFZ02CTS_01	大豆	170	46.8	3	0.010
2007	6	SJMFZ02CTS_01	大豆	180	46.9	3	0.010
2007	7	SJMFZ02CTS_01	大豆	10	28.6	3	0.037
2007	7	SJMFZ02CTS_01	大豆	20	35.4	3	0.053
2007	7	SJMFZ02CTS_01	大豆	30	40.9	3	0.074
2007	7	SJMFZ02CTS_01	大豆	40	43.3	3	0.059
2007	7	SJMFZ02CTS_01	大豆	50	46.2	3	0.052
2007	7	SJMFZ02CTS_01	大豆	60	46.2	3	0.030
2007	7	SJMFZ02CTS_01	大豆	70	47.7	3	0.032
2007	7	SJMFZ02CTS_01	大豆	80	49.1	3	0.028
2007	7	SJMFZ02CTS_01	大豆	90	49.0	3	0.032
2007	7	SJMFZ02CTS_01	大豆	100	49.1	3	0.039
2007	7	SJMFZ02CTS_01	大豆	110	47.9	3	0.024
2007	7	SJMFZ02CTS_01	大豆	120	47.3	3	0.022
2007	7	SJMFZ02CTS_01	大豆	130	47.5	3	0.024
2007	7	SJMFZ02CTS_01	大豆	140	47.7	3	0.026
2007	7	SJMFZ02CTS_01	大豆	150	47.9	3	0.016
2007	7	SJMFZ02CTS_01	大豆	160	46.7	3	0.014
2007	7	SJMFZ02CTS_01	大豆	170	47.1	3	0.007
2007	7	SJMFZ02CTS_01	大豆	180	50.0	3	0.030
2007	8	SJMFZ02CTS_01	大豆	10	39.5	3	0.083
2007	8	SJMFZ02CTS_01	大豆	20	46.7	3	0.076
2007	8	SJMFZ02CTS_01	大豆	30	49.9	3	0.089
2007	8	SJMFZ02CTS_01	大豆	40	52.3	3	0.086
2007	8	SJMFZ02CTS_01	大豆	50	51.2	3	0.055
2007	8	SJMFZ02CTS_01	大豆	60	51.0	3	0.034
2007	8	SJMFZ02CTS_01	大豆	70	50.9	3	0.032
2007	8	SJMFZ02CTS_01	大豆	80	52.8	3	0.018
2007	8	SJMFZ02CTS_01	大豆	90	51.8	3	0.019
2007	8	SJMFZ02CTS_01	大豆	100	50.8	3	0.027
2007	8	SJMFZ02CTS_01	大豆	110	50.6	3	0.035
2007	8	SJMFZ02CTS_01	大豆	120	48.9	3	0.031
2007	8	SJMFZ02CTS_01	大豆	130	49.2	3	0.038
2007	8	SJMFZ02CTS_01	大豆	140	49.2	3	0.029
2007	8	SJMFZ02CTS_01	大豆	150	49.5	3	0.028
2007	8	SJMFZ02CTS_01	大豆	160	49.2	3	0.022
2007	8	SJMFZ02CTS_01	大豆	170	48.8	3	0.026
2007	8	SJMFZ02CTS_01	大豆	180	49.5	3	0.026

（续）

年	月	样地代码	作物名称	观测层次/cm	体积含水量/%	重复数	标准差
2007	9	SJMFZ02CTS_01	大豆	10	36.3	3	0.058
2007	9	SJMFZ02CTS_01	大豆	20	43.9	3	0.044
2007	9	SJMFZ02CTS_01	大豆	30	45.5	3	0.037
2007	9	SJMFZ02CTS_01	大豆	40	47.6	3	0.036
2007	9	SJMFZ02CTS_01	大豆	50	49.6	3	0.025
2007	9	SJMFZ02CTS_01	大豆	60	49.1	3	0.017
2007	9	SJMFZ02CTS_01	大豆	70	49.8	3	0.023
2007	9	SJMFZ02CTS_01	大豆	80	51.0	3	0.025
2007	9	SJMFZ02CTS_01	大豆	90	50.0	3	0.029
2007	9	SJMFZ02CTS_01	大豆	100	49.1	3	0.019
2007	9	SJMFZ02CTS_01	大豆	110	48.3	3	0.014
2007	9	SJMFZ02CTS_01	大豆	120	46.9	3	0.015
2007	9	SJMFZ02CTS_01	大豆	130	47.7	3	0.012
2007	9	SJMFZ02CTS_01	大豆	140	47.2	3	0.012
2007	9	SJMFZ02CTS_01	大豆	150	47.7	3	0.012
2007	9	SJMFZ02CTS_01	大豆	160	48.0	3	0.013
2007	9	SJMFZ02CTS_01	大豆	170	48.0	3	0.012
2007	9	SJMFZ02CTS_01	大豆	180	47.9	3	0.010
2007	10	SJMFZ02CTS_01	大豆	10	32.3	3	0.028
2007	10	SJMFZ02CTS_01	大豆	20	43.4	3	0.017
2007	10	SJMFZ02CTS_01	大豆	30	45.3	3	0.020
2007	10	SJMFZ02CTS_01	大豆	40	47.7	3	0.038
2007	10	SJMFZ02CTS_01	大豆	50	48.5	3	0.010
2007	10	SJMFZ02CTS_01	大豆	60	50.2	3	0.011
2007	10	SJMFZ02CTS_01	大豆	70	49.5	3	0.010
2007	10	SJMFZ02CTS_01	大豆	80	48.4	3	0.015
2007	10	SJMFZ02CTS_01	大豆	90	49.5	3	0.017
2007	10	SJMFZ02CTS_01	大豆	100	49.2	3	0.011
2007	10	SJMFZ02CTS_01	大豆	110	48.5	3	0.011
2007	10	SJMFZ02CTS_01	大豆	120	47.9	3	0.011
2007	10	SJMFZ02CTS_01	大豆	130	47.3	3	0.018
2007	10	SJMFZ02CTS_01	大豆	140	47.6	3	0.012
2007	10	SJMFZ02CTS_01	大豆	150	47.1	3	0.009
2007	10	SJMFZ02CTS_01	大豆	160	47.4	3	0.009
2007	10	SJMFZ02CTS_01	大豆	170	47.5	3	0.006
2007	10	SJMFZ02CTS_01	大豆	180	47.0	3	0.006
2006	5	SJMFZ02CTS_01	大豆	10	32.6	4	0.166
2006	5	SJMFZ02CTS_01	大豆	20	50.4	4	0.054

（续）

年	月	样地代码	作物名称	观测层次/cm	体积含水量/%	重复数	标准差
2006	5	SJMFZ02CTS_01	大豆	30	53.0	4	0.019
2006	5	SJMFZ02CTS_01	大豆	40	52.0	4	0.034
2006	5	SJMFZ02CTS_01	大豆	50	54.5	4	0.033
2006	5	SJMFZ02CTS_01	大豆	60	55.5	4	0.016
2006	5	SJMFZ02CTS_01	大豆	70	56.0	4	0.018
2006	5	SJMFZ02CTS_01	大豆	80	55.3	4	0.021
2006	5	SJMFZ02CTS_01	大豆	90	55.0	4	0.029
2006	5	SJMFZ02CTS_01	大豆	100	54.9	4	0.027
2006	5	SJMFZ02CTS_01	大豆	110	54.7	4	0.025
2006	5	SJMFZ02CTS_01	大豆	120	53.9	4	0.023
2006	5	SJMFZ02CTS_01	大豆	130	54.5	4	0.023
2006	5	SJMFZ02CTS_01	大豆	140	53.3	4	0.020
2006	5	SJMFZ02CTS_01	大豆	150	53.3	4	0.014
2006	5	SJMFZ02CTS_01	大豆	160	52.6	4	0.009
2006	5	SJMFZ02CTS_01	大豆	170	52.7	4	0.006
2006	5	SJMFZ02CTS_01	大豆	180	53.3	4	0.007
2006	6	SJMFZ02CTS_01	大豆	10	19.6	4	0.031
2006	6	SJMFZ02CTS_01	大豆	20	42.5	4	0.026
2006	6	SJMFZ02CTS_01	大豆	30	51.3	4	0.030
2006	6	SJMFZ02CTS_01	大豆	40	53.4	4	0.026
2006	6	SJMFZ02CTS_01	大豆	50	52.7	4	0.032
2006	6	SJMFZ02CTS_01	大豆	60	53.4	4	0.030
2006	6	SJMFZ02CTS_01	大豆	70	53.2	4	0.023
2006	6	SJMFZ02CTS_01	大豆	80	55.2	4	0.015
2006	6	SJMFZ02CTS_01	大豆	90	55.3	4	0.010
2006	6	SJMFZ02CTS_01	大豆	100	55.0	4	0.005
2006	6	SJMFZ02CTS_01	大豆	110	53.3	4	0.012
2006	6	SJMFZ02CTS_01	大豆	120	54.4	4	0.008
2006	6	SJMFZ02CTS_01	大豆	130	54.3	4	0.005
2006	6	SJMFZ02CTS_01	大豆	140	54.2	4	0.006
2006	6	SJMFZ02CTS_01	大豆	150	52.8	4	0.002
2006	6	SJMFZ02CTS_01	大豆	160	52.9	4	0.003
2006	6	SJMFZ02CTS_01	大豆	170	52.8	4	0.007
2006	6	SJMFZ02CTS_01	大豆	180	53.3	4	0.010
2006	7	SJMFZ02CTS_01	大豆	10	17.9	4	0.042
2006	7	SJMFZ02CTS_01	大豆	20	36.5	4	0.045
2006	7	SJMFZ02CTS_01	大豆	30	41.8	4	0.052
2006	7	SJMFZ02CTS_01	大豆	40	44.9	4	0.031

（续）

年	月	样地代码	作物名称	观测层次/cm	体积含水量/%	重复数	标准差
2006	7	SJMFZ02CTS_01	大豆	50	49.6	4	0.047
2006	7	SJMFZ02CTS_01	大豆	60	52.8	4	0.031
2006	7	SJMFZ02CTS_01	大豆	70	55.1	4	0.012
2006	7	SJMFZ02CTS_01	大豆	80	55.5	4	0.019
2006	7	SJMFZ02CTS_01	大豆	90	55.2	4	0.024
2006	7	SJMFZ02CTS_01	大豆	100	54.1	4	0.016
2006	7	SJMFZ02CTS_01	大豆	110	54.1	4	0.014
2006	7	SJMFZ02CTS_01	大豆	120	53.8	4	0.015
2006	7	SJMFZ02CTS_01	大豆	130	47.8	4	0.125
2006	7	SJMFZ02CTS_01	大豆	140	47.8	4	0.126
2006	7	SJMFZ02CTS_01	大豆	150	47.5	4	0.127
2006	7	SJMFZ02CTS_01	大豆	160	53.1	4	0.012
2006	7	SJMFZ02CTS_01	大豆	170	52.9	4	0.016
2006	7	SJMFZ02CTS_01	大豆	180	52.6	4	0.009
2006	8	SJMFZ02CTS_01	大豆	10	33.2	4	0.218
2006	8	SJMFZ02CTS_01	大豆	20	41.9	4	0.154
2006	8	SJMFZ02CTS_01	大豆	30	45.3	4	0.144
2006	8	SJMFZ02CTS_01	大豆	40	46.7	4	0.135
2006	8	SJMFZ02CTS_01	大豆	50	50.8	4	0.083
2006	8	SJMFZ02CTS_01	大豆	60	51.3	4	0.072
2006	8	SJMFZ02CTS_01	大豆	70	54.3	4	0.051
2006	8	SJMFZ02CTS_01	大豆	80	54.7	4	0.019
2006	8	SJMFZ02CTS_01	大豆	90	55.4	4	0.035
2006	8	SJMFZ02CTS_01	大豆	100	54.7	4	0.046
2006	8	SJMFZ02CTS_01	大豆	110	56.0	4	0.074
2006	8	SJMFZ02CTS_01	大豆	120	56.6	4	0.105
2006	8	SJMFZ02CTS_01	大豆	130	56.4	4	0.120
2006	8	SJMFZ02CTS_01	大豆	140	55.6	4	0.089
2006	8	SJMFZ02CTS_01	大豆	150	54.7	4	0.057
2006	8	SJMFZ02CTS_01	大豆	160	53.3	4	0.026
2006	8	SJMFZ02CTS_01	大豆	170	52.5	4	0.022
2006	8	SJMFZ02CTS_01	大豆	180	52.2	4	0.015
2006	9	SJMFZ02CTS_01	大豆	10	24.8	4	0.040
2006	9	SJMFZ02CTS_01	大豆	20	35.7	4	0.058
2006	9	SJMFZ02CTS_01	大豆	30	45.6	4	0.039
2006	9	SJMFZ02CTS_01	大豆	40	55.4	4	0.022
2006	9	SJMFZ02CTS_01	大豆	50	56.9	4	0.016
2006	9	SJMFZ02CTS_01	大豆	60	60.2	4	0.021

（续）

年	月	样地代码	作物名称	观测层次/cm	体积含水量/%	重复数	标准差
2006	9	SJMFZ02CTS_01	大豆	70	61.6	4	0.007
2006	9	SJMFZ02CTS_01	大豆	80	61.6	4	0.016
2006	9	SJMFZ02CTS_01	大豆	90	61.0	4	0.022
2006	9	SJMFZ02CTS_01	大豆	100	60.6	4	0.027
2006	9	SJMFZ02CTS_01	大豆	110	59.2	4	0.029
2006	9	SJMFZ02CTS_01	大豆	120	57.8	4	0.024
2006	9	SJMFZ02CTS_01	大豆	130	58.2	4	0.023
2006	9	SJMFZ02CTS_01	大豆	140	57.9	4	0.024
2006	9	SJMFZ02CTS_01	大豆	150	57.5	4	0.018
2006	9	SJMFZ02CTS_01	大豆	160	56.9	4	0.016
2006	9	SJMFZ02CTS_01	大豆	170	57.6	4	0.008
2006	9	SJMFZ02CTS_01	大豆	180	57.8	4	0.008
2006	10	SJMFZ02CTS_01	大豆	10	13.1	4	0.120
2006	10	SJMFZ02CTS_01	大豆	20	34.3	4	0.219
2006	10	SJMFZ02CTS_01	大豆	30	50.6	4	0.079
2006	10	SJMFZ02CTS_01	大豆	40	52.5	4	0.031
2006	10	SJMFZ02CTS_01	大豆	50	51.4	4	0.065
2006	10	SJMFZ02CTS_01	大豆	60	54.2	4	0.057
2006	10	SJMFZ02CTS_01	大豆	70	57.3	4	0.043
2006	10	SJMFZ02CTS_01	大豆	80	58.3	4	0.038
2006	10	SJMFZ02CTS_01	大豆	90	59.1	4	0.032
2006	10	SJMFZ02CTS_01	大豆	100	57.9	4	0.032
2006	10	SJMFZ02CTS_01	大豆	110	57.2	4	0.033
2006	10	SJMFZ02CTS_01	大豆	120	55.7	4	0.032
2006	10	SJMFZ02CTS_01	大豆	130	56.0	4	0.030
2006	10	SJMFZ02CTS_01	大豆	140	54.0	4	0.030
2006	10	SJMFZ02CTS_01	大豆	150	54.0	4	0.031
2006	10	SJMFZ02CTS_01	大豆	160	53.4	4	0.029
2006	10	SJMFZ02CTS_01	大豆	170	55.2	4	0.024
2006	10	SJMFZ02CTS_01	大豆	180	54.5	4	0.031
2005	5	SJMFZ02CTS_01	大豆	10	40.2	4	0.014
2005	5	SJMFZ02CTS_01	大豆	20	41.4	4	0.006
2005	5	SJMFZ02CTS_01	大豆	30	40.7	4	0.008
2005	5	SJMFZ02CTS_01	大豆	40	46.9	4	0.023
2005	5	SJMFZ02CTS_01	大豆	50	47.7	4	0.006
2005	5	SJMFZ02CTS_01	大豆	60	48.5	4	0.012
2005	5	SJMFZ02CTS_01	大豆	70	48.0	4	0.021
2005	5	SJMFZ02CTS_01	大豆	80	46.8	4	0.029

（续）

年	月	样地代码	作物名称	观测层次/cm	体积含水量/%	重复数	标准差
2005	5	SJMFZ02CTS_01	大豆	90	45.3	4	0.025
2005	5	SJMFZ02CTS_01	大豆	100	46.1	4	0.018
2005	5	SJMFZ02CTS_01	大豆	110	45.8	4	0.024
2005	5	SJMFZ02CTS_01	大豆	120	44.9	4	0.023
2005	5	SJMFZ02CTS_01	大豆	130	44.7	4	0.017
2005	5	SJMFZ02CTS_01	大豆	140	44.6	4	0.013
2005	5	SJMFZ02CTS_01	大豆	150	45.0	4	0.008
2005	5	SJMFZ02CTS_01	大豆	160	44.6	4	0.002
2005	5	SJMFZ02CTS_01	大豆	170	45.6	4	0.007
2005	5	SJMFZ02CTS_01	大豆	180	46.1	4	0.005
2005	6	SJMFZ02CTS_01	大豆	10	36.3	4	0.021
2005	6	SJMFZ02CTS_01	大豆	20	36.0	4	0.038
2005	6	SJMFZ02CTS_01	大豆	30	40.4	4	0.023
2005	6	SJMFZ02CTS_01	大豆	40	42.6	4	0.032
2005	6	SJMFZ02CTS_01	大豆	50	44.7	4	0.037
2005	6	SJMFZ02CTS_01	大豆	60	47.2	4	0.019
2005	6	SJMFZ02CTS_01	大豆	70	49.0	4	0.007
2005	6	SJMFZ02CTS_01	大豆	80	49.2	4	0.011
2005	6	SJMFZ02CTS_01	大豆	90	46.0	4	0.023
2005	6	SJMFZ02CTS_01	大豆	100	47.9	4	0.012
2005	6	SJMFZ02CTS_01	大豆	110	47.6	4	0.016
2005	6	SJMFZ02CTS_01	大豆	120	47.6	4	0.014
2005	6	SJMFZ02CTS_01	大豆	130	48.0	4	0.016
2005	6	SJMFZ02CTS_01	大豆	140	47.3	4	0.018
2005	6	SJMFZ02CTS_01	大豆	150	46.3	4	0.015
2005	6	SJMFZ02CTS_01	大豆	160	45.7	4	0.005
2005	6	SJMFZ02CTS_01	大豆	170	46.1	4	0.007
2005	6	SJMFZ02CTS_01	大豆	180	46.6	4	0.016
2005	7	SJMFZ02CTS_01	大豆	10	44.2	4	0.013
2005	7	SJMFZ02CTS_01	大豆	20	45.1	4	0.114
2005	7	SJMFZ02CTS_01	大豆	30	47.2	4	0.111
2005	7	SJMFZ02CTS_01	大豆	40	51.7	4	0.134
2005	7	SJMFZ02CTS_01	大豆	50	55.9	4	0.131
2005	7	SJMFZ02CTS_01	大豆	60	58.0	4	0.113
2005	7	SJMFZ02CTS_01	大豆	70	59.6	4	0.108
2005	7	SJMFZ02CTS_01	大豆	80	59.1	4	0.098
2005	7	SJMFZ02CTS_01	大豆	90	59.8	4	0.110
2005	7	SJMFZ02CTS_01	大豆	100	59.5	4	0.108

（续）

年	月	样地代码	作物名称	观测层次/cm	体积含水量/%	重复数	标准差
2005	7	SJMFZ02CTS_01	大豆	110	57.7	4	0.101
2005	7	SJMFZ02CTS_01	大豆	120	57.5	4	0.106
2005	7	SJMFZ02CTS_01	大豆	130	56.2	4	0.107
2005	7	SJMFZ02CTS_01	大豆	140	56.4	4	0.109
2005	7	SJMFZ02CTS_01	大豆	150	56.4	4	0.101
2005	7	SJMFZ02CTS_01	大豆	160	56.3	4	0.093
2005	7	SJMFZ02CTS_01	大豆	170	56.4	4	0.097
2005	7	SJMFZ02CTS_01	大豆	180	55.7	4	0.100
2005	8	SJMFZ02CTS_01	大豆	10	44.1	4	0.015
2005	8	SJMFZ02CTS_01	大豆	20	45.8	4	0.075
2005	8	SJMFZ02CTS_01	大豆	30	47.8	4	0.085
2005	8	SJMFZ02CTS_01	大豆	40	51.0	4	0.082
2005	8	SJMFZ02CTS_01	大豆	50	51.8	4	0.056
2005	8	SJMFZ02CTS_01	大豆	60	54.0	4	0.056
2005	8	SJMFZ02CTS_01	大豆	70	54.4	4	0.054
2005	8	SJMFZ02CTS_01	大豆	80	54.5	4	0.055
2005	8	SJMFZ02CTS_01	大豆	90	53.2	4	0.048
2005	8	SJMFZ02CTS_01	大豆	100	52.8	4	0.054
2005	8	SJMFZ02CTS_01	大豆	110	52.6	4	0.057
2005	8	SJMFZ02CTS_01	大豆	120	52.6	4	0.055
2005	8	SJMFZ02CTS_01	大豆	130	51.8	4	0.041
2005	8	SJMFZ02CTS_01	大豆	140	51.0	4	0.037
2005	8	SJMFZ02CTS_01	大豆	150	51.7	4	0.049
2005	8	SJMFZ02CTS_01	大豆	160	51.2	4	0.049
2005	8	SJMFZ02CTS_01	大豆	170	52.5	4	0.054
2005	8	SJMFZ02CTS_01	大豆	180	52.6	4	0.052
2005	9	SJMFZ02CTS_01	大豆	10	22.5	4	0.075
2005	9	SJMFZ02CTS_01	大豆	20	32.7	4	0.041
2005	9	SJMFZ02CTS_01	大豆	30	38.1	4	0.037
2005	9	SJMFZ02CTS_01	大豆	40	42.1	4	0.049
2005	9	SJMFZ02CTS_01	大豆	50	44.5	4	0.041
2005	9	SJMFZ02CTS_01	大豆	60	46.2	4	0.030
2005	9	SJMFZ02CTS_01	大豆	70	48.2	4	0.013
2005	9	SJMFZ02CTS_01	大豆	80	50.3	4	0.013
2005	9	SJMFZ02CTS_01	大豆	90	51.1	4	0.016
2005	9	SJMFZ02CTS_01	大豆	100	49.9	4	0.017
2005	9	SJMFZ02CTS_01	大豆	110	49.2	4	0.016
2005	9	SJMFZ02CTS_01	大豆	120	48.2	4	0.018

（续）

年	月	样地代码	作物名称	观测层次/cm	体积含水量/%	重复数	标准差
2005	9	SJMFZ02CTS_01	大豆	130	47.1	4	0.015
2005	9	SJMFZ02CTS_01	大豆	140	46.9	4	0.010
2005	9	SJMFZ02CTS_01	大豆	150	45.9	4	0.007
2005	9	SJMFZ02CTS_01	大豆	160	46.6	4	0.007
2005	9	SJMFZ02CTS_01	大豆	170	47.4	4	0.009
2005	9	SJMFZ02CTS_01	大豆	180	47.5	4	0.009
2005	10	SJMFZ02CTS_01	大豆	10	21.3	4	0.048
2005	10	SJMFZ02CTS_01	大豆	20	30.7	4	0.042
2005	10	SJMFZ02CTS_01	大豆	30	35.2	4	0.040
2005	10	SJMFZ02CTS_01	大豆	40	40.1	4	0.038
2005	10	SJMFZ02CTS_01	大豆	50	46.3	4	0.021
2005	10	SJMFZ02CTS_01	大豆	60	47.2	4	0.026
2005	10	SJMFZ02CTS_01	大豆	70	48.5	4	0.029
2005	10	SJMFZ02CTS_01	大豆	80	51.1	4	0.018
2005	10	SJMFZ02CTS_01	大豆	90	50.6	4	0.014
2005	10	SJMFZ02CTS_01	大豆	100	49.4	4	0.020
2005	10	SJMFZ02CTS_01	大豆	110	48.0	4	0.022
2005	10	SJMFZ02CTS_01	大豆	120	47.5	4	0.011
2005	10	SJMFZ02CTS_01	大豆	130	46.1	4	0.011
2005	10	SJMFZ02CTS_01	大豆	140	46.2	4	0.013
2005	10	SJMFZ02CTS_01	大豆	150	45.4	4	0.014
2005	10	SJMFZ02CTS_01	大豆	160	45.5	4	0.019
2005	10	SJMFZ02CTS_01	大豆	170	45.9	4	0.016
2005	10	SJMFZ02CTS_01	大豆	180	45.7	4	0.012
2004	5	SJMFZ02CTS_01	大豆	10	31.3	4	0.086
2004	5	SJMFZ02CTS_01	大豆	20	46.5	4	0.015
2004	5	SJMFZ02CTS_01	大豆	30	47.1	4	0.023
2004	5	SJMFZ02CTS_01	大豆	40	48.0	4	0.024
2004	5	SJMFZ02CTS_01	大豆	50	48.2	4	0.021
2004	5	SJMFZ02CTS_01	大豆	60	49.2	4	0.011
2004	5	SJMFZ02CTS_01	大豆	70	50.2	4	0.011
2004	5	SJMFZ02CTS_01	大豆	80	50.6	4	0.023
2004	5	SJMFZ02CTS_01	大豆	90	50.1	4	0.024
2004	5	SJMFZ02CTS_01	大豆	100	49.2	4	0.023
2004	5	SJMFZ02CTS_01	大豆	110	48.5	4	0.022
2004	5	SJMFZ02CTS_01	大豆	120	47.9	4	0.020
2004	5	SJMFZ02CTS_01	大豆	130	47.3	4	0.021
2004	5	SJMFZ02CTS_01	大豆	140	46.1	4	0.019

（续）

年	月	样地代码	作物名称	观测层次/cm	体积含水量/%	重复数	标准差
2004	5	SJMFZ02CTS_01	大豆	150	45.8	4	0.009
2004	5	SJMFZ02CTS_01	大豆	160	47.2	4	0.004
2004	5	SJMFZ02CTS_01	大豆	170	47.1	4	0.004
2004	5	SJMFZ02CTS_01	大豆	180	47.2	4	0.007
2004	6	SJMFZ02CTS_01	大豆	10	39.1	4	0.100
2004	6	SJMFZ02CTS_01	大豆	20	42.6	4	0.023
2004	6	SJMFZ02CTS_01	大豆	30	44.6	4	0.046
2004	6	SJMFZ02CTS_01	大豆	40	46.7	4	0.034
2004	6	SJMFZ02CTS_01	大豆	50	48.8	4	0.009
2004	6	SJMFZ02CTS_01	大豆	60	49.8	4	0.009
2004	6	SJMFZ02CTS_01	大豆	70	50.6	4	0.026
2004	6	SJMFZ02CTS_01	大豆	80	49.8	4	0.026
2004	6	SJMFZ02CTS_01	大豆	90	48.8	4	0.021
2004	6	SJMFZ02CTS_01	大豆	100	48.2	4	0.020
2004	6	SJMFZ02CTS_01	大豆	110	47.4	4	0.012
2004	6	SJMFZ02CTS_01	大豆	120	47.2	4	0.019
2004	6	SJMFZ02CTS_01	大豆	130	46.3	4	0.015
2004	6	SJMFZ02CTS_01	大豆	140	46.8	4	0.011
2004	6	SJMFZ02CTS_01	大豆	150	46.6	4	0.006
2004	6	SJMFZ02CTS_01	大豆	160	46.6	4	0.005
2004	6	SJMFZ02CTS_01	大豆	170	46.6	4	0.009
2004	6	SJMFZ02CTS_01	大豆	180	48.3	4	0.014
2004	7	SJMFZ02CTS_01	大豆	10	33.2	4	0.032
2004	7	SJMFZ02CTS_01	大豆	20	34.7	4	0.059
2004	7	SJMFZ02CTS_01	大豆	30	39.7	4	0.060
2004	7	SJMFZ02CTS_01	大豆	40	42.0	4	0.063
2004	7	SJMFZ02CTS_01	大豆	50	43.8	4	0.051
2004	7	SJMFZ02CTS_01	大豆	60	45.8	4	0.036
2004	7	SJMFZ02CTS_01	大豆	70	47.6	4	0.023
2004	7	SJMFZ02CTS_01	大豆	80	47.8	4	0.014
2004	7	SJMFZ02CTS_01	大豆	90	47.9	4	0.022
2004	7	SJMFZ02CTS_01	大豆	100	47.5	4	0.018
2004	7	SJMFZ02CTS_01	大豆	110	47.1	4	0.021
2004	7	SJMFZ02CTS_01	大豆	120	46.6	4	0.016
2004	7	SJMFZ02CTS_01	大豆	130	45.6	4	0.018
2004	7	SJMFZ02CTS_01	大豆	140	46.0	4	0.004
2004	7	SJMFZ02CTS_01	大豆	150	46.0	4	0.009
2004	7	SJMFZ02CTS_01	大豆	160	46.1	4	0.010

(续)

年	月	样地代码	作物名称	观测层次/cm	体积含水量/%	重复数	标准差
2004	7	SJMFZ02CTS_01	大豆	170	45.7	4	0.013
2004	7	SJMFZ02CTS_01	大豆	180	45.7	4	0.013
2004	8	SJMFZ02CTS_01	大豆	10	28.0	4	0.076
2004	8	SJMFZ02CTS_01	大豆	20	28.9	4	0.055
2004	8	SJMFZ02CTS_01	大豆	30	36.5	4	0.016
2004	8	SJMFZ02CTS_01	大豆	40	37.4	4	0.032
2004	8	SJMFZ02CTS_01	大豆	50	40.1	4	0.032
2004	8	SJMFZ02CTS_01	大豆	60	43.9	4	0.032
2004	8	SJMFZ02CTS_01	大豆	70	46.2	4	0.014
2004	8	SJMFZ02CTS_01	大豆	80	47.4	4	0.006
2004	8	SJMFZ02CTS_01	大豆	90	48.8	4	0.019
2004	8	SJMFZ02CTS_01	大豆	100	47.9	4	0.020
2004	8	SJMFZ02CTS_01	大豆	110	47.4	4	0.019
2004	8	SJMFZ02CTS_01	大豆	120	47.1	4	0.012
2004	8	SJMFZ02CTS_01	大豆	130	46.8	4	0.012
2004	8	SJMFZ02CTS_01	大豆	140	47.4	4	0.015
2004	8	SJMFZ02CTS_01	大豆	150	45.9	4	0.007
2004	8	SJMFZ02CTS_01	大豆	160	45.1	4	0.009
2004	8	SJMFZ02CTS_01	大豆	170	45.6	4	0.019
2004	8	SJMFZ02CTS_01	大豆	180	45.4	4	0.009
2004	9	SJMFZ02CTS_01	大豆	10	22.0	4	0.016
2004	9	SJMFZ02CTS_01	大豆	20	20.9	4	0.057
2004	9	SJMFZ02CTS_01	大豆	30	25.0	4	0.035
2004	9	SJMFZ02CTS_01	大豆	40	31.1	4	0.031
2004	9	SJMFZ02CTS_01	大豆	50	36.5	4	0.053
2004	9	SJMFZ02CTS_01	大豆	60	42.3	4	0.037
2004	9	SJMFZ02CTS_01	大豆	70	44.9	4	0.030
2004	9	SJMFZ02CTS_01	大豆	80	47.2	4	0.008
2004	9	SJMFZ02CTS_01	大豆	90	48.2	4	0.013
2004	9	SJMFZ02CTS_01	大豆	100	47.9	4	0.026
2004	9	SJMFZ02CTS_01	大豆	110	46.6	4	0.017
2004	9	SJMFZ02CTS_01	大豆	120	46.5	4	0.017
2004	9	SJMFZ02CTS_01	大豆	130	46.1	4	0.021
2004	9	SJMFZ02CTS_01	大豆	140	45.9	4	0.019
2004	9	SJMFZ02CTS_01	大豆	150	44.8	4	0.015
2004	9	SJMFZ02CTS_01	大豆	160	45.4	4	0.011
2004	9	SJMFZ02CTS_01	大豆	170	45.2	4	0.006
2004	9	SJMFZ02CTS_01	大豆	180	45.5	4	0.008

（续）

年	月	样地代码	作物名称	观测层次/cm	体积含水量/%	重复数	标准差
2004	10	SJMFZ02CTS_01	大豆	10	22.9	4	0.017
2004	10	SJMFZ02CTS_01	大豆	20	23.1	4	0.016
2004	10	SJMFZ02CTS_01	大豆	30	25.4	4	0.028
2004	10	SJMFZ02CTS_01	大豆	40	29.1	4	0.041
2004	10	SJMFZ02CTS_01	大豆	50	32.9	4	0.057
2004	10	SJMFZ02CTS_01	大豆	60	39.2	4	0.048
2004	10	SJMFZ02CTS_01	大豆	70	44.8	4	0.019
2004	10	SJMFZ02CTS_01	大豆	80	47.2	4	0.010
2004	10	SJMFZ02CTS_01	大豆	90	47.9	4	0.008
2004	10	SJMFZ02CTS_01	大豆	100	48.0	4	0.008
2004	10	SJMFZ02CTS_01	大豆	110	47.0	4	0.007
2004	10	SJMFZ02CTS_01	大豆	120	46.3	4	0.009
2004	10	SJMFZ02CTS_01	大豆	130	46.1	4	0.012
2004	10	SJMFZ02CTS_01	大豆	140	45.8	4	0.006
2004	10	SJMFZ02CTS_01	大豆	150	45.2	4	0.004
2004	10	SJMFZ02CTS_01	大豆	160	45.2	4	0.005
2004	10	SJMFZ02CTS_01	大豆	170	44.6	4	0.010
2004	10	SJMFZ02CTS_01	大豆	180	44.5	4	0.006
2003	5	SJMFZ02CTS_01	大豆	10	31.2	3	0.038
2003	5	SJMFZ02CTS_01	大豆	20	44.3	3	0.024
2003	5	SJMFZ02CTS_01	大豆	30	48.8	3	0.073
2003	5	SJMFZ02CTS_01	大豆	40	53.5	3	0.067
2003	5	SJMFZ02CTS_01	大豆	50	53.9	3	0.035
2003	5	SJMFZ02CTS_01	大豆	60	52.9	3	0.030
2003	5	SJMFZ02CTS_01	大豆	70	54.4	3	0.051
2003	5	SJMFZ02CTS_01	大豆	80	54.7	3	0.051
2003	5	SJMFZ02CTS_01	大豆	90	55.1	3	0.064
2003	5	SJMFZ02CTS_01	大豆	100	54.1	3	0.068
2003	5	SJMFZ02CTS_01	大豆	110	51.0	3	0.073
2003	5	SJMFZ02CTS_01	大豆	120	51.4	3	0.093
2003	5	SJMFZ02CTS_01	大豆	130	49.7	3	0.082
2003	5	SJMFZ02CTS_01	大豆	140	50.2	3	0.093
2003	5	SJMFZ02CTS_01	大豆	150	49.9	3	0.069
2003	6	SJMFZ02CTS_01	大豆	10	24.4	4	0.040
2003	6	SJMFZ02CTS_01	大豆	20	39.1	4	0.030
2003	6	SJMFZ02CTS_01	大豆	30	41.3	4	0.018
2003	6	SJMFZ02CTS_01	大豆	40	41.9	4	0.039
2003	6	SJMFZ02CTS_01	大豆	50	44.1	4	0.033

（续）

年	月	样地代码	作物名称	观测层次/cm	体积含水量/%	重复数	标准差
2003	6	SJMFZ02CTS_01	大豆	60	44.1	4	0.048
2003	6	SJMFZ02CTS_01	大豆	70	47.8	4	0.013
2003	6	SJMFZ02CTS_01	大豆	80	48.0	4	0.019
2003	6	SJMFZ02CTS_01	大豆	90	48.2	4	0.021
2003	6	SJMFZ02CTS_01	大豆	100	47.8	4	0.019
2003	6	SJMFZ02CTS_01	大豆	110	47.1	4	0.019
2003	6	SJMFZ02CTS_01	大豆	120	46.6	4	0.017
2003	6	SJMFZ02CTS_01	大豆	130	46.1	4	0.018
2003	6	SJMFZ02CTS_01	大豆	140	45.3	4	0.019
2003	6	SJMFZ02CTS_01	大豆	150	44.8	4	0.012
2003	6	SJMFZ02CTS_01	大豆	160	45.0	4	0.009
2003	6	SJMFZ02CTS_01	大豆	170	44.8	4	0.005
2003	6	SJMFZ02CTS_01	大豆	180	45.0	4	0.008
2003	6	SJMFZ02CTS_01	大豆	190	45.7	4	0.007
2003	7	SJMFZ02CTS_01	大豆	10	7.8	4	0.046
2003	7	SJMFZ02CTS_01	大豆	20	29.2	4	0.042
2003	7	SJMFZ02CTS_01	大豆	30	41.6	4	0.044
2003	7	SJMFZ02CTS_01	大豆	40	38.8	4	0.020
2003	7	SJMFZ02CTS_01	大豆	50	41.2	4	0.038
2003	7	SJMFZ02CTS_01	大豆	60	44.8	4	0.029
2003	7	SJMFZ02CTS_01	大豆	70	48.2	4	0.011
2003	7	SJMFZ02CTS_01	大豆	80	49.5	4	0.003
2003	7	SJMFZ02CTS_01	大豆	90	50.6	4	0.016
2003	7	SJMFZ02CTS_01	大豆	100	49.6	4	0.022
2003	7	SJMFZ02CTS_01	大豆	110	48.9	4	0.021
2003	7	SJMFZ02CTS_01	大豆	120	48.9	4	0.011
2003	7	SJMFZ02CTS_01	大豆	130	47.8	4	0.020
2003	7	SJMFZ02CTS_01	大豆	140	46.9	4	0.019
2003	7	SJMFZ02CTS_01	大豆	150	47.1	4	0.016
2003	7	SJMFZ02CTS_01	大豆	160	46.2	4	0.010
2003	7	SJMFZ02CTS_01	大豆	170	46.0	4	0.002
2003	7	SJMFZ02CTS_01	大豆	180	46.4	4	0.007
2003	7	SJMFZ02CTS_01	大豆	190	46.7	4	0.008
2003	7	SJMFZ02CTS_01	大豆	200	47.8	4	0.006
2003	8	SJMFZ02CTS_01	大豆	10	25.7	4	0.077
2003	8	SJMFZ02CTS_01	大豆	20	41.5	4	0.056
2003	8	SJMFZ02CTS_01	大豆	30	42.7	4	0.042
2003	8	SJMFZ02CTS_01	大豆	40	40.2	4	0.029

（续）

年	月	样地代码	作物名称	观测层次/cm	体积含水量/%	重复数	标准差
2003	8	SJMFZ02CTS_01	大豆	50	43.6	4	0.035
2003	8	SJMFZ02CTS_01	大豆	60	46.1	4	0.019
2003	8	SJMFZ02CTS_01	大豆	70	47.7	4	0.013
2003	8	SJMFZ02CTS_01	大豆	80	49.0	4	0.011
2003	8	SJMFZ02CTS_01	大豆	90	49.2	4	0.019
2003	8	SJMFZ02CTS_01	大豆	100	49.2	4	0.023
2003	8	SJMFZ02CTS_01	大豆	110	48.5	4	0.015
2003	8	SJMFZ02CTS_01	大豆	120	47.4	4	0.018
2003	8	SJMFZ02CTS_01	大豆	130	47.1	4	0.012
2003	8	SJMFZ02CTS_01	大豆	140	46.3	4	0.010
2003	8	SJMFZ02CTS_01	大豆	150	45.7	4	0.012
2003	8	SJMFZ02CTS_01	大豆	160	45.3	4	0.007
2003	8	SJMFZ02CTS_01	大豆	170	45.1	4	0.009
2003	8	SJMFZ02CTS_01	大豆	180	44.9	4	0.005
2003	8	SJMFZ02CTS_01	大豆	190	46.1	4	0.006
2003	8	SJMFZ02CTS_01	大豆	200	47.6	4	0.013
2003	9	SJMFZ02CTS_01	大豆	10	27.9	4	0.081
2003	9	SJMFZ02CTS_01	大豆	20	42.6	4	0.024
2003	9	SJMFZ02CTS_01	大豆	30	43.2	4	0.016
2003	9	SJMFZ02CTS_01	大豆	40	43.0	4	0.038
2003	9	SJMFZ02CTS_01	大豆	50	45.5	4	0.033
2003	9	SJMFZ02CTS_01	大豆	60	47.1	4	0.010
2003	9	SJMFZ02CTS_01	大豆	70	48.5	4	0.012
2003	9	SJMFZ02CTS_01	大豆	80	48.6	4	0.015
2003	9	SJMFZ02CTS_01	大豆	90	48.8	4	0.029
2003	9	SJMFZ02CTS_01	大豆	100	47.7	4	0.026
2003	9	SJMFZ02CTS_01	大豆	110	46.7	4	0.026
2003	9	SJMFZ02CTS_01	大豆	120	46.7	4	0.024
2003	9	SJMFZ02CTS_01	大豆	130	46.2	4	0.020
2003	9	SJMFZ02CTS_01	大豆	140	45.4	4	0.020
2003	9	SJMFZ02CTS_01	大豆	150	45.2	4	0.012
2003	9	SJMFZ02CTS_01	大豆	160	45.4	4	0.012
2003	9	SJMFZ02CTS_01	大豆	170	45.7	4	0.005
2003	9	SJMFZ02CTS_01	大豆	180	45.0	4	0.009
2003	9	SJMFZ02CTS_01	大豆	190	46.2	4	0.008
2003	9	SJMFZ02CTS_01	大豆	200	45.3	4	0.005
2003	10	SJMFZ02CTS_01	大豆	10	26.6	4	0.067
2003	10	SJMFZ02CTS_01	大豆	20	44.4	4	0.020

（续）

年	月	样地代码	作物名称	观测层次/cm	体积含水量/%	重复数	标准差
2003	10	SJMFZ02CTS_01	大豆	30	45.4	4	0.036
2003	10	SJMFZ02CTS_01	大豆	40	42.0	4	0.031
2003	10	SJMFZ02CTS_01	大豆	50	45.8	4	0.027
2003	10	SJMFZ02CTS_01	大豆	60	47.4	4	0.013
2003	10	SJMFZ02CTS_01	大豆	70	48.6	4	0.009
2003	10	SJMFZ02CTS_01	大豆	80	49.2	4	0.016
2003	10	SJMFZ02CTS_01	大豆	90	49.0	4	0.025
2003	10	SJMFZ02CTS_01	大豆	100	48.4	4	0.022
2003	10	SJMFZ02CTS_01	大豆	110	47.5	4	0.022
2003	10	SJMFZ02CTS_01	大豆	120	46.9	4	0.021
2003	10	SJMFZ02CTS_01	大豆	130	46.6	4	0.017
2003	10	SJMFZ02CTS_01	大豆	140	45.4	4	0.016
2003	10	SJMFZ02CTS_01	大豆	150	45.4	4	0.010
2003	10	SJMFZ02CTS_01	大豆	160	45.6	4	0.005
2003	10	SJMFZ02CTS_01	大豆	170	45.0	4	0.007
2003	10	SJMFZ02CTS_01	大豆	180	45.1	4	0.007
2003	10	SJMFZ02CTS_01	大豆	190	45.7	4	0.008
2003	10	SJMFZ02CTS_01	大豆	200	48.9	4	0.015
2002	5	SJMFZ02CTS_01	大豆	10	29.9	3	0.034
2002	5	SJMFZ02CTS_01	大豆	20	44.5	3	0.026
2002	5	SJMFZ02CTS_01	大豆	30	46.0	3	0.066
2002	5	SJMFZ02CTS_01	大豆	40	50.9	3	0.062
2002	5	SJMFZ02CTS_01	大豆	50	52.2	3	0.034
2002	5	SJMFZ02CTS_01	大豆	60	51.2	3	0.032
2002	5	SJMFZ02CTS_01	大豆	70	52.0	3	0.050
2002	5	SJMFZ02CTS_01	大豆	80	51.8	3	0.053
2002	5	SJMFZ02CTS_01	大豆	90	51.5	3	0.066
2002	5	SJMFZ02CTS_01	大豆	100	50.5	3	0.069
2002	5	SJMFZ02CTS_01	大豆	110	48.8	3	0.063
2002	5	SJMFZ02CTS_01	大豆	120	49.0	3	0.078
2002	5	SJMFZ02CTS_01	大豆	130	47.3	3	0.071
2002	5	SJMFZ02CTS_01	大豆	140	47.3	3	0.081
2002	5	SJMFZ02CTS_01	大豆	150	48.1	3	0.058
2002	6	SJMFZ02CTS_01	大豆	10	26.9	4	0.054
2002	6	SJMFZ02CTS_01	大豆	20	41.0	4	0.032
2002	6	SJMFZ02CTS_01	大豆	30	42.0	4	0.016
2002	6	SJMFZ02CTS_01	大豆	40	42.4	4	0.039
2002	6	SJMFZ02CTS_01	大豆	50	45.3	4	0.037

（续）

年	月	样地代码	作物名称	观测层次/cm	体积含水量/%	重复数	标准差
2002	6	SJMFZ02CTS_01	大豆	60	45.8	4	0.040
2002	6	SJMFZ02CTS_01	大豆	70	47.8	4	0.010
2002	6	SJMFZ02CTS_01	大豆	80	47.7	4	0.016
2002	6	SJMFZ02CTS_01	大豆	90	47.5	4	0.021
2002	6	SJMFZ02CTS_01	大豆	100	47.2	4	0.021
2002	6	SJMFZ02CTS_01	大豆	110	46.7	4	0.019
2002	6	SJMFZ02CTS_01	大豆	120	46.2	4	0.015
2002	6	SJMFZ02CTS_01	大豆	130	45.6	4	0.017
2002	6	SJMFZ02CTS_01	大豆	140	45.5	4	0.021
2002	6	SJMFZ02CTS_01	大豆	150	45.0	4	0.012
2002	6	SJMFZ02CTS_01	大豆	160	45.1	4	0.009
2002	6	SJMFZ02CTS_01	大豆	170	45.2	4	0.006
2002	6	SJMFZ02CTS_01	大豆	180	45.2	4	0.007
2002	6	SJMFZ02CTS_01	大豆	190	45.5	4	0.010
2002	7	SJMFZ02CTS_01	大豆	10	15.7	4	0.084
2002	7	SJMFZ02CTS_01	大豆	20	32.3	4	0.058
2002	7	SJMFZ02CTS_01	大豆	30	39.1	4	0.039
2002	7	SJMFZ02CTS_01	大豆	40	39.8	4	0.033
2002	7	SJMFZ02CTS_01	大豆	50	43.7	4	0.046
2002	7	SJMFZ02CTS_01	大豆	60	46.2	4	0.029
2002	7	SJMFZ02CTS_01	大豆	70	47.9	4	0.014
2002	7	SJMFZ02CTS_01	大豆	80	48.4	4	0.010
2002	7	SJMFZ02CTS_01	大豆	90	48.4	4	0.024
2002	7	SJMFZ02CTS_01	大豆	100	47.8	4	0.024
2002	7	SJMFZ02CTS_01	大豆	110	47.4	4	0.022
2002	7	SJMFZ02CTS_01	大豆	120	47.2	4	0.018
2002	7	SJMFZ02CTS_01	大豆	130	46.8	4	0.020
2002	7	SJMFZ02CTS_01	大豆	140	46.3	4	0.018
2002	7	SJMFZ02CTS_01	大豆	150	45.9	4	0.016
2002	7	SJMFZ02CTS_01	大豆	160	45.7	4	0.009
2002	7	SJMFZ02CTS_01	大豆	170	45.7	4	0.008
2002	7	SJMFZ02CTS_01	大豆	180	46.0	4	0.009
2002	7	SJMFZ02CTS_01	大豆	190	46.4	4	0.009
2002	7	SJMFZ02CTS_01	大豆	200	48.9	4	0.014
2002	8	SJMFZ02CTS_01	大豆	10	26.2	4	0.103
2002	8	SJMFZ02CTS_01	大豆	20	40.8	4	0.057
2002	8	SJMFZ02CTS_01	大豆	30	40.8	4	0.035
2002	8	SJMFZ02CTS_01	大豆	40	42.1	4	0.038

（续）

年	月	样地代码	作物名称	观测层次/cm	体积含水量/%	重复数	标准差
2002	8	SJMFZ02CTS_01	大豆	50	45.7	4	0.041
2002	8	SJMFZ02CTS_01	大豆	60	47.3	4	0.020
2002	8	SJMFZ02CTS_01	大豆	70	48.4	4	0.012
2002	8	SJMFZ02CTS_01	大豆	80	49.1	4	0.014
2002	8	SJMFZ02CTS_01	大豆	90	48.4	4	0.031
2002	8	SJMFZ02CTS_01	大豆	100	48.2	4	0.027
2002	8	SJMFZ02CTS_01	大豆	110	47.9	4	0.024
2002	8	SJMFZ02CTS_01	大豆	120	47.2	4	0.023
2002	8	SJMFZ02CTS_01	大豆	130	46.9	4	0.022
2002	8	SJMFZ02CTS_01	大豆	140	46.2	4	0.019
2002	8	SJMFZ02CTS_01	大豆	150	45.9	4	0.017
2002	8	SJMFZ02CTS_01	大豆	160	46.0	4	0.016
2002	8	SJMFZ02CTS_01	大豆	170	46.3	4	0.015
2002	8	SJMFZ02CTS_01	大豆	180	46.2	4	0.014
2002	8	SJMFZ02CTS_01	大豆	190	47.1	4	0.012
2002	8	SJMFZ02CTS_01	大豆	200	48.7	4	0.019
2002	9	SJMFZ02CTS_01	大豆	10	27.9	4	0.060
2002	9	SJMFZ02CTS_01	大豆	20	42.3	4	0.018
2002	9	SJMFZ02CTS_01	大豆	30	41.9	4	0.018
2002	9	SJMFZ02CTS_01	大豆	40	43.2	4	0.038
2002	9	SJMFZ02CTS_01	大豆	50	46.8	4	0.029
2002	9	SJMFZ02CTS_01	大豆	60	48.0	4	0.009
2002	9	SJMFZ02CTS_01	大豆	70	48.2	4	0.013
2002	9	SJMFZ02CTS_01	大豆	80	48.6	4	0.014
2002	9	SJMFZ02CTS_01	大豆	90	47.7	4	0.022
2002	9	SJMFZ02CTS_01	大豆	100	47.1	4	0.022
2002	9	SJMFZ02CTS_01	大豆	110	46.1	4	0.020
2002	9	SJMFZ02CTS_01	大豆	120	46.0	4	0.015
2002	9	SJMFZ02CTS_01	大豆	130	45.7	4	0.018
2002	9	SJMFZ02CTS_01	大豆	140	44.8	4	0.013
2002	9	SJMFZ02CTS_01	大豆	150	44.8	4	0.008
2002	9	SJMFZ02CTS_01	大豆	160	45.0	4	0.007
2002	9	SJMFZ02CTS_01	大豆	170	45.6	4	0.005
2002	9	SJMFZ02CTS_01	大豆	180	45.3	4	0.011
2002	9	SJMFZ02CTS_01	大豆	190	46.9	4	0.018
2002	9	SJMFZ02CTS_01	大豆	200	45.7	4	0.020
2002	10	SJMFZ02CTS_01	大豆	10	27.2	4	0.082
2002	10	SJMFZ02CTS_01	大豆	20	43.5	4	0.019

（续）

年	月	样地代码	作物名称	观测层次/cm	体积含水量/%	重复数	标准差
2002	10	SJMFZ02CTS_01	大豆	30	43.2	4	0.018
2002	10	SJMFZ02CTS_01	大豆	40	42.8	4	0.035
2002	10	SJMFZ02CTS_01	大豆	50	45.6	4	0.030
2002	10	SJMFZ02CTS_01	大豆	60	47.6	4	0.015
2002	10	SJMFZ02CTS_01	大豆	70	48.2	4	0.005
2002	10	SJMFZ02CTS_01	大豆	80	48.7	4	0.017
2002	10	SJMFZ02CTS_01	大豆	90	48.1	4	0.024
2002	10	SJMFZ02CTS_01	大豆	100	47.6	4	0.023
2002	10	SJMFZ02CTS_01	大豆	110	46.7	4	0.022
2002	10	SJMFZ02CTS_01	大豆	120	46.5	4	0.024
2002	10	SJMFZ02CTS_01	大豆	130	46.3	4	0.019
2002	10	SJMFZ02CTS_01	大豆	140	45.1	4	0.017
2002	10	SJMFZ02CTS_01	大豆	150	45.2	4	0.010
2002	10	SJMFZ02CTS_01	大豆	160	45.3	4	0.003
2002	10	SJMFZ02CTS_01	大豆	170	45.3	4	0.007
2002	10	SJMFZ02CTS_01	大豆	180	45.6	4	0.005
2002	10	SJMFZ02CTS_01	大豆	190	46.1	4	0.005
2002	10	SJMFZ02CTS_01	大豆	200	49.5	4	0.013

注：由于2003年及以前监测不规范，观测层次不统一，2004年开始观测层次规范观测。后同。

表3-42　季节性积水区辅助观测场中子土壤水分观测样地土壤体积含水量观测数据

年	月	样地代码	作物名称	观测层次/cm	体积含水量/%	重复数	标准差
2015	5	SJMFZ01CTS_01	小叶章	10	62.3	2	0.015
2015	5	SJMFZ01CTS_01	小叶章	20	63.4	2	0.018
2015	5	SJMFZ01CTS_01	小叶章	30	60.6	2	0.044
2015	5	SJMFZ01CTS_01	小叶章	40	67.9	2	0.019
2015	5	SJMFZ01CTS_01	小叶章	50	67.2	2	0.024
2015	5	SJMFZ01CTS_01	小叶章	60	61.5	2	0.055
2015	5	SJMFZ01CTS_01	小叶章	70	54.7	2	0.027
2015	5	SJMFZ01CTS_01	小叶章	80	51.7	2	0.003
2015	5	SJMFZ01CTS_01	小叶章	90	52.3	2	0.006
2015	5	SJMFZ01CTS_01	小叶章	100	52.6	2	0.005
2015	5	SJMFZ01CTS_01	小叶章	110	51.9	2	0.005
2015	5	SJMFZ01CTS_01	小叶章	120	50.9	2	0.006
2015	5	SJMFZ01CTS_01	小叶章	130	50.0	2	0.007
2015	5	SJMFZ01CTS_01	小叶章	140	49.3	2	0.008
2015	5	SJMFZ01CTS_01	小叶章	150	49.4	2	0.004
2015	5	SJMFZ01CTS_01	小叶章	160	48.0	2	0.029
2015	5	SJMFZ01CTS_01	小叶章	170	47.0	2	0.015

（续）

年	月	样地代码	作物名称	观测层次/cm	体积含水量/%	重复数	标准差
2015	5	SJMFZ01CTS_01	小叶章	180	45.2	2	0.017
2015	6	SJMFZ01CTS_01	小叶章	10	63.3	2	0.022
2015	6	SJMFZ01CTS_01	小叶章	20	63.3	2	0.021
2015	6	SJMFZ01CTS_01	小叶章	30	60.3	2	0.041
2015	6	SJMFZ01CTS_01	小叶章	40	63.9	2	0.063
2015	6	SJMFZ01CTS_01	小叶章	50	64.9	2	0.046
2015	6	SJMFZ01CTS_01	小叶章	60	62.0	2	0.060
2015	6	SJMFZ01CTS_01	小叶章	70	55.8	2	0.037
2015	6	SJMFZ01CTS_01	小叶章	80	51.5	2	0.010
2015	6	SJMFZ01CTS_01	小叶章	90	51.2	2	0.008
2015	6	SJMFZ01CTS_01	小叶章	100	51.5	2	0.008
2015	6	SJMFZ01CTS_01	小叶章	110	51.4	2	0.009
2015	6	SJMFZ01CTS_01	小叶章	120	50.4	2	0.009
2015	6	SJMFZ01CTS_01	小叶章	130	49.7	2	0.006
2015	6	SJMFZ01CTS_01	小叶章	140	49.1	2	0.006
2015	6	SJMFZ01CTS_01	小叶章	150	49.0	2	0.005
2015	6	SJMFZ01CTS_01	小叶章	160	47.3	2	0.014
2015	6	SJMFZ01CTS_01	小叶章	170	46.7	2	0.020
2015	6	SJMFZ01CTS_01	小叶章	180	44.8	2	0.020
2015	7	SJMFZ01CTS_01	小叶章	10	62.8	2	0.022
2015	7	SJMFZ01CTS_01	小叶章	20	60.5	2	0.063
2015	7	SJMFZ01CTS_01	小叶章	30	61.4	2	0.044
2015	7	SJMFZ01CTS_01	小叶章	40	63.3	2	0.045
2015	7	SJMFZ01CTS_01	小叶章	50	64.6	2	0.043
2015	7	SJMFZ01CTS_01	小叶章	60	60.5	2	0.050
2015	7	SJMFZ01CTS_01	小叶章	70	54.0	2	0.036
2015	7	SJMFZ01CTS_01	小叶章	80	51.0	2	0.009
2015	7	SJMFZ01CTS_01	小叶章	90	51.4	2	0.008
2015	7	SJMFZ01CTS_01	小叶章	100	52.1	2	0.006
2015	7	SJMFZ01CTS_01	小叶章	110	51.5	2	0.010
2015	7	SJMFZ01CTS_01	小叶章	120	50.1	2	0.006
2015	7	SJMFZ01CTS_01	小叶章	130	49.4	2	0.005
2015	7	SJMFZ01CTS_01	小叶章	140	48.8	2	0.005
2015	7	SJMFZ01CTS_01	小叶章	150	48.9	2	0.006
2015	7	SJMFZ01CTS_01	小叶章	160	46.4	2	0.026
2015	7	SJMFZ01CTS_01	小叶章	170	46.4	2	0.018
2015	7	SJMFZ01CTS_01	小叶章	180	45.9	2	0.029
2015	8	SJMFZ01CTS_01	小叶章	10	66.5	2	0.046

（续）

年	月	样地代码	作物名称	观测层次/cm	体积含水量/%	重复数	标准差
2015	8	SJMFZ01CTS_01	小叶章	20	63.7	2	0.019
2015	8	SJMFZ01CTS_01	小叶章	30	65.6	2	0.020
2015	8	SJMFZ01CTS_01	小叶章	40	56.2	2	0.100
2015	8	SJMFZ01CTS_01	小叶章	50	65.2	2	0.027
2015	8	SJMFZ01CTS_01	小叶章	60	60.7	2	0.045
2015	8	SJMFZ01CTS_01	小叶章	70	54.1	2	0.033
2015	8	SJMFZ01CTS_01	小叶章	80	51.5	2	0.008
2015	8	SJMFZ01CTS_01	小叶章	90	51.9	2	0.007
2015	8	SJMFZ01CTS_01	小叶章	100	52.4	2	0.006
2015	8	SJMFZ01CTS_01	小叶章	110	51.9	2	0.006
2015	8	SJMFZ01CTS_01	小叶章	120	50.8	2	0.007
2015	8	SJMFZ01CTS_01	小叶章	130	50.1	2	0.005
2015	8	SJMFZ01CTS_01	小叶章	140	49.2	2	0.006
2015	8	SJMFZ01CTS_01	小叶章	150	48.9	2	0.006
2015	8	SJMFZ01CTS_01	小叶章	160	46.5	2	0.020
2015	8	SJMFZ01CTS_01	小叶章	170	45.6	2	0.025
2015	8	SJMFZ01CTS_01	小叶章	180	46.2	2	0.020
2015	9	SJMFZ01CTS_01	小叶章	10	66.5	2	0.023
2015	9	SJMFZ01CTS_01	小叶章	20	63.7	2	0.022
2015	9	SJMFZ01CTS_01	小叶章	30	63.5	2	0.021
2015	9	SJMFZ01CTS_01	小叶章	40	48.1	2	0.082
2015	9	SJMFZ01CTS_01	小叶章	50	61.6	2	0.040
2015	9	SJMFZ01CTS_01	小叶章	60	61.9	2	0.051
2015	9	SJMFZ01CTS_01	小叶章	70	55.6	2	0.035
2015	9	SJMFZ01CTS_01	小叶章	80	52.1	2	0.007
2015	9	SJMFZ01CTS_01	小叶章	90	52.0	2	0.005
2015	9	SJMFZ01CTS_01	小叶章	100	52.6	2	0.005
2015	9	SJMFZ01CTS_01	小叶章	110	52.7	2	0.008
2015	9	SJMFZ01CTS_01	小叶章	120	51.5	2	0.011
2015	9	SJMFZ01CTS_01	小叶章	130	50.4	2	0.007
2015	9	SJMFZ01CTS_01	小叶章	140	49.7	2	0.003
2015	9	SJMFZ01CTS_01	小叶章	150	49.2	2	0.005
2015	9	SJMFZ01CTS_01	小叶章	160	46.1	2	0.024
2015	9	SJMFZ01CTS_01	小叶章	170	46.2	2	0.021
2015	9	SJMFZ01CTS_01	小叶章	180	46.5	2	0.027
2015	10	SJMFZ01CTS_01	小叶章	10	63.6	2	0.049
2015	10	SJMFZ01CTS_01	小叶章	20	64.0	2	0.017
2015	10	SJMFZ01CTS_01	小叶章	30	65.5	2	0.011

（续）

年	月	样地代码	作物名称	观测层次/cm	体积含水量/％	重复数	标准差
2015	10	SJMFZ01CTS_01	小叶章	40	47.3	2	0.057
2015	10	SJMFZ01CTS_01	小叶章	50	62.4	2	0.029
2015	10	SJMFZ01CTS_01	小叶章	60	61.3	2	0.051
2015	10	SJMFZ01CTS_01	小叶章	70	54.1	2	0.028
2015	10	SJMFZ01CTS_01	小叶章	80	52.1	2	0.009
2015	10	SJMFZ01CTS_01	小叶章	90	52.0	2	0.006
2015	10	SJMFZ01CTS_01	小叶章	100	52.6	2	0.002
2015	10	SJMFZ01CTS_01	小叶章	110	52.3	2	0.005
2015	10	SJMFZ01CTS_01	小叶章	120	50.9	2	0.006
2015	10	SJMFZ01CTS_01	小叶章	130	50.2	2	0.004
2015	10	SJMFZ01CTS_01	小叶章	140	49.5	2	0.004
2015	10	SJMFZ01CTS_01	小叶章	150	49.3	2	0.004
2015	10	SJMFZ01CTS_01	小叶章	160	46.6	2	0.017
2015	10	SJMFZ01CTS_01	小叶章	170	46.6	2	0.016
2015	10	SJMFZ01CTS_01	小叶章	180	45.2	2	0.006
2014	5	SJMFZ01CTS_01	小叶章	10	57.3	2	0.072
2014	5	SJMFZ01CTS_01	小叶章	20	65.4	2	0.007
2014	5	SJMFZ01CTS_01	小叶章	30	66.7	2	0.092
2014	5	SJMFZ01CTS_01	小叶章	40	72.8	2	0.020
2014	5	SJMFZ01CTS_01	小叶章	50	70.5	2	0.064
2014	5	SJMFZ01CTS_01	小叶章	60	63.8	2	0.090
2014	5	SJMFZ01CTS_01	小叶章	70	55.5	2	0.040
2014	5	SJMFZ01CTS_01	小叶章	80	50.4	2	0.018
2014	5	SJMFZ01CTS_01	小叶章	90	51.0	2	0.014
2014	5	SJMFZ01CTS_01	小叶章	100	50.8	2	0.007
2014	5	SJMFZ01CTS_01	小叶章	110	49.5	2	0.010
2014	5	SJMFZ01CTS_01	小叶章	120	47.6	2	0.004
2014	5	SJMFZ01CTS_01	小叶章	130	46.5	2	0.008
2014	5	SJMFZ01CTS_01	小叶章	140	46.5	2	0.006
2014	5	SJMFZ01CTS_01	小叶章	150	46.0	2	0.006
2014	5	SJMFZ01CTS_01	小叶章	160	50.3	2	0.033
2014	5	SJMFZ01CTS_01	小叶章	170	44.6	2	0.018
2014	5	SJMFZ01CTS_01	小叶章	180	44.4	2	0.031
2014	6	SJMFZ01CTS_01	小叶章	10	62.8	2	0.060
2014	6	SJMFZ01CTS_01	小叶章	20	63.9	2	0.030
2014	6	SJMFZ01CTS_01	小叶章	30	62.3	2	0.139
2014	6	SJMFZ01CTS_01	小叶章	40	70.9	2	0.061
2014	6	SJMFZ01CTS_01	小叶章	50	69.5	2	0.082

（续）

年	月	样地代码	作物名称	观测层次/cm	体积含水量/%	重复数	标准差
2014	6	SJMFZ01CTS_01	小叶章	60	62.3	2	0.100
2014	6	SJMFZ01CTS_01	小叶章	70	54.0	2	0.047
2014	6	SJMFZ01CTS_01	小叶章	80	51.3	2	0.019
2014	6	SJMFZ01CTS_01	小叶章	90	50.4	2	0.014
2014	6	SJMFZ01CTS_01	小叶章	100	50.8	2	0.009
2014	6	SJMFZ01CTS_01	小叶章	110	49.8	2	0.019
2014	6	SJMFZ01CTS_01	小叶章	120	47.8	2	0.008
2014	6	SJMFZ01CTS_01	小叶章	130	46.4	2	0.017
2014	6	SJMFZ01CTS_01	小叶章	140	45.7	2	0.013
2014	6	SJMFZ01CTS_01	小叶章	150	45.9	2	0.016
2014	6	SJMFZ01CTS_01	小叶章	160	49.6	2	0.041
2014	6	SJMFZ01CTS_01	小叶章	170	46.2	2	0.025
2014	6	SJMFZ01CTS_01	小叶章	180	48.5	2	0.043
2014	7	SJMFZ01CTS_01	小叶章	10	61.4	2	0.046
2014	7	SJMFZ01CTS_01	小叶章	20	61.8	2	0.074
2014	7	SJMFZ01CTS_01	小叶章	30	63.0	2	0.093
2014	7	SJMFZ01CTS_01	小叶章	40	70.8	2	0.048
2014	7	SJMFZ01CTS_01	小叶章	50	67.1	2	0.062
2014	7	SJMFZ01CTS_01	小叶章	60	60.3	2	0.095
2014	7	SJMFZ01CTS_01	小叶章	70	54.4	2	0.052
2014	7	SJMFZ01CTS_01	小叶章	80	52.3	2	0.031
2014	7	SJMFZ01CTS_01	小叶章	90	50.9	2	0.022
2014	7	SJMFZ01CTS_01	小叶章	100	51.8	2	0.052
2014	7	SJMFZ01CTS_01	小叶章	110	49.4	2	0.041
2014	7	SJMFZ01CTS_01	小叶章	120	48.4	2	0.048
2014	7	SJMFZ01CTS_01	小叶章	130	48.2	2	0.061
2014	7	SJMFZ01CTS_01	小叶章	140	47.0	2	0.033
2014	7	SJMFZ01CTS_01	小叶章	150	46.0	2	0.022
2014	7	SJMFZ01CTS_01	小叶章	160	49.6	2	0.048
2014	7	SJMFZ01CTS_01	小叶章	170	49.2	2	0.044
2014	7	SJMFZ01CTS_01	小叶章	180	48.0	2	0.062
2014	8	SJMFZ01CTS_01	小叶章	10	62.6	2	0.048
2014	8	SJMFZ01CTS_01	小叶章	20	64.8	2	0.025
2014	8	SJMFZ01CTS_01	小叶章	30	64.7	2	0.079
2014	8	SJMFZ01CTS_01	小叶章	40	65.3	2	0.070
2014	8	SJMFZ01CTS_01	小叶章	50	65.2	2	0.061
2014	8	SJMFZ01CTS_01	小叶章	60	63.7	2	0.050
2014	8	SJMFZ01CTS_01	小叶章	70	60.8	2	0.048

（续）

年	月	样地代码	作物名称	观测层次/cm	体积含水量/%	重复数	标准差
2014	8	SJMFZ01CTS_01	小叶章	80	58.9	2	0.050
2014	8	SJMFZ01CTS_01	小叶章	90	54.9	2	0.038
2014	8	SJMFZ01CTS_01	小叶章	100	55.6	2	0.055
2014	8	SJMFZ01CTS_01	小叶章	110	50.1	2	0.056
2014	8	SJMFZ01CTS_01	小叶章	120	51.6	2	0.080
2014	8	SJMFZ01CTS_01	小叶章	130	51.2	2	0.088
2014	8	SJMFZ01CTS_01	小叶章	140	50.8	2	0.063
2014	8	SJMFZ01CTS_01	小叶章	150	47.8	2	0.044
2014	8	SJMFZ01CTS_01	小叶章	160	50.2	2	0.054
2014	8	SJMFZ01CTS_01	小叶章	170	47.5	2	0.034
2014	8	SJMFZ01CTS_01	小叶章	180	46.2	2	0.038
2014	9	SJMFZ01CTS_01	小叶章	10	59.2	2	0.076
2014	9	SJMFZ01CTS_01	小叶章	20	62.7	2	0.034
2014	9	SJMFZ01CTS_01	小叶章	30	61.4	2	0.098
2014	9	SJMFZ01CTS_01	小叶章	40	65.9	2	0.092
2014	9	SJMFZ01CTS_01	小叶章	50	59.0	2	0.057
2014	9	SJMFZ01CTS_01	小叶章	60	58.2	2	0.087
2014	9	SJMFZ01CTS_01	小叶章	70	60.2	2	0.085
2014	9	SJMFZ01CTS_01	小叶章	80	54.9	2	0.052
2014	9	SJMFZ01CTS_01	小叶章	90	52.1	2	0.066
2014	9	SJMFZ01CTS_01	小叶章	100	53.2	2	0.057
2014	9	SJMFZ01CTS_01	小叶章	110	50.4	2	0.072
2014	9	SJMFZ01CTS_01	小叶章	120	52.9	2	0.062
2014	9	SJMFZ01CTS_01	小叶章	130	51.2	2	0.096
2014	9	SJMFZ01CTS_01	小叶章	140	48.3	2	0.068
2014	9	SJMFZ01CTS_01	小叶章	150	48.9	2	0.048
2014	9	SJMFZ01CTS_01	小叶章	160	53.4	2	0.038
2014	9	SJMFZ01CTS_01	小叶章	170	48.0	2	0.036
2014	9	SJMFZ01CTS_01	小叶章	180	48.3	2	0.033
2014	10	SJMFZ01CTS_01	小叶章	10	63.6	2	0.040
2014	10	SJMFZ01CTS_01	小叶章	20	57.9	2	0.058
2014	10	SJMFZ01CTS_01	小叶章	30	65.9	2	0.033
2014	10	SJMFZ01CTS_01	小叶章	40	56.0	2	0.058
2014	10	SJMFZ01CTS_01	小叶章	50	61.5	2	0.041
2014	10	SJMFZ01CTS_01	小叶章	60	59.4	2	0.071
2014	10	SJMFZ01CTS_01	小叶章	70	65.5	2	0.049
2014	10	SJMFZ01CTS_01	小叶章	80	58.1	2	0.058
2014	10	SJMFZ01CTS_01	小叶章	90	56.6	2	0.009

（续）

年	月	样地代码	作物名称	观测层次/cm	体积含水量/%	重复数	标准差
2014	10	SJMFZ01CTS_01	小叶章	100	55.0	2	0.019
2014	10	SJMFZ01CTS_01	小叶章	110	51.6	2	0.073
2014	10	SJMFZ01CTS_01	小叶章	120	50.3	2	0.051
2014	10	SJMFZ01CTS_01	小叶章	130	52.1	2	0.098
2014	10	SJMFZ01CTS_01	小叶章	140	49.8	2	0.082
2014	10	SJMFZ01CTS_01	小叶章	150	49.1	2	0.067
2014	10	SJMFZ01CTS_01	小叶章	160	55.5	2	0.030
2014	10	SJMFZ01CTS_01	小叶章	170	45.2	2	0.019
2014	10	SJMFZ01CTS_01	小叶章	180	45.4	2	0.028
2013	5	SJMFZ01CTS_01	小叶章	10	62.5	2	0.011
2013	5	SJMFZ01CTS_01	小叶章	20	56.9	2	0.061
2013	5	SJMFZ01CTS_01	小叶章	30	63.8	2	0.071
2013	5	SJMFZ01CTS_01	小叶章	40	69.2	2	0.032
2013	5	SJMFZ01CTS_01	小叶章	50	65.3	2	0.052
2013	5	SJMFZ01CTS_01	小叶章	60	69.3	2	0.087
2013	5	SJMFZ01CTS_01	小叶章	70	64.9	2	0.081
2013	5	SJMFZ01CTS_01	小叶章	80	67.5	2	0.137
2013	5	SJMFZ01CTS_01	小叶章	90	65.5	2	0.132
2013	5	SJMFZ01CTS_01	小叶章	100	59.0	2	0.055
2013	5	SJMFZ01CTS_01	小叶章	110	54.2	2	0.040
2013	5	SJMFZ01CTS_01	小叶章	120	51.0	2	0.010
2013	5	SJMFZ01CTS_01	小叶章	130	50.0	2	0.016
2013	5	SJMFZ01CTS_01	小叶章	140	49.3	2	0.028
2013	5	SJMFZ01CTS_01	小叶章	150	48.2	2	0.022
2013	5	SJMFZ01CTS_01	小叶章	160	46.3	2	0.011
2013	5	SJMFZ01CTS_01	小叶章	170	46.5	2	0.009
2013	5	SJMFZ01CTS_01	小叶章	180	48.8	2	0.025
2013	6	SJMFZ01CTS_01	小叶章	10	62.4	2	0.009
2013	6	SJMFZ01CTS_01	小叶章	20	57.5	2	0.057
2013	6	SJMFZ01CTS_01	小叶章	30	64.3	2	0.080
2013	6	SJMFZ01CTS_01	小叶章	40	67.9	2	0.038
2013	6	SJMFZ01CTS_01	小叶章	50	66.4	2	0.027
2013	6	SJMFZ01CTS_01	小叶章	60	68.0	2	0.036
2013	6	SJMFZ01CTS_01	小叶章	70	67.1	2	0.052
2013	6	SJMFZ01CTS_01	小叶章	80	66.5	2	0.141
2013	6	SJMFZ01CTS_01	小叶章	90	64.0	2	0.146
2013	6	SJMFZ01CTS_01	小叶章	100	58.1	2	0.065
2013	6	SJMFZ01CTS_01	小叶章	110	52.6	2	0.013

（续）

年	月	样地代码	作物名称	观测层次/cm	体积含水量/%	重复数	标准差
2013	6	SJMFZ01CTS_01	小叶章	120	49.8	2	0.003
2013	6	SJMFZ01CTS_01	小叶章	130	49.7	2	0.005
2013	6	SJMFZ01CTS_01	小叶章	140	49.6	2	0.017
2013	6	SJMFZ01CTS_01	小叶章	150	47.5	2	0.013
2013	6	SJMFZ01CTS_01	小叶章	160	46.6	2	0.006
2013	6	SJMFZ01CTS_01	小叶章	170	46.2	2	0.004
2013	6	SJMFZ01CTS_01	小叶章	180	46.0	2	0.004
2013	7	SJMFZ01CTS_01	小叶章	10	62.7	2	0.006
2013	7	SJMFZ01CTS_01	小叶章	20	57.5	2	0.058
2013	7	SJMFZ01CTS_01	小叶章	30	62.6	2	0.100
2013	7	SJMFZ01CTS_01	小叶章	40	68.0	2	0.036
2013	7	SJMFZ01CTS_01	小叶章	50	68.7	2	0.019
2013	7	SJMFZ01CTS_01	小叶章	60	69.4	2	0.031
2013	7	SJMFZ01CTS_01	小叶章	70	64.4	2	0.051
2013	7	SJMFZ01CTS_01	小叶章	80	65.0	2	0.126
2013	7	SJMFZ01CTS_01	小叶章	90	63.2	2	0.140
2013	7	SJMFZ01CTS_01	小叶章	100	55.2	2	0.052
2013	7	SJMFZ01CTS_01	小叶章	110	51.5	2	0.014
2013	7	SJMFZ01CTS_01	小叶章	120	50.0	2	0.012
2013	7	SJMFZ01CTS_01	小叶章	130	48.5	2	0.008
2013	7	SJMFZ01CTS_01	小叶章	140	48.8	2	0.019
2013	7	SJMFZ01CTS_01	小叶章	150	46.6	2	0.014
2013	7	SJMFZ01CTS_01	小叶章	160	46.1	2	0.008
2013	7	SJMFZ01CTS_01	小叶章	170	45.7	2	0.006
2013	7	SJMFZ01CTS_01	小叶章	180	45.7	2	0.002
2013	8	SJMFZ01CTS_01	小叶章	10	62.3	2	0.007
2013	8	SJMFZ01CTS_01	小叶章	20	57.3	2	0.052
2013	8	SJMFZ01CTS_01	小叶章	30	62.9	2	0.105
2013	8	SJMFZ01CTS_01	小叶章	40	69.1	2	0.035
2013	8	SJMFZ01CTS_01	小叶章	50	71.2	2	0.012
2013	8	SJMFZ01CTS_01	小叶章	60	74.2	2	0.035
2013	8	SJMFZ01CTS_01	小叶章	70	68.4	2	0.037
2013	8	SJMFZ01CTS_01	小叶章	80	71.6	2	0.085
2013	8	SJMFZ01CTS_01	小叶章	90	67.8	2	0.123
2013	8	SJMFZ01CTS_01	小叶章	100	61.3	2	0.074
2013	8	SJMFZ01CTS_01	小叶章	110	57.3	2	0.035
2013	8	SJMFZ01CTS_01	小叶章	120	52.0	2	0.021
2013	8	SJMFZ01CTS_01	小叶章	130	50.8	2	0.014

（续）

年	月	样地代码	作物名称	观测层次/cm	体积含水量/%	重复数	标准差
2013	8	SJMFZ01CTS_01	小叶章	140	50.3	2	0.010
2013	8	SJMFZ01CTS_01	小叶章	150	48.8	2	0.013
2013	8	SJMFZ01CTS_01	小叶章	160	48.2	2	0.011
2013	8	SJMFZ01CTS_01	小叶章	170	46.8	2	0.004
2013	8	SJMFZ01CTS_01	小叶章	180	46.4	2	0.002
2013	9	SJMFZ01CTS_01	小叶章	10	62.7	2	0.019
2013	9	SJMFZ01CTS_01	小叶章	20	57.0	2	0.049
2013	9	SJMFZ01CTS_01	小叶章	30	62.5	2	0.109
2013	9	SJMFZ01CTS_01	小叶章	40	69.5	2	0.030
2013	9	SJMFZ01CTS_01	小叶章	50	71.0	2	0.040
2013	9	SJMFZ01CTS_01	小叶章	60	76.9	2	0.046
2013	9	SJMFZ01CTS_01	小叶章	70	71.2	2	0.093
2013	9	SJMFZ01CTS_01	小叶章	80	67.1	2	0.122
2013	9	SJMFZ01CTS_01	小叶章	90	64.3	2	0.127
2013	9	SJMFZ01CTS_01	小叶章	100	57.8	2	0.064
2013	9	SJMFZ01CTS_01	小叶章	110	53.7	2	0.036
2013	9	SJMFZ01CTS_01	小叶章	120	50.4	2	0.017
2013	9	SJMFZ01CTS_01	小叶章	130	49.7	2	0.015
2013	9	SJMFZ01CTS_01	小叶章	140	48.8	2	0.025
2013	9	SJMFZ01CTS_01	小叶章	150	48.1	2	0.021
2013	9	SJMFZ01CTS_01	小叶章	160	47.1	2	0.014
2013	9	SJMFZ01CTS_01	小叶章	170	46.0	2	0.009
2013	9	SJMFZ01CTS_01	小叶章	180	46.0	2	0.005
2013	10	SJMFZ01CTS_01	小叶章	10	61.8	2	0.004
2013	10	SJMFZ01CTS_01	小叶章	20	57.4	2	0.047
2013	10	SJMFZ01CTS_01	小叶章	30	62.3	2	0.097
2013	10	SJMFZ01CTS_01	小叶章	40	68.7	2	0.036
2013	10	SJMFZ01CTS_01	小叶章	50	67.7	2	0.049
2013	10	SJMFZ01CTS_01	小叶章	60	76.7	2	0.037
2013	10	SJMFZ01CTS_01	小叶章	70	71.9	2	0.107
2013	10	SJMFZ01CTS_01	小叶章	80	65.2	2	0.129
2013	10	SJMFZ01CTS_01	小叶章	90	62.4	2	0.134
2013	10	SJMFZ01CTS_01	小叶章	100	56.3	2	0.051
2013	10	SJMFZ01CTS_01	小叶章	110	52.8	2	0.011
2013	10	SJMFZ01CTS_01	小叶章	120	49.9	2	0.009
2013	10	SJMFZ01CTS_01	小叶章	130	49.6	2	0.012
2013	10	SJMFZ01CTS_01	小叶章	140	49.8	2	0.021
2013	10	SJMFZ01CTS_01	小叶章	150	48.0	2	0.016

(续)

年	月	样地代码	作物名称	观测层次/cm	体积含水量/%	重复数	标准差
2013	10	SJMFZ01CTS_01	小叶章	160	47.1	2	0.007
2013	10	SJMFZ01CTS_01	小叶章	170	45.9	2	0.011
2013	10	SJMFZ01CTS_01	小叶章	180	45.8	2	0.002
2012	5	SJMFZ01CTS_01	小叶章	10	52.1	2	0.105
2012	5	SJMFZ01CTS_01	小叶章	20	67.8	2	0.052
2012	5	SJMFZ01CTS_01	小叶章	30	68.3	2	0.086
2012	5	SJMFZ01CTS_01	小叶章	40	74.6	2	0.029
2012	5	SJMFZ01CTS_01	小叶章	50	70.2	2	0.053
2012	5	SJMFZ01CTS_01	小叶章	60	68.4	2	0.061
2012	5	SJMFZ01CTS_01	小叶章	70	61.7	2	0.067
2012	5	SJMFZ01CTS_01	小叶章	80	65.5	2	0.116
2012	5	SJMFZ01CTS_01	小叶章	90	64.9	2	0.097
2012	5	SJMFZ01CTS_01	小叶章	100	62.3	2	0.084
2012	5	SJMFZ01CTS_01	小叶章	110	58.2	2	0.058
2012	5	SJMFZ01CTS_01	小叶章	120	55.5	2	0.042
2012	5	SJMFZ01CTS_01	小叶章	130	55.4	2	0.040
2012	5	SJMFZ01CTS_01	小叶章	140	54.2	2	0.024
2012	5	SJMFZ01CTS_01	小叶章	150	53.4	2	0.024
2012	5	SJMFZ01CTS_01	小叶章	160	51.4	2	0.016
2012	5	SJMFZ01CTS_01	小叶章	170	50.6	2	0.016
2012	5	SJMFZ01CTS_01	小叶章	180	52.3	2	0.008
2012	6	SJMFZ01CTS_01	小叶章	10	51.7	2	0.104
2012	6	SJMFZ01CTS_01	小叶章	20	66.9	2	0.044
2012	6	SJMFZ01CTS_01	小叶章	30	67.1	2	0.084
2012	6	SJMFZ01CTS_01	小叶章	40	72.6	2	0.050
2012	6	SJMFZ01CTS_01	小叶章	50	67.3	2	0.039
2012	6	SJMFZ01CTS_01	小叶章	60	62.3	2	0.037
2012	6	SJMFZ01CTS_01	小叶章	70	58.1	2	0.064
2012	6	SJMFZ01CTS_01	小叶章	80	66.0	2	0.125
2012	6	SJMFZ01CTS_01	小叶章	90	65.2	2	0.086
2012	6	SJMFZ01CTS_01	小叶章	100	58.0	2	0.029
2012	6	SJMFZ01CTS_01	小叶章	110	55.5	2	0.019
2012	6	SJMFZ01CTS_01	小叶章	120	55.3	2	0.027
2012	6	SJMFZ01CTS_01	小叶章	130	56.2	2	0.034
2012	6	SJMFZ01CTS_01	小叶章	140	54.7	2	0.022
2012	6	SJMFZ01CTS_01	小叶章	150	52.5	2	0.012
2012	6	SJMFZ01CTS_01	小叶章	160	51.3	2	0.015
2012	6	SJMFZ01CTS_01	小叶章	170	49.9	2	0.017

（续）

年	月	样地代码	作物名称	观测层次/cm	体积含水量/%	重复数	标准差
2012	6	SJMFZ01CTS_01	小叶章	180	51.8	2	0.005
2012	7	SJMFZ01CTS_01	小叶章	10	53.6	2	0.096
2012	7	SJMFZ01CTS_01	小叶章	20	67.7	2	0.031
2012	7	SJMFZ01CTS_01	小叶章	30	67.0	2	0.067
2012	7	SJMFZ01CTS_01	小叶章	40	66.9	2	0.083
2012	7	SJMFZ01CTS_01	小叶章	50	65.8	2	0.034
2012	7	SJMFZ01CTS_01	小叶章	60	61.3	2	0.051
2012	7	SJMFZ01CTS_01	小叶章	70	58.8	2	0.071
2012	7	SJMFZ01CTS_01	小叶章	80	65.7	2	0.115
2012	7	SJMFZ01CTS_01	小叶章	90	64.1	2	0.081
2012	7	SJMFZ01CTS_01	小叶章	100	57.3	2	0.025
2012	7	SJMFZ01CTS_01	小叶章	110	54.9	2	0.017
2012	7	SJMFZ01CTS_01	小叶章	120	55.5	2	0.026
2012	7	SJMFZ01CTS_01	小叶章	130	55.7	2	0.031
2012	7	SJMFZ01CTS_01	小叶章	140	54.6	2	0.018
2012	7	SJMFZ01CTS_01	小叶章	150	53.4	2	0.017
2012	7	SJMFZ01CTS_01	小叶章	160	51.8	2	0.017
2012	7	SJMFZ01CTS_01	小叶章	170	50.2	2	0.017
2012	7	SJMFZ01CTS_01	小叶章	180	51.8	2	0.005
2012	8	SJMFZ01CTS_01	小叶章	10	53.3	2	0.070
2012	8	SJMFZ01CTS_01	小叶章	20	67.7	2	0.026
2012	8	SJMFZ01CTS_01	小叶章	30	69.2	2	0.052
2012	8	SJMFZ01CTS_01	小叶章	40	71.4	2	0.041
2012	8	SJMFZ01CTS_01	小叶章	50	67.8	2	0.035
2012	8	SJMFZ01CTS_01	小叶章	60	61.7	2	0.037
2012	8	SJMFZ01CTS_01	小叶章	70	60.1	2	0.073
2012	8	SJMFZ01CTS_01	小叶章	80	64.1	2	0.102
2012	8	SJMFZ01CTS_01	小叶章	90	64.9	2	0.079
2012	8	SJMFZ01CTS_01	小叶章	100	58.9	2	0.030
2012	8	SJMFZ01CTS_01	小叶章	110	56.2	2	0.013
2012	8	SJMFZ01CTS_01	小叶章	120	55.8	2	0.026
2012	8	SJMFZ01CTS_01	小叶章	130	56.5	2	0.035
2012	8	SJMFZ01CTS_01	小叶章	140	55.9	2	0.025
2012	8	SJMFZ01CTS_01	小叶章	150	54.5	2	0.023
2012	8	SJMFZ01CTS_01	小叶章	160	53.0	2	0.023
2012	8	SJMFZ01CTS_01	小叶章	170	52.0	2	0.025
2012	8	SJMFZ01CTS_01	小叶章	180	53.3	2	0.016
2012	9	SJMFZ01CTS_01	小叶章	10	52.1	2	0.045

（续）

年	月	样地代码	作物名称	观测层次/cm	体积含水量/%	重复数	标准差
2012	9	SJMFZ01CTS_01	小叶章	20	66.7	2	0.015
2012	9	SJMFZ01CTS_01	小叶章	30	68.8	2	0.048
2012	9	SJMFZ01CTS_01	小叶章	40	73.0	2	0.015
2012	9	SJMFZ01CTS_01	小叶章	50	68.2	2	0.039
2012	9	SJMFZ01CTS_01	小叶章	60	62.5	2	0.046
2012	9	SJMFZ01CTS_01	小叶章	70	60.3	2	0.087
2012	9	SJMFZ01CTS_01	小叶章	80	60.5	2	0.064
2012	9	SJMFZ01CTS_01	小叶章	90	63.3	2	0.068
2012	9	SJMFZ01CTS_01	小叶章	100	57.6	2	0.019
2012	9	SJMFZ01CTS_01	小叶章	110	55.3	2	0.015
2012	9	SJMFZ01CTS_01	小叶章	120	56.2	2	0.024
2012	9	SJMFZ01CTS_01	小叶章	130	55.7	2	0.035
2012	9	SJMFZ01CTS_01	小叶章	140	54.8	2	0.019
2012	9	SJMFZ01CTS_01	小叶章	150	53.9	2	0.016
2012	9	SJMFZ01CTS_01	小叶章	160	52.4	2	0.016
2012	9	SJMFZ01CTS_01	小叶章	170	51.0	2	0.019
2012	9	SJMFZ01CTS_01	小叶章	180	51.5	2	0.010
2012	10	SJMFZ01CTS_01	小叶章	10	49.9	2	0.030
2012	10	SJMFZ01CTS_01	小叶章	20	65.8	2	0.011
2012	10	SJMFZ01CTS_01	小叶章	30	69.8	2	0.027
2012	10	SJMFZ01CTS_01	小叶章	40	72.4	2	0.003
2012	10	SJMFZ01CTS_01	小叶章	50	68.0	2	0.023
2012	10	SJMFZ01CTS_01	小叶章	60	60.1	2	0.028
2012	10	SJMFZ01CTS_01	小叶章	70	60.2	2	0.076
2012	10	SJMFZ01CTS_01	小叶章	80	59.5	2	0.052
2012	10	SJMFZ01CTS_01	小叶章	90	64.6	2	0.075
2012	10	SJMFZ01CTS_01	小叶章	100	57.2	2	0.021
2012	10	SJMFZ01CTS_01	小叶章	110	55.7	2	0.007
2012	10	SJMFZ01CTS_01	小叶章	120	55.6	2	0.023
2012	10	SJMFZ01CTS_01	小叶章	130	55.9	2	0.034
2012	10	SJMFZ01CTS_01	小叶章	140	54.6	2	0.019
2012	10	SJMFZ01CTS_01	小叶章	150	53.8	2	0.011
2012	10	SJMFZ01CTS_01	小叶章	160	50.8	2	0.004
2012	10	SJMFZ01CTS_01	小叶章	170	51.8	2	0.016
2012	10	SJMFZ01CTS_01	小叶章	180	51.6	2	0.012
2011	5	SJMFZ01CTS_01	小叶章	10	60.2	2	0.177
2011	5	SJMFZ01CTS_01	小叶章	20	73.8	2	0.011
2011	5	SJMFZ01CTS_01	小叶章	30	76.5	2	0.128

（续）

年	月	样地代码	作物名称	观测层次/cm	体积含水量/%	重复数	标准差
2011	5	SJMFZ01CTS_01	小叶章	40	66.7	2	0.118
2011	5	SJMFZ01CTS_01	小叶章	50	57.7	2	0.044
2011	5	SJMFZ01CTS_01	小叶章	60	54.8	2	0.035
2011	5	SJMFZ01CTS_01	小叶章	70	56.9	2	0.011
2011	5	SJMFZ01CTS_01	小叶章	80	57.0	2	0.035
2011	5	SJMFZ01CTS_01	小叶章	90	53.6	2	0.029
2011	5	SJMFZ01CTS_01	小叶章	100	52.4	2	0.020
2011	5	SJMFZ01CTS_01	小叶章	110	52.3	2	0.008
2011	5	SJMFZ01CTS_01	小叶章	120	51.9	2	0.007
2011	5	SJMFZ01CTS_01	小叶章	130	50.7	2	0.011
2011	5	SJMFZ01CTS_01	小叶章	140	49.7	2	0.014
2011	5	SJMFZ01CTS_01	小叶章	150	46.7	2	0.038
2011	5	SJMFZ01CTS_01	小叶章	160	45.9	2	0.022
2011	5	SJMFZ01CTS_01	小叶章	170	45.1	2	0.035
2011	5	SJMFZ01CTS_01	小叶章	180	47.2	2	0.022
2011	6	SJMFZ01CTS_01	小叶章	10	48.7	2	0.080
2011	6	SJMFZ01CTS_01	小叶章	20	77.5	2	0.062
2011	6	SJMFZ01CTS_01	小叶章	30	75.2	2	0.132
2011	6	SJMFZ01CTS_01	小叶章	40	63.5	2	0.103
2011	6	SJMFZ01CTS_01	小叶章	50	56.6	2	0.036
2011	6	SJMFZ01CTS_01	小叶章	60	56.1	2	0.011
2011	6	SJMFZ01CTS_01	小叶章	70	57.2	2	0.012
2011	6	SJMFZ01CTS_01	小叶章	80	56.9	2	0.032
2011	6	SJMFZ01CTS_01	小叶章	90	53.8	2	0.025
2011	6	SJMFZ01CTS_01	小叶章	100	53.0	2	0.019
2011	6	SJMFZ01CTS_01	小叶章	110	51.9	2	0.015
2011	6	SJMFZ01CTS_01	小叶章	120	51.4	2	0.010
2011	6	SJMFZ01CTS_01	小叶章	130	50.9	2	0.010
2011	6	SJMFZ01CTS_01	小叶章	140	49.7	2	0.014
2011	6	SJMFZ01CTS_01	小叶章	150	51.1	2	0.037
2011	6	SJMFZ01CTS_01	小叶章	160	44.8	2	0.016
2011	6	SJMFZ01CTS_01	小叶章	170	45.9	2	0.026
2011	6	SJMFZ01CTS_01	小叶章	180	46.7	2	0.022
2011	7	SJMFZ01CTS_01	小叶章	10	53.1	2	0.106
2011	7	SJMFZ01CTS_01	小叶章	20	50.6	2	0.311
2011	7	SJMFZ01CTS_01	小叶章	30	63.7	2	0.132
2011	7	SJMFZ01CTS_01	小叶章	40	57.3	2	0.091
2011	7	SJMFZ01CTS_01	小叶章	50	53.2	2	0.046

（续）

年	月	样地代码	作物名称	观测层次/cm	体积含水量/%	重复数	标准差
2011	7	SJMFZ01CTS_01	小叶章	60	55.0	2	0.030
2011	7	SJMFZ01CTS_01	小叶章	70	56.9	2	0.013
2011	7	SJMFZ01CTS_01	小叶章	80	55.1	2	0.029
2011	7	SJMFZ01CTS_01	小叶章	90	49.7	2	0.042
2011	7	SJMFZ01CTS_01	小叶章	100	50.4	2	0.019
2011	7	SJMFZ01CTS_01	小叶章	110	52.0	2	0.011
2011	7	SJMFZ01CTS_01	小叶章	120	48.5	2	0.043
2011	7	SJMFZ01CTS_01	小叶章	130	47.9	2	0.034
2011	7	SJMFZ01CTS_01	小叶章	140	46.3	2	0.033
2011	7	SJMFZ01CTS_01	小叶章	150	49.7	2	0.010
2011	7	SJMFZ01CTS_01	小叶章	160	47.1	2	0.025
2011	7	SJMFZ01CTS_01	小叶章	170	45.7	2	0.023
2011	7	SJMFZ01CTS_01	小叶章	180	44.7	2	0.016
2011	8	SJMFZ01CTS_01	小叶章	10	52.6	2	0.106
2011	8	SJMFZ01CTS_01	小叶章	20	60.0	2	0.224
2011	8	SJMFZ01CTS_01	小叶章	30	67.8	2	0.154
2011	8	SJMFZ01CTS_01	小叶章	40	60.4	2	0.107
2011	8	SJMFZ01CTS_01	小叶章	50	55.0	2	0.043
2011	8	SJMFZ01CTS_01	小叶章	60	54.5	2	0.023
2011	8	SJMFZ01CTS_01	小叶章	70	56.4	2	0.015
2011	8	SJMFZ01CTS_01	小叶章	80	55.0	2	0.033
2011	8	SJMFZ01CTS_01	小叶章	90	53.0	2	0.025
2011	8	SJMFZ01CTS_01	小叶章	100	52.2	2	0.019
2011	8	SJMFZ01CTS_01	小叶章	110	52.1	2	0.008
2011	8	SJMFZ01CTS_01	小叶章	120	50.2	2	0.019
2011	8	SJMFZ01CTS_01	小叶章	130	48.7	2	0.030
2011	8	SJMFZ01CTS_01	小叶章	140	48.0	2	0.031
2011	8	SJMFZ01CTS_01	小叶章	150	50.0	2	0.013
2011	8	SJMFZ01CTS_01	小叶章	160	49.6	2	0.059
2011	8	SJMFZ01CTS_01	小叶章	170	44.8	2	0.017
2011	8	SJMFZ01CTS_01	小叶章	180	45.0	2	0.035
2011	9	SJMFZ01CTS_01	小叶章	10	53.4	2	0.064
2011	9	SJMFZ01CTS_01	小叶章	20	74.5	2	0.066
2011	9	SJMFZ01CTS_01	小叶章	30	73.5	2	0.132
2011	9	SJMFZ01CTS_01	小叶章	40	61.7	2	0.089
2011	9	SJMFZ01CTS_01	小叶章	50	56.0	2	0.028
2011	9	SJMFZ01CTS_01	小叶章	60	56.4	2	0.009
2011	9	SJMFZ01CTS_01	小叶章	70	56.6	2	0.011

（续）

年	月	样地代码	作物名称	观测层次/cm	体积含水量/%	重复数	标准差
2011	9	SJMFZ01CTS_01	小叶章	80	56.5	2	0.029
2011	9	SJMFZ01CTS_01	小叶章	90	54.0	2	0.023
2011	9	SJMFZ01CTS_01	小叶章	100	52.7	2	0.018
2011	9	SJMFZ01CTS_01	小叶章	110	52.6	2	0.010
2011	9	SJMFZ01CTS_01	小叶章	120	51.4	2	0.007
2011	9	SJMFZ01CTS_01	小叶章	130	51.0	2	0.006
2011	9	SJMFZ01CTS_01	小叶章	140	49.6	2	0.014
2011	9	SJMFZ01CTS_01	小叶章	150	50.2	2	0.044
2011	9	SJMFZ01CTS_01	小叶章	160	47.4	2	0.022
2011	9	SJMFZ01CTS_01	小叶章	170	46.7	2	0.033
2011	9	SJMFZ01CTS_01	小叶章	180	54.1	2	0.018
2010	5	SJMFZ01CTS_01	小叶章	10	38.8	2	0.026
2010	5	SJMFZ01CTS_01	小叶章	20	68.9	2	0.039
2010	5	SJMFZ01CTS_01	小叶章	30	60.5	2	0.056
2010	5	SJMFZ01CTS_01	小叶章	40	54.4	2	0.071
2010	5	SJMFZ01CTS_01	小叶章	50	50.8	2	0.032
2010	5	SJMFZ01CTS_01	小叶章	60	50.2	2	0.010
2010	5	SJMFZ01CTS_01	小叶章	70	50.6	2	0.015
2010	5	SJMFZ01CTS_01	小叶章	80	50.4	2	0.016
2010	5	SJMFZ01CTS_01	小叶章	90	48.6	2	0.021
2010	5	SJMFZ01CTS_01	小叶章	100	46.2	2	0.015
2010	5	SJMFZ01CTS_01	小叶章	110	46.6	2	0.019
2010	5	SJMFZ01CTS_01	小叶章	120	46.3	2	0.022
2010	5	SJMFZ01CTS_01	小叶章	130	45.2	2	0.018
2010	5	SJMFZ01CTS_01	小叶章	140	44.4	2	0.016
2010	5	SJMFZ01CTS_01	小叶章	150	44.9	2	0.013
2010	5	SJMFZ01CTS_01	小叶章	160	45.6	2	0.018
2010	5	SJMFZ01CTS_01	小叶章	170	47.0	2	0.021
2010	5	SJMFZ01CTS_01	小叶章	180	46.5	2	0.023
2010	6	SJMFZ01CTS_01	小叶章	10	42.6	2	0.046
2010	6	SJMFZ01CTS_01	小叶章	20	63.0	2	0.063
2010	6	SJMFZ01CTS_01	小叶章	30	58.7	2	0.047
2010	6	SJMFZ01CTS_01	小叶章	40	56.0	2	0.056
2010	6	SJMFZ01CTS_01	小叶章	50	52.9	2	0.039
2010	6	SJMFZ01CTS_01	小叶章	60	53.2	2	0.031
2010	6	SJMFZ01CTS_01	小叶章	70	52.8	2	0.046
2010	6	SJMFZ01CTS_01	小叶章	80	49.7	2	0.031
2010	6	SJMFZ01CTS_01	小叶章	90	47.6	2	0.036

（续）

年	月	样地代码	作物名称	观测层次/cm	体积含水量/%	重复数	标准差
2010	6	SJMFZ01CTS_01	小叶章	100	48.1	2	0.027
2010	6	SJMFZ01CTS_01	小叶章	110	47.3	2	0.036
2010	6	SJMFZ01CTS_01	小叶章	120	46.9	2	0.034
2010	6	SJMFZ01CTS_01	小叶章	130	46.7	2	0.032
2010	6	SJMFZ01CTS_01	小叶章	140	45.6	2	0.032
2010	6	SJMFZ01CTS_01	小叶章	150	46.1	2	0.028
2010	6	SJMFZ01CTS_01	小叶章	160	46.0	2	0.026
2010	6	SJMFZ01CTS_01	小叶章	170	45.5	2	0.029
2010	6	SJMFZ01CTS_01	小叶章	180	43.5	2	0.023
2010	7	SJMFZ01CTS_01	小叶章	10	42.0	2	0.028
2010	7	SJMFZ01CTS_01	小叶章	20	53.6	2	0.050
2010	7	SJMFZ01CTS_01	小叶章	30	54.1	2	0.056
2010	7	SJMFZ01CTS_01	小叶章	40	50.6	2	0.069
2010	7	SJMFZ01CTS_01	小叶章	50	49.4	2	0.049
2010	7	SJMFZ01CTS_01	小叶章	60	48.5	2	0.039
2010	7	SJMFZ01CTS_01	小叶章	70	47.6	2	0.039
2010	7	SJMFZ01CTS_01	小叶章	80	48.2	2	0.046
2010	7	SJMFZ01CTS_01	小叶章	90	47.7	2	0.049
2010	7	SJMFZ01CTS_01	小叶章	100	46.8	2	0.047
2010	7	SJMFZ01CTS_01	小叶章	110	45.8	2	0.037
2010	7	SJMFZ01CTS_01	小叶章	120	44.9	2	0.031
2010	7	SJMFZ01CTS_01	小叶章	130	45.8	2	0.029
2010	7	SJMFZ01CTS_01	小叶章	140	45.8	2	0.024
2010	7	SJMFZ01CTS_01	小叶章	150	45.6	2	0.023
2010	7	SJMFZ01CTS_01	小叶章	160	46.4	2	0.024
2010	7	SJMFZ01CTS_01	小叶章	170	45.9	2	0.025
2010	7	SJMFZ01CTS_01	小叶章	180	44.5	2	0.032
2010	8	SJMFZ01CTS_01	小叶章	10	42.6	2	0.037
2010	8	SJMFZ01CTS_01	小叶章	20	54.0	2	0.037
2010	8	SJMFZ01CTS_01	小叶章	30	56.2	2	0.031
2010	8	SJMFZ01CTS_01	小叶章	40	56.9	2	0.045
2010	8	SJMFZ01CTS_01	小叶章	50	53.4	2	0.023
2010	8	SJMFZ01CTS_01	小叶章	60	54.1	2	0.043
2010	8	SJMFZ01CTS_01	小叶章	70	54.6	2	0.047
2010	8	SJMFZ01CTS_01	小叶章	80	52.0	2	0.050
2010	8	SJMFZ01CTS_01	小叶章	90	51.8	2	0.058
2010	8	SJMFZ01CTS_01	小叶章	100	50.1	2	0.056
2010	8	SJMFZ01CTS_01	小叶章	110	48.8	2	0.062

（续）

年	月	样地代码	作物名称	观测层次/cm	体积含水量/%	重复数	标准差
2010	8	SJMFZ01CTS_01	小叶章	120	48.9	2	0.059
2010	8	SJMFZ01CTS_01	小叶章	130	50.2	2	0.058
2010	8	SJMFZ01CTS_01	小叶章	140	49.8	2	0.055
2010	8	SJMFZ01CTS_01	小叶章	150	48.7	2	0.054
2010	8	SJMFZ01CTS_01	小叶章	160	48.5	2	0.060
2010	8	SJMFZ01CTS_01	小叶章	170	48.9	2	0.054
2010	8	SJMFZ01CTS_01	小叶章	180	47.4	2	0.023
2010	9	SJMFZ01CTS_01	小叶章	10	41.3	2	0.045
2010	9	SJMFZ01CTS_01	小叶章	20	56.2	2	0.072
2010	9	SJMFZ01CTS_01	小叶章	30	54.6	2	0.022
2010	9	SJMFZ01CTS_01	小叶章	40	51.5	2	0.059
2010	9	SJMFZ01CTS_01	小叶章	50	52.7	2	0.043
2010	9	SJMFZ01CTS_01	小叶章	60	52.2	2	0.038
2010	9	SJMFZ01CTS_01	小叶章	70	51.5	2	0.033
2010	9	SJMFZ01CTS_01	小叶章	80	50.5	2	0.028
2010	9	SJMFZ01CTS_01	小叶章	90	49.2	2	0.024
2010	9	SJMFZ01CTS_01	小叶章	100	48.3	2	0.029
2010	9	SJMFZ01CTS_01	小叶章	110	48.1	2	0.024
2010	9	SJMFZ01CTS_01	小叶章	120	47.2	2	0.031
2010	9	SJMFZ01CTS_01	小叶章	130	47.0	2	0.030
2010	9	SJMFZ01CTS_01	小叶章	140	46.4	2	0.033
2010	9	SJMFZ01CTS_01	小叶章	150	47.1	2	0.038
2010	9	SJMFZ01CTS_01	小叶章	160	47.9	2	0.031
2010	9	SJMFZ01CTS_01	小叶章	170	48.1	2	0.025
2010	9	SJMFZ01CTS_01	小叶章	180	45.4	2	0.043
2010	10	SJMFZ01CTS_01	小叶章	10	35.7	2	0.007
2010	10	SJMFZ01CTS_01	小叶章	20	50.4	2	0.061
2010	10	SJMFZ01CTS_01	小叶章	30	49.3	2	0.063
2010	10	SJMFZ01CTS_01	小叶章	40	46.9	2	0.051
2010	10	SJMFZ01CTS_01	小叶章	50	49.1	2	0.014
2010	10	SJMFZ01CTS_01	小叶章	60	49.4	2	0.007
2010	10	SJMFZ01CTS_01	小叶章	70	50.1	2	0.012
2010	10	SJMFZ01CTS_01	小叶章	80	49.0	2	0.027
2010	10	SJMFZ01CTS_01	小叶章	90	48.3	2	0.018
2010	10	SJMFZ01CTS_01	小叶章	100	47.3	2	0.021
2010	10	SJMFZ01CTS_01	小叶章	110	46.7	2	0.000
2010	10	SJMFZ01CTS_01	小叶章	120	45.8	2	0.003
2010	10	SJMFZ01CTS_01	小叶章	130	46.1	2	0.003

（续）

年	月	样地代码	作物名称	观测层次/cm	体积含水量/%	重复数	标准差
2010	10	SJMFZ01CTS_01	小叶章	140	45.6	2	0.007
2010	10	SJMFZ01CTS_01	小叶章	150	45.7	2	0.006
2010	10	SJMFZ01CTS_01	小叶章	160	45.8	2	0.020
2010	10	SJMFZ01CTS_01	小叶章	170	46.1	2	0.015
2010	10	SJMFZ01CTS_01	小叶章	180	45.5	2	0.053
2009	5	SJMFZ01CTS_01	小叶章	10	33.3	2	0.058
2009	5	SJMFZ01CTS_01	小叶章	20	71.7	2	0.073
2009	5	SJMFZ01CTS_01	小叶章	30	65.9	2	0.096
2009	5	SJMFZ01CTS_01	小叶章	40	55.4	2	0.084
2009	5	SJMFZ01CTS_01	小叶章	50	50.5	2	0.036
2009	5	SJMFZ01CTS_01	小叶章	60	50.5	2	0.010
2009	5	SJMFZ01CTS_01	小叶章	70	50.4	2	0.016
2009	5	SJMFZ01CTS_01	小叶章	80	49.9	2	0.019
2009	5	SJMFZ01CTS_01	小叶章	90	47.8	2	0.015
2009	5	SJMFZ01CTS_01	小叶章	100	46.6	2	0.011
2009	5	SJMFZ01CTS_01	小叶章	110	45.8	2	0.009
2009	5	SJMFZ01CTS_01	小叶章	120	45.3	2	0.008
2009	5	SJMFZ01CTS_01	小叶章	130	44.5	2	0.008
2009	5	SJMFZ01CTS_01	小叶章	140	43.5	2	0.013
2009	5	SJMFZ01CTS_01	小叶章	150	44.0	2	0.009
2009	5	SJMFZ01CTS_01	小叶章	160	44.5	2	0.007
2009	5	SJMFZ01CTS_01	小叶章	170	45.0	2	0.006
2009	5	SJMFZ01CTS_01	小叶章	180	43.5	2	0.014
2009	6	SJMFZ01CTS_01	小叶章	10	31.6	2	0.067
2009	6	SJMFZ01CTS_01	小叶章	20	67.1	2	0.063
2009	6	SJMFZ01CTS_01	小叶章	30	64.2	2	0.104
2009	6	SJMFZ01CTS_01	小叶章	40	53.6	2	0.074
2009	6	SJMFZ01CTS_01	小叶章	50	49.6	2	0.027
2009	6	SJMFZ01CTS_01	小叶章	60	50.2	2	0.004
2009	6	SJMFZ01CTS_01	小叶章	70	50.7	2	0.008
2009	6	SJMFZ01CTS_01	小叶章	80	50.4	2	0.014
2009	6	SJMFZ01CTS_01	小叶章	90	48.6	2	0.012
2009	6	SJMFZ01CTS_01	小叶章	100	47.6	2	0.008
2009	6	SJMFZ01CTS_01	小叶章	110	47.1	2	0.008
2009	6	SJMFZ01CTS_01	小叶章	120	46.1	2	0.009
2009	6	SJMFZ01CTS_01	小叶章	130	45.0	2	0.007
2009	6	SJMFZ01CTS_01	小叶章	140	43.6	2	0.011
2009	6	SJMFZ01CTS_01	小叶章	150	44.1	2	0.005

（续）

年	月	样地代码	作物名称	观测层次/cm	体积含水量/%	重复数	标准差
2009	6	SJMFZ01CTS_01	小叶章	160	44.6	2	0.010
2009	6	SJMFZ01CTS_01	小叶章	170	45.2	2	0.009
2009	6	SJMFZ01CTS_01	小叶章	180	44.2	2	0.019
2009	7	SJMFZ01CTS_01	小叶章	10	37.3	2	0.089
2009	7	SJMFZ01CTS_01	小叶章	20	69.7	2	0.072
2009	7	SJMFZ01CTS_01	小叶章	30	64.5	2	0.100
2009	7	SJMFZ01CTS_01	小叶章	40	53.1	2	0.074
2009	7	SJMFZ01CTS_01	小叶章	50	49.4	2	0.025
2009	7	SJMFZ01CTS_01	小叶章	60	49.5	2	0.005
2009	7	SJMFZ01CTS_01	小叶章	70	50.2	2	0.009
2009	7	SJMFZ01CTS_01	小叶章	80	50.5	2	0.018
2009	7	SJMFZ01CTS_01	小叶章	90	48.4	2	0.021
2009	7	SJMFZ01CTS_01	小叶章	100	47.6	2	0.019
2009	7	SJMFZ01CTS_01	小叶章	110	48.0	2	0.017
2009	7	SJMFZ01CTS_01	小叶章	120	47.3	2	0.020
2009	7	SJMFZ01CTS_01	小叶章	130	46.2	2	0.016
2009	7	SJMFZ01CTS_01	小叶章	140	44.9	2	0.017
2009	7	SJMFZ01CTS_01	小叶章	150	44.9	2	0.011
2009	7	SJMFZ01CTS_01	小叶章	160	45.7	2	0.014
2009	7	SJMFZ01CTS_01	小叶章	170	46.8	2	0.019
2009	7	SJMFZ01CTS_01	小叶章	180	45.4	2	0.018
2009	8	SJMFZ01CTS_01	小叶章	10	38.4	2	0.057
2009	8	SJMFZ01CTS_01	小叶章	20	68.5	2	0.051
2009	8	SJMFZ01CTS_01	小叶章	30	64.6	2	0.099
2009	8	SJMFZ01CTS_01	小叶章	40	52.7	2	0.064
2009	8	SJMFZ01CTS_01	小叶章	50	50.4	2	0.034
2009	8	SJMFZ01CTS_01	小叶章	60	50.3	2	0.017
2009	8	SJMFZ01CTS_01	小叶章	70	50.9	2	0.017
2009	8	SJMFZ01CTS_01	小叶章	80	50.6	2	0.027
2009	8	SJMFZ01CTS_01	小叶章	90	50.0	2	0.032
2009	8	SJMFZ01CTS_01	小叶章	100	47.8	2	0.019
2009	8	SJMFZ01CTS_01	小叶章	110	47.9	2	0.017
2009	8	SJMFZ01CTS_01	小叶章	120	47.8	2	0.020
2009	8	SJMFZ01CTS_01	小叶章	130	46.9	2	0.020
2009	8	SJMFZ01CTS_01	小叶章	140	48.5	2	0.084
2009	8	SJMFZ01CTS_01	小叶章	150	46.7	2	0.019
2009	8	SJMFZ01CTS_01	小叶章	160	47.0	2	0.019
2009	8	SJMFZ01CTS_01	小叶章	170	47.0	2	0.020

（续）

年	月	样地代码	作物名称	观测层次/cm	体积含水量/%	重复数	标准差
2009	8	SJMFZ01CTS_01	小叶章	180	46.3	2	0.027
2009	9	SJMFZ01CTS_01	小叶章	10	47.7	2	0.038
2009	9	SJMFZ01CTS_01	小叶章	20	67.2	2	0.056
2009	9	SJMFZ01CTS_01	小叶章	30	65.5	2	0.094
2009	9	SJMFZ01CTS_01	小叶章	40	54.8	2	0.074
2009	9	SJMFZ01CTS_01	小叶章	50	51.0	2	0.031
2009	9	SJMFZ01CTS_01	小叶章	60	50.7	2	0.019
2009	9	SJMFZ01CTS_01	小叶章	70	51.0	2	0.012
2009	9	SJMFZ01CTS_01	小叶章	80	51.4	2	0.018
2009	9	SJMFZ01CTS_01	小叶章	90	50.6	2	0.022
2009	9	SJMFZ01CTS_01	小叶章	100	48.3	2	0.037
2009	9	SJMFZ01CTS_01	小叶章	110	48.6	2	0.027
2009	9	SJMFZ01CTS_01	小叶章	120	46.6	2	0.012
2009	9	SJMFZ01CTS_01	小叶章	130	45.8	2	0.013
2009	9	SJMFZ01CTS_01	小叶章	140	44.6	2	0.013
2009	9	SJMFZ01CTS_01	小叶章	150	46.4	2	0.033
2009	9	SJMFZ01CTS_01	小叶章	160	45.9	2	0.017
2009	9	SJMFZ01CTS_01	小叶章	170	46.3	2	0.022
2009	9	SJMFZ01CTS_01	小叶章	180	45.4	2	0.015
2009	10	SJMFZ01CTS_01	小叶章	10	51.9	2	0.027
2009	10	SJMFZ01CTS_01	小叶章	20	65.6	2	0.016
2009	10	SJMFZ01CTS_01	小叶章	30	66.8	2	0.124
2009	10	SJMFZ01CTS_01	小叶章	40	60.1	2	0.140
2009	10	SJMFZ01CTS_01	小叶章	50	54.3	2	0.059
2009	10	SJMFZ01CTS_01	小叶章	60	51.9	2	0.003
2009	10	SJMFZ01CTS_01	小叶章	70	51.7	2	0.005
2009	10	SJMFZ01CTS_01	小叶章	80	50.3	2	0.006
2009	10	SJMFZ01CTS_01	小叶章	90	50.8	2	0.014
2009	10	SJMFZ01CTS_01	小叶章	100	48.2	2	0.018
2009	10	SJMFZ01CTS_01	小叶章	110	47.8	2	0.004
2009	10	SJMFZ01CTS_01	小叶章	120	46.7	2	0.005
2009	10	SJMFZ01CTS_01	小叶章	130	45.2	2	0.003
2009	10	SJMFZ01CTS_01	小叶章	140	45.2	2	0.005
2009	10	SJMFZ01CTS_01	小叶章	150	45.5	2	0.011
2009	10	SJMFZ01CTS_01	小叶章	160	47.2	2	0.027
2009	10	SJMFZ01CTS_01	小叶章	170	46.3	2	0.019
2009	10	SJMFZ01CTS_01	小叶章	180	45.3	2	0.023
2008	7	SJMFZ01CTS_01	小叶章	10	26.9	2	0.020

（续）

年	月	样地代码	作物名称	观测层次/cm	体积含水量/%	重复数	标准差
2008	7	SJMFZ01CTS_01	小叶章	20	43.5	2	0.090
2008	7	SJMFZ01CTS_01	小叶章	30	48.8	2	0.066
2008	7	SJMFZ01CTS_01	小叶章	40	49.3	2	0.037
2008	7	SJMFZ01CTS_01	小叶章	50	51.3	2	0.025
2008	7	SJMFZ01CTS_01	小叶章	60	50.8	2	0.018
2008	7	SJMFZ01CTS_01	小叶章	70	52.3	2	0.020
2008	7	SJMFZ01CTS_01	小叶章	80	52.1	2	0.026
2008	7	SJMFZ01CTS_01	小叶章	90	50.2	2	0.020
2008	7	SJMFZ01CTS_01	小叶章	100	49.3	2	0.018
2008	7	SJMFZ01CTS_01	小叶章	110	48.9	2	0.018
2008	7	SJMFZ01CTS_01	小叶章	120	48.0	2	0.024
2008	7	SJMFZ01CTS_01	小叶章	130	46.7	2	0.020
2008	7	SJMFZ01CTS_01	小叶章	140	46.9	2	0.024
2008	7	SJMFZ01CTS_01	小叶章	150	46.3	2	0.015
2008	7	SJMFZ01CTS_01	小叶章	160	46.8	2	0.014
2008	7	SJMFZ01CTS_01	小叶章	170	47.0	2	0.028
2008	7	SJMFZ01CTS_01	小叶章	180	45.4	2	0.021
2008	8	SJMFZ01CTS_01	小叶章	10	24.7	2	0.043
2008	8	SJMFZ01CTS_01	小叶章	20	49.0	2	0.088
2008	8	SJMFZ01CTS_01	小叶章	30	52.1	2	0.035
2008	8	SJMFZ01CTS_01	小叶章	40	50.2	2	0.049
2008	8	SJMFZ01CTS_01	小叶章	50	49.6	2	0.025
2008	8	SJMFZ01CTS_01	小叶章	60	50.5	2	0.011
2008	8	SJMFZ01CTS_01	小叶章	70	50.9	2	0.010
2008	8	SJMFZ01CTS_01	小叶章	80	50.6	2	0.015
2008	8	SJMFZ01CTS_01	小叶章	90	49.2	2	0.014
2008	8	SJMFZ01CTS_01	小叶章	100	48.2	2	0.011
2008	8	SJMFZ01CTS_01	小叶章	110	47.5	2	0.009
2008	8	SJMFZ01CTS_01	小叶章	120	46.8	2	0.011
2008	8	SJMFZ01CTS_01	小叶章	130	46.0	2	0.005
2008	8	SJMFZ01CTS_01	小叶章	140	44.6	2	0.010
2008	8	SJMFZ01CTS_01	小叶章	150	45.1	2	0.008
2008	8	SJMFZ01CTS_01	小叶章	160	46.4	2	0.007
2008	8	SJMFZ01CTS_01	小叶章	170	46.9	2	0.015
2008	8	SJMFZ01CTS_01	小叶章	180	44.9	2	0.017
2008	9	SJMFZ01CTS_01	小叶章	10	24.0	2	0.023
2008	9	SJMFZ01CTS_01	小叶章	20	51.5	2	0.026
2008	9	SJMFZ01CTS_01	小叶章	30	51.9	2	0.030

（续）

年	月	样地代码	作物名称	观测层次/cm	体积含水量/%	重复数	标准差
2008	9	SJMFZ01CTS_01	小叶章	40	45.9	2	0.035
2008	9	SJMFZ01CTS_01	小叶章	50	46.4	2	0.026
2008	9	SJMFZ01CTS_01	小叶章	60	49.6	2	0.010
2008	9	SJMFZ01CTS_01	小叶章	70	50.2	2	0.010
2008	9	SJMFZ01CTS_01	小叶章	80	49.3	2	0.010
2008	9	SJMFZ01CTS_01	小叶章	90	48.5	2	0.008
2008	9	SJMFZ01CTS_01	小叶章	100	47.8	2	0.006
2008	9	SJMFZ01CTS_01	小叶章	110	48.1	2	0.004
2008	9	SJMFZ01CTS_01	小叶章	120	48.8	2	0.027
2008	9	SJMFZ01CTS_01	小叶章	130	46.1	2	0.006
2008	9	SJMFZ01CTS_01	小叶章	140	45.3	2	0.034
2008	9	SJMFZ01CTS_01	小叶章	150	45.4	2	0.004
2008	9	SJMFZ01CTS_01	小叶章	160	46.6	2	0.007
2008	9	SJMFZ01CTS_01	小叶章	170	47.2	2	0.010
2008	9	SJMFZ01CTS_01	小叶章	180	46.1	2	0.014
2008	10	SJMFZ01CTS_01	小叶章	10	23.1	2	0.032
2008	10	SJMFZ01CTS_01	小叶章	20	48.5	2	0.037
2008	10	SJMFZ01CTS_01	小叶章	30	53.0	2	0.029
2008	10	SJMFZ01CTS_01	小叶章	40	47.9	2	0.044
2008	10	SJMFZ01CTS_01	小叶章	50	47.3	2	0.032
2008	10	SJMFZ01CTS_01	小叶章	60	48.9	2	0.012
2008	10	SJMFZ01CTS_01	小叶章	70	51.0	2	0.019
2008	10	SJMFZ01CTS_01	小叶章	80	49.7	2	0.016
2008	10	SJMFZ01CTS_01	小叶章	90	48.9	2	0.006
2008	10	SJMFZ01CTS_01	小叶章	100	48.5	2	0.011
2008	10	SJMFZ01CTS_01	小叶章	110	47.2	2	0.007
2008	10	SJMFZ01CTS_01	小叶章	120	46.7	2	0.011
2008	10	SJMFZ01CTS_01	小叶章	130	46.0	2	0.004
2008	10	SJMFZ01CTS_01	小叶章	140	44.8	2	0.017
2008	10	SJMFZ01CTS_01	小叶章	150	45.2	2	0.006
2008	10	SJMFZ01CTS_01	小叶章	160	46.9	2	0.006
2008	10	SJMFZ01CTS_01	小叶章	170	46.9	2	0.011
2008	10	SJMFZ01CTS_01	小叶章	180	46.9	2	0.007
2007	5	SJMFZ01CTS_01	小叶章	10	47.6	3	0.036
2007	5	SJMFZ01CTS_01	小叶章	20	54.8	3	0.028
2007	5	SJMFZ01CTS_01	小叶章	30	54.5	3	0.017
2007	5	SJMFZ01CTS_01	小叶章	40	50.5	3	0.027
2007	5	SJMFZ01CTS_01	小叶章	50	52.0	3	0.021

（续）

年	月	样地代码	作物名称	观测层次/cm	体积含水量/%	重复数	标准差
2007	5	SJMFZ01CTS_01	小叶章	60	52.0	3	0.016
2007	5	SJMFZ01CTS_01	小叶章	70	52.8	3	0.024
2007	5	SJMFZ01CTS_01	小叶章	80	50.8	3	0.016
2007	5	SJMFZ01CTS_01	小叶章	90	51.3	3	0.017
2007	5	SJMFZ01CTS_01	小叶章	100	51.3	3	0.031
2007	5	SJMFZ01CTS_01	小叶章	110	52.9	3	0.013
2007	5	SJMFZ01CTS_01	小叶章	120	52.6	3	0.009
2007	5	SJMFZ01CTS_01	小叶章	130	52.0	3	0.006
2007	5	SJMFZ01CTS_01	小叶章	140	49.7	3	0.008
2007	5	SJMFZ01CTS_01	小叶章	150	48.1	3	0.010
2007	5	SJMFZ01CTS_01	小叶章	160	50.7	3	0.022
2007	5	SJMFZ01CTS_01	小叶章	170	51.1	3	0.009
2007	5	SJMFZ01CTS_01	小叶章	180	50.5	3	0.003
2007	6	SJMFZ01CTS_01	小叶章	10	41.7	3	0.067
2007	6	SJMFZ01CTS_01	小叶章	20	54.1	3	0.089
2007	6	SJMFZ01CTS_01	小叶章	30	60.3	3	0.042
2007	6	SJMFZ01CTS_01	小叶章	40	59.4	3	0.029
2007	6	SJMFZ01CTS_01	小叶章	50	57.9	3	0.038
2007	6	SJMFZ01CTS_01	小叶章	60	53.1	3	0.028
2007	6	SJMFZ01CTS_01	小叶章	70	50.1	3	0.012
2007	6	SJMFZ01CTS_01	小叶章	80	51.3	3	0.031
2007	6	SJMFZ01CTS_01	小叶章	90	52.9	3	0.024
2007	6	SJMFZ01CTS_01	小叶章	100	52.1	3	0.026
2007	6	SJMFZ01CTS_01	小叶章	110	51.2	3	0.011
2007	6	SJMFZ01CTS_01	小叶章	120	50.4	3	0.025
2007	6	SJMFZ01CTS_01	小叶章	130	49.4	3	0.008
2007	6	SJMFZ01CTS_01	小叶章	140	49.0	3	0.013
2007	6	SJMFZ01CTS_01	小叶章	150	48.4	3	0.010
2007	6	SJMFZ01CTS_01	小叶章	160	50.1	3	0.024
2007	6	SJMFZ01CTS_01	小叶章	170	50.3	3	0.026
2007	6	SJMFZ01CTS_01	小叶章	180	49.0	3	0.026
2007	7	SJMFZ01CTS_01	小叶章	10	31.1	3	0.035
2007	7	SJMFZ01CTS_01	小叶章	20	37.1	3	0.046
2007	7	SJMFZ01CTS_01	小叶章	30	46.6	3	0.060
2007	7	SJMFZ01CTS_01	小叶章	40	49.2	3	0.039
2007	7	SJMFZ01CTS_01	小叶章	50	50.2	3	0.027
2007	7	SJMFZ01CTS_01	小叶章	60	50.3	3	0.026
2007	7	SJMFZ01CTS_01	小叶章	70	48.9	3	0.024

（续）

年	月	样地代码	作物名称	观测层次/cm	体积含水量/%	重复数	标准差
2007	7	SJMFZ01CTS_01	小叶章	80	49.4	3	0.025
2007	7	SJMFZ01CTS_01	小叶章	90	49.3	3	0.023
2007	7	SJMFZ01CTS_01	小叶章	100	48.4	3	0.023
2007	7	SJMFZ01CTS_01	小叶章	110	47.6	3	0.016
2007	7	SJMFZ01CTS_01	小叶章	120	46.9	3	0.017
2007	7	SJMFZ01CTS_01	小叶章	130	47.5	3	0.013
2007	7	SJMFZ01CTS_01	小叶章	140	47.2	3	0.015
2007	7	SJMFZ01CTS_01	小叶章	150	47.9	3	0.020
2007	7	SJMFZ01CTS_01	小叶章	160	47.9	3	0.020
2007	7	SJMFZ01CTS_01	小叶章	170	48.1	3	0.019
2007	7	SJMFZ01CTS_01	小叶章	180	48.9	3	0.032
2007	8	SJMFZ01CTS_01	小叶章	10	41.0	3	0.039
2007	8	SJMFZ01CTS_01	小叶章	20	56.6	3	0.092
2007	8	SJMFZ01CTS_01	小叶章	30	56.3	3	0.067
2007	8	SJMFZ01CTS_01	小叶章	40	58.9	3	0.066
2007	8	SJMFZ01CTS_01	小叶章	50	55.2	3	0.040
2007	8	SJMFZ01CTS_01	小叶章	60	52.2	3	0.021
2007	8	SJMFZ01CTS_01	小叶章	70	51.0	3	0.013
2007	8	SJMFZ01CTS_01	小叶章	80	51.8	3	0.016
2007	8	SJMFZ01CTS_01	小叶章	90	51.0	3	0.017
2007	8	SJMFZ01CTS_01	小叶章	100	51.0	3	0.010
2007	8	SJMFZ01CTS_01	小叶章	110	50.7	3	0.015
2007	8	SJMFZ01CTS_01	小叶章	120	48.8	3	0.007
2007	8	SJMFZ01CTS_01	小叶章	130	50.7	3	0.024
2007	8	SJMFZ01CTS_01	小叶章	140	50.2	3	0.019
2007	8	SJMFZ01CTS_01	小叶章	150	49.3	3	0.016
2007	8	SJMFZ01CTS_01	小叶章	160	50.3	3	0.025
2007	8	SJMFZ01CTS_01	小叶章	170	49.4	3	0.016
2007	8	SJMFZ01CTS_01	小叶章	180	49.4	3	0.008
2007	9	SJMFZ01CTS_01	小叶章	10	35.7	3	0.054
2007	9	SJMFZ01CTS_01	小叶章	20	45.4	3	0.038
2007	9	SJMFZ01CTS_01	小叶章	30	50.7	3	0.034
2007	9	SJMFZ01CTS_01	小叶章	40	51.3	3	0.029
2007	9	SJMFZ01CTS_01	小叶章	50	52.8	3	0.014
2007	9	SJMFZ01CTS_01	小叶章	60	50.7	3	0.010
2007	9	SJMFZ01CTS_01	小叶章	70	49.5	3	0.017
2007	9	SJMFZ01CTS_01	小叶章	80	50.0	3	0.013
2007	9	SJMFZ01CTS_01	小叶章	90	48.8	3	0.012

（续）

年	月	样地代码	作物名称	观测层次/cm	体积含水量/%	重复数	标准差
2007	9	SJMFZ01CTS_01	小叶章	100	49.1	3	0.012
2007	9	SJMFZ01CTS_01	小叶章	110	48.5	3	0.011
2007	9	SJMFZ01CTS_01	小叶章	120	48.2	3	0.006
2007	9	SJMFZ01CTS_01	小叶章	130	48.6	3	0.008
2007	9	SJMFZ01CTS_01	小叶章	140	48.0	3	0.011
2007	9	SJMFZ01CTS_01	小叶章	150	48.9	3	0.007
2007	9	SJMFZ01CTS_01	小叶章	160	49.1	3	0.013
2007	9	SJMFZ01CTS_01	小叶章	170	48.6	3	0.008
2007	9	SJMFZ01CTS_01	小叶章	180	48.6	3	0.011
2007	10	SJMFZ01CTS_01	小叶章	10	33.0	3	0.026
2007	10	SJMFZ01CTS_01	小叶章	20	40.1	3	0.054
2007	10	SJMFZ01CTS_01	小叶章	30	49.7	3	0.009
2007	10	SJMFZ01CTS_01	小叶章	40	51.8	3	0.019
2007	10	SJMFZ01CTS_01	小叶章	50	53.3	3	0.013
2007	10	SJMFZ01CTS_01	小叶章	60	52.7	3	0.010
2007	10	SJMFZ01CTS_01	小叶章	70	49.1	3	0.017
2007	10	SJMFZ01CTS_01	小叶章	80	48.0	3	0.008
2007	10	SJMFZ01CTS_01	小叶章	90	48.3	3	0.006
2007	10	SJMFZ01CTS_01	小叶章	100	48.3	3	0.007
2007	10	SJMFZ01CTS_01	小叶章	110	48.4	3	0.015
2007	10	SJMFZ01CTS_01	小叶章	120	48.8	3	0.015
2007	10	SJMFZ01CTS_01	小叶章	130	48.2	3	0.008
2007	10	SJMFZ01CTS_01	小叶章	140	47.0	3	0.006
2007	10	SJMFZ01CTS_01	小叶章	150	47.6	3	0.005
2007	10	SJMFZ01CTS_01	小叶章	160	48.1	3	0.008
2007	10	SJMFZ01CTS_01	小叶章	170	48.3	3	0.003
2007	10	SJMFZ01CTS_01	小叶章	180	48.8	3	0.002
2006	5	SJMFZ01CTS_01	小叶章	10	48.0	3	0.417
2006	5	SJMFZ01CTS_01	小叶章	20	67.6	3	0.301
2006	5	SJMFZ01CTS_01	小叶章	30	73.1	3	0.150
2006	5	SJMFZ01CTS_01	小叶章	40	68.5	3	0.131
2006	5	SJMFZ01CTS_01	小叶章	50	63.3	3	0.065
2006	5	SJMFZ01CTS_01	小叶章	60	58.8	3	0.030
2006	5	SJMFZ01CTS_01	小叶章	70	58.7	3	0.027
2006	5	SJMFZ01CTS_01	小叶章	80	56.8	3	0.027
2006	5	SJMFZ01CTS_01	小叶章	90	56.5	3	0.025
2006	5	SJMFZ01CTS_01	小叶章	100	56.7	3	0.018
2006	5	SJMFZ01CTS_01	小叶章	110	56.1	3	0.018

（续）

年	月	样地代码	作物名称	观测层次/cm	体积含水量/%	重复数	标准差
2006	5	SJMFZ01CTS＿01	小叶章	120	55.5	3	0.015
2006	5	SJMFZ01CTS＿01	小叶章	130	54.8	3	0.016
2006	5	SJMFZ01CTS＿01	小叶章	140	54.8	3	0.012
2006	5	SJMFZ01CTS＿01	小叶章	150	55.1	3	0.010
2006	5	SJMFZ01CTS＿01	小叶章	160	54.8	3	0.015
2006	5	SJMFZ01CTS＿01	小叶章	170	56.1	3	0.013
2006	5	SJMFZ01CTS＿01	小叶章	180	56.3	3	0.010
2006	6	SJMFZ01CTS＿01	小叶章	10	87.2	3	0.023
2006	6	SJMFZ01CTS＿01	小叶章	20	88.3	3	0.015
2006	6	SJMFZ01CTS＿01	小叶章	30	80.5	3	0.076
2006	6	SJMFZ01CTS＿01	小叶章	40	81.1	3	0.128
2006	6	SJMFZ01CTS＿01	小叶章	50	72.4	3	0.112
2006	6	SJMFZ01CTS＿01	小叶章	60	67.8	3	0.107
2006	6	SJMFZ01CTS＿01	小叶章	70	61.8	3	0.042
2006	6	SJMFZ01CTS＿01	小叶章	80	58.3	3	0.019
2006	6	SJMFZ01CTS＿01	小叶章	90	57.4	3	0.023
2006	6	SJMFZ01CTS＿01	小叶章	100	56.6	3	0.012
2006	6	SJMFZ01CTS＿01	小叶章	110	55.4	3	0.011
2006	6	SJMFZ01CTS＿01	小叶章	120	53.6	3	0.004
2006	6	SJMFZ01CTS＿01	小叶章	130	53.9	3	0.014
2006	6	SJMFZ01CTS＿01	小叶章	140	53.4	3	0.004
2006	6	SJMFZ01CTS＿01	小叶章	150	54.6	3	0.002
2006	6	SJMFZ01CTS＿01	小叶章	160	52.3	3	0.007
2006	6	SJMFZ01CTS＿01	小叶章	170	52.2	3	0.001
2006	6	SJMFZ01CTS＿01	小叶章	180	53.1	3	0.004
2006	7	SJMFZ01CTS＿01	小叶章	10	33.6	3	0.206
2006	7	SJMFZ01CTS＿01	小叶章	20	64.0	3	0.169
2006	7	SJMFZ01CTS＿01	小叶章	30	71.8	3	0.185
2006	7	SJMFZ01CTS＿01	小叶章	40	70.1	3	0.102
2006	7	SJMFZ01CTS＿01	小叶章	50	63.0	3	0.044
2006	7	SJMFZ01CTS＿01	小叶章	60	59.9	3	0.029
2006	7	SJMFZ01CTS＿01	小叶章	70	60.7	3	0.029
2006	7	SJMFZ01CTS＿01	小叶章	80	59.6	3	0.033
2006	7	SJMFZ01CTS＿01	小叶章	90	58.8	3	0.034
2006	7	SJMFZ01CTS＿01	小叶章	100	56.9	3	0.017
2006	7	SJMFZ01CTS＿01	小叶章	110	56.7	3	0.012
2006	7	SJMFZ01CTS＿01	小叶章	120	56.6	3	0.012
2006	7	SJMFZ01CTS＿01	小叶章	130	55.0	3	0.014

（续）

年	月	样地代码	作物名称	观测层次/cm	体积含水量/%	重复数	标准差
2006	7	SJMFZ01CTS_01	小叶章	140	54.9	3	0.010
2006	7	SJMFZ01CTS_01	小叶章	150	57.4	3	0.039
2006	7	SJMFZ01CTS_01	小叶章	160	55.5	3	0.017
2006	7	SJMFZ01CTS_01	小叶章	170	55.6	3	0.010
2006	7	SJMFZ01CTS_01	小叶章	180	54.7	3	0.014
2006	8	SJMFZ01CTS_01	小叶章	10	41.1	3	0.234
2006	8	SJMFZ01CTS_01	小叶章	20	54.9	3	0.200
2006	8	SJMFZ01CTS_01	小叶章	30	61.4	3	0.250
2006	8	SJMFZ01CTS_01	小叶章	40	60.0	3	0.247
2006	8	SJMFZ01CTS_01	小叶章	50	60.7	3	0.168
2006	8	SJMFZ01CTS_01	小叶章	60	59.7	3	0.145
2006	8	SJMFZ01CTS_01	小叶章	70	60.5	3	0.104
2006	8	SJMFZ01CTS_01	小叶章	80	61.1	3	0.064
2006	8	SJMFZ01CTS_01	小叶章	90	60.5	3	0.037
2006	8	SJMFZ01CTS_01	小叶章	100	59.9	3	0.054
2006	8	SJMFZ01CTS_01	小叶章	110	59.6	3	0.068
2006	8	SJMFZ01CTS_01	小叶章	120	60.2	3	0.108
2006	8	SJMFZ01CTS_01	小叶章	130	60.6	3	0.123
2006	8	SJMFZ01CTS_01	小叶章	140	58.9	3	0.092
2006	8	SJMFZ01CTS_01	小叶章	150	57.6	3	0.054
2006	8	SJMFZ01CTS_01	小叶章	160	56.6	3	0.016
2006	8	SJMFZ01CTS_01	小叶章	170	55.9	3	0.012
2006	8	SJMFZ01CTS_01	小叶章	180	55.6	3	0.017
2006	9	SJMFZ01CTS_01	小叶章	10	62.4	3	0.304
2006	9	SJMFZ01CTS_01	小叶章	20	73.1	3	0.119
2006	9	SJMFZ01CTS_01	小叶章	30	78.3	3	0.121
2006	9	SJMFZ01CTS_01	小叶章	40	74.2	3	0.112
2006	9	SJMFZ01CTS_01	小叶章	50	69.9	3	0.074
2006	9	SJMFZ01CTS_01	小叶章	60	66.7	3	0.053
2006	9	SJMFZ01CTS_01	小叶章	70	65.5	3	0.071
2006	9	SJMFZ01CTS_01	小叶章	80	62.9	3	0.028
2006	9	SJMFZ01CTS_01	小叶章	90	62.2	3	0.015
2006	9	SJMFZ01CTS_01	小叶章	100	61.5	3	0.022
2006	9	SJMFZ01CTS_01	小叶章	110	57.9	3	0.011
2006	9	SJMFZ01CTS_01	小叶章	120	58.9	3	0.026
2006	9	SJMFZ01CTS_01	小叶章	130	59.3	3	0.026
2006	9	SJMFZ01CTS_01	小叶章	140	58.8	3	0.034
2006	9	SJMFZ01CTS_01	小叶章	150	59.2	3	0.036

（续）

年	月	样地代码	作物名称	观测层次/cm	体积含水量/%	重复数	标准差
2006	9	SJMFZ01CTS_01	小叶章	160	58.7	3	0.038
2006	9	SJMFZ01CTS_01	小叶章	170	58.3	3	0.028
2006	9	SJMFZ01CTS_01	小叶章	180	57.6	3	0.037
2006	10	SJMFZ01CTS_01	小叶章	10	16.9	3	0.151
2006	10	SJMFZ01CTS_01	小叶章	20	34.9	3	0.298
2006	10	SJMFZ01CTS_01	小叶章	30	47.7	3	0.294
2006	10	SJMFZ01CTS_01	小叶章	40	68.5	3	0.182
2006	10	SJMFZ01CTS_01	小叶章	50	66.8	3	0.112
2006	10	SJMFZ01CTS_01	小叶章	60	62.0	3	0.086
2006	10	SJMFZ01CTS_01	小叶章	70	65.2	3	0.112
2006	10	SJMFZ01CTS_01	小叶章	80	62.1	3	0.051
2006	10	SJMFZ01CTS_01	小叶章	90	57.3	3	0.128
2006	10	SJMFZ01CTS_01	小叶章	100	59.5	3	0.036
2006	10	SJMFZ01CTS_01	小叶章	110	58.0	3	0.022
2006	10	SJMFZ01CTS_01	小叶章	120	57.2	3	0.021
2006	10	SJMFZ01CTS_01	小叶章	130	57.4	3	0.029
2006	10	SJMFZ01CTS_01	小叶章	140	56.0	3	0.029
2006	10	SJMFZ01CTS_01	小叶章	150	55.2	3	0.030
2006	10	SJMFZ01CTS_01	小叶章	160	55.0	3	0.026
2006	10	SJMFZ01CTS_01	小叶章	170	53.0	3	0.075
2006	10	SJMFZ01CTS_01	小叶章	180	53.9	3	0.077
2005	5	SJMFZ01CTS_01	小叶章	10	34.7	3	0.014
2005	5	SJMFZ01CTS_01	小叶章	20	73.4	3	0.121
2005	5	SJMFZ01CTS_01	小叶章	30	64.7	3	0.121
2005	5	SJMFZ01CTS_01	小叶章	40	57.3	3	0.075
2005	5	SJMFZ01CTS_01	小叶章	50	54.3	3	0.021
2005	5	SJMFZ01CTS_01	小叶章	60	53.5	3	0.014
2005	5	SJMFZ01CTS_01	小叶章	70	53.7	3	0.021
2005	5	SJMFZ01CTS_01	小叶章	80	52.4	3	0.022
2005	5	SJMFZ01CTS_01	小叶章	90	51.1	3	0.025
2005	5	SJMFZ01CTS_01	小叶章	100	50.6	3	0.018
2005	5	SJMFZ01CTS_01	小叶章	110	49.6	3	0.009
2005	5	SJMFZ01CTS_01	小叶章	120	49.2	3	0.018
2005	5	SJMFZ01CTS_01	小叶章	130	47.7	3	0.012
2005	5	SJMFZ01CTS_01	小叶章	140	48.3	3	0.010
2005	5	SJMFZ01CTS_01	小叶章	150	45.9	3	0.030
2005	5	SJMFZ01CTS_01	小叶章	160	49.5	3	0.010
2005	5	SJMFZ01CTS_01	小叶章	170	49.8	3	0.011

（续）

年	月	样地代码	作物名称	观测层次/cm	体积含水量/%	重复数	标准差
2005	5	SJMFZ01CTS_01	小叶章	180	49.5	3	0.009
2005	6	SJMFZ01CTS_01	小叶章	10	34.5	3	0.013
2005	6	SJMFZ01CTS_01	小叶章	20	68.9	3	0.116
2005	6	SJMFZ01CTS_01	小叶章	30	64.2	3	0.127
2005	6	SJMFZ01CTS_01	小叶章	40	57.0	3	0.077
2005	6	SJMFZ01CTS_01	小叶章	50	53.4	3	0.021
2005	6	SJMFZ01CTS_01	小叶章	60	52.9	3	0.012
2005	6	SJMFZ01CTS_01	小叶章	70	53.9	3	0.025
2005	6	SJMFZ01CTS_01	小叶章	80	52.9	3	0.028
2005	6	SJMFZ01CTS_01	小叶章	90	50.8	3	0.032
2005	6	SJMFZ01CTS_01	小叶章	100	49.9	3	0.026
2005	6	SJMFZ01CTS_01	小叶章	110	50.0	3	0.020
2005	6	SJMFZ01CTS_01	小叶章	120	48.4	3	0.028
2005	6	SJMFZ01CTS_01	小叶章	130	48.6	3	0.028
2005	6	SJMFZ01CTS_01	小叶章	140	48.0	3	0.022
2005	6	SJMFZ01CTS_01	小叶章	150	48.4	3	0.018
2005	6	SJMFZ01CTS_01	小叶章	160	48.8	3	0.013
2005	6	SJMFZ01CTS_01	小叶章	170	49.2	3	0.010
2005	6	SJMFZ01CTS_01	小叶章	180	49.2	3	0.017
2005	7	SJMFZ01CTS_01	小叶章	10	34.5	3	0.015
2005	7	SJMFZ01CTS_01	小叶章	20	49.6	3	0.153
2005	7	SJMFZ01CTS_01	小叶章	30	61.5	3	0.112
2005	7	SJMFZ01CTS_01	小叶章	40	58.8	3	0.101
2005	7	SJMFZ01CTS_01	小叶章	50	58.6	3	0.107
2005	7	SJMFZ01CTS_01	小叶章	60	59.3	3	0.096
2005	7	SJMFZ01CTS_01	小叶章	70	60.1	3	0.099
2005	7	SJMFZ01CTS_01	小叶章	80	59.9	3	0.079
2005	7	SJMFZ01CTS_01	小叶章	90	59.0	3	0.080
2005	7	SJMFZ01CTS_01	小叶章	100	58.7	3	0.081
2005	7	SJMFZ01CTS_01	小叶章	110	57.1	3	0.082
2005	7	SJMFZ01CTS_01	小叶章	120	56.5	3	0.087
2005	7	SJMFZ01CTS_01	小叶章	130	54.1	3	0.080
2005	7	SJMFZ01CTS_01	小叶章	140	53.8	3	0.085
2005	7	SJMFZ01CTS_01	小叶章	150	54.5	3	0.086
2005	7	SJMFZ01CTS_01	小叶章	160	54.5	3	0.072
2005	7	SJMFZ01CTS_01	小叶章	170	55.0	3	0.089
2005	7	SJMFZ01CTS_01	小叶章	180	58.2	3	0.073
2005	8	SJMFZ01CTS_01	小叶章	10	46.6	3	0.016

（续）

年	月	样地代码	作物名称	观测层次/cm	体积含水量/%	重复数	标准差
2005	8	SJMFZ01CTS_01	小叶章	20	58.9	3	0.155
2005	8	SJMFZ01CTS_01	小叶章	30	58.7	3	0.099
2005	8	SJMFZ01CTS_01	小叶章	40	57.0	3	0.069
2005	8	SJMFZ01CTS_01	小叶章	50	56.2	3	0.054
2005	8	SJMFZ01CTS_01	小叶章	60	56.7	3	0.059
2005	8	SJMFZ01CTS_01	小叶章	70	56.3	3	0.064
2005	8	SJMFZ01CTS_01	小叶章	80	57.0	3	0.056
2005	8	SJMFZ01CTS_01	小叶章	90	55.1	3	0.053
2005	8	SJMFZ01CTS_01	小叶章	100	54.4	3	0.060
2005	8	SJMFZ01CTS_01	小叶章	110	53.7	3	0.058
2005	8	SJMFZ01CTS_01	小叶章	120	52.7	3	0.057
2005	8	SJMFZ01CTS_01	小叶章	130	53.1	3	0.050
2005	8	SJMFZ01CTS_01	小叶章	140	51.3	3	0.051
2005	8	SJMFZ01CTS_01	小叶章	150	52.1	3	0.063
2005	8	SJMFZ01CTS_01	小叶章	160	52.4	3	0.055
2005	8	SJMFZ01CTS_01	小叶章	170	53.5	3	0.059
2005	8	SJMFZ01CTS_01	小叶章	180	52.4	3	0.048
2005	9	SJMFZ01CTS_01	小叶章	10	26.3	3	0.016
2005	9	SJMFZ01CTS_01	小叶章	20	51.5	3	0.028
2005	9	SJMFZ01CTS_01	小叶章	30	52.7	3	0.020
2005	9	SJMFZ01CTS_01	小叶章	40	53.2	3	0.044
2005	9	SJMFZ01CTS_01	小叶章	50	52.8	3	0.022
2005	9	SJMFZ01CTS_01	小叶章	60	52.9	3	0.012
2005	9	SJMFZ01CTS_01	小叶章	70	54.3	3	0.020
2005	9	SJMFZ01CTS_01	小叶章	80	56.1	3	0.026
2005	9	SJMFZ01CTS_01	小叶章	90	54.4	3	0.033
2005	9	SJMFZ01CTS_01	小叶章	100	53.2	3	0.026
2005	9	SJMFZ01CTS_01	小叶章	110	52.8	3	0.019
2005	9	SJMFZ01CTS_01	小叶章	120	51.5	3	0.025
2005	9	SJMFZ01CTS_01	小叶章	130	50.5	3	0.021
2005	9	SJMFZ01CTS_01	小叶章	140	49.8	3	0.019
2005	9	SJMFZ01CTS_01	小叶章	150	48.8	3	0.016
2005	9	SJMFZ01CTS_01	小叶章	160	48.7	3	0.014
2005	9	SJMFZ01CTS_01	小叶章	170	50.5	3	0.033
2005	9	SJMFZ01CTS_01	小叶章	180	48.9	3	0.015
2005	10	SJMFZ01CTS_01	小叶章	10	12.7	3	0.017
2005	10	SJMFZ01CTS_01	小叶章	20	22.8	3	0.082
2005	10	SJMFZ01CTS_01	小叶章	30	47.1	3	0.045

（续）

年	月	样地代码	作物名称	观测层次/cm	体积含水量/%	重复数	标准差
2005	10	SJMFZ01CTS_01	小叶章	40	50.6	3	0.037
2005	10	SJMFZ01CTS_01	小叶章	50	52.1	3	0.017
2005	10	SJMFZ01CTS_01	小叶章	60	52.5	3	0.018
2005	10	SJMFZ01CTS_01	小叶章	70	53.1	3	0.013
2005	10	SJMFZ01CTS_01	小叶章	80	53.1	3	0.020
2005	10	SJMFZ01CTS_01	小叶章	90	52.3	3	0.021
2005	10	SJMFZ01CTS_01	小叶章	100	51.8	3	0.025
2005	10	SJMFZ01CTS_01	小叶章	110	49.8	3	0.034
2005	10	SJMFZ01CTS_01	小叶章	120	49.5	3	0.029
2005	10	SJMFZ01CTS_01	小叶章	130	48.7	3	0.027
2005	10	SJMFZ01CTS_01	小叶章	140	48.5	3	0.024
2005	10	SJMFZ01CTS_01	小叶章	150	48.0	3	0.018
2005	10	SJMFZ01CTS_01	小叶章	160	47.5	3	0.019
2005	10	SJMFZ01CTS_01	小叶章	170	46.8	3	0.013
2005	10	SJMFZ01CTS_01	小叶章	180	46.6	3	0.015
2004	5	SJMFZ01CTS_01	小叶章	10	82.9	3	0.103
2004	5	SJMFZ01CTS_01	小叶章	20	80.4	3	0.102
2004	5	SJMFZ01CTS_01	小叶章	30	72.9	3	0.127
2004	5	SJMFZ01CTS_01	小叶章	40	61.3	3	0.100
2004	5	SJMFZ01CTS_01	小叶章	50	58.9	3	0.064
2004	5	SJMFZ01CTS_01	小叶章	60	59.4	3	0.053
2004	5	SJMFZ01CTS_01	小叶章	70	58.1	3	0.038
2004	5	SJMFZ01CTS_01	小叶章	80	56.5	3	0.035
2004	5	SJMFZ01CTS_01	小叶章	90	53.2	3	0.021
2004	5	SJMFZ01CTS_01	小叶章	100	51.2	3	0.016
2004	5	SJMFZ01CTS_01	小叶章	110	50.1	3	0.014
2004	5	SJMFZ01CTS_01	小叶章	120	49.5	3	0.020
2004	5	SJMFZ01CTS_01	小叶章	130	49.2	3	0.012
2004	5	SJMFZ01CTS_01	小叶章	140	49.0	3	0.015
2004	5	SJMFZ01CTS_01	小叶章	150	49.5	3	0.009
2004	5	SJMFZ01CTS_01	小叶章	160	49.8	3	0.015
2004	5	SJMFZ01CTS_01	小叶章	170	50.1	3	0.012
2004	5	SJMFZ01CTS_01	小叶章	180	49.8	3	0.018
2004	6	SJMFZ01CTS_01	小叶章	10	64.8	3	0.222
2004	6	SJMFZ01CTS_01	小叶章	20	65.4	3	0.103
2004	6	SJMFZ01CTS_01	小叶章	30	59.1	3	0.076
2004	6	SJMFZ01CTS_01	小叶章	40	56.7	3	0.024
2004	6	SJMFZ01CTS_01	小叶章	50	57.1	3	0.021

（续）

年	月	样地代码	作物名称	观测层次/cm	体积含水量/%	重复数	标准差
2004	6	SJMFZ01CTS_01	小叶章	60	56.0	3	0.027
2004	6	SJMFZ01CTS_01	小叶章	70	54.1	3	0.027
2004	6	SJMFZ01CTS_01	小叶章	80	53.0	3	0.020
2004	6	SJMFZ01CTS_01	小叶章	90	50.4	3	0.014
2004	6	SJMFZ01CTS_01	小叶章	100	49.8	3	0.008
2004	6	SJMFZ01CTS_01	小叶章	110	49.2	3	0.010
2004	6	SJMFZ01CTS_01	小叶章	120	48.2	3	0.016
2004	6	SJMFZ01CTS_01	小叶章	130	48.0	3	0.013
2004	6	SJMFZ01CTS_01	小叶章	140	48.5	3	0.008
2004	6	SJMFZ01CTS_01	小叶章	150	48.7	3	0.010
2004	6	SJMFZ01CTS_01	小叶章	160	49.6	3	0.013
2004	6	SJMFZ01CTS_01	小叶章	170	49.1	3	0.012
2004	6	SJMFZ01CTS_01	小叶章	180	50.0	3	0.003
2004	7	SJMFZ01CTS_01	小叶章	10	44.8	3	0.027
2004	7	SJMFZ01CTS_01	小叶章	20	54.5	3	0.093
2004	7	SJMFZ01CTS_01	小叶章	30	61.7	3	0.096
2004	7	SJMFZ01CTS_01	小叶章	40	57.7	3	0.072
2004	7	SJMFZ01CTS_01	小叶章	50	55.1	3	0.037
2004	7	SJMFZ01CTS_01	小叶章	60	54.9	3	0.024
2004	7	SJMFZ01CTS_01	小叶章	70	53.6	3	0.023
2004	7	SJMFZ01CTS_01	小叶章	80	52.6	3	0.029
2004	7	SJMFZ01CTS_01	小叶章	90	51.0	3	0.030
2004	7	SJMFZ01CTS_01	小叶章	100	49.6	3	0.017
2004	7	SJMFZ01CTS_01	小叶章	110	48.9	3	0.017
2004	7	SJMFZ01CTS_01	小叶章	120	49.0	3	0.014
2004	7	SJMFZ01CTS_01	小叶章	130	48.6	3	0.011
2004	7	SJMFZ01CTS_01	小叶章	140	48.1	3	0.015
2004	7	SJMFZ01CTS_01	小叶章	150	48.1	3	0.016
2004	7	SJMFZ01CTS_01	小叶章	160	48.1	3	0.006
2004	7	SJMFZ01CTS_01	小叶章	170	48.2	3	0.008
2004	7	SJMFZ01CTS_01	小叶章	180	48.5	3	0.011
2004	8	SJMFZ01CTS_01	小叶章	10	52.3	3	0.023
2004	8	SJMFZ01CTS_01	小叶章	20	56.0	3	0.065
2004	8	SJMFZ01CTS_01	小叶章	30	67.7	3	0.068
2004	8	SJMFZ01CTS_01	小叶章	40	64.3	3	0.082
2004	8	SJMFZ01CTS_01	小叶章	50	59.6	3	0.078
2004	8	SJMFZ01CTS_01	小叶章	60	59.2	3	0.056
2004	8	SJMFZ01CTS_01	小叶章	70	58.1	3	0.054

（续）

年	月	样地代码	作物名称	观测层次/cm	体积含水量/%	重复数	标准差
2004	8	SJMFZ01CTS_01	小叶章	80	57.6	3	0.050
2004	8	SJMFZ01CTS_01	小叶章	90	55.3	3	0.039
2004	8	SJMFZ01CTS_01	小叶章	100	52.7	3	0.030
2004	8	SJMFZ01CTS_01	小叶章	110	51.7	3	0.035
2004	8	SJMFZ01CTS_01	小叶章	120	50.2	3	0.038
2004	8	SJMFZ01CTS_01	小叶章	130	50.0	3	0.029
2004	8	SJMFZ01CTS_01	小叶章	140	48.8	3	0.023
2004	8	SJMFZ01CTS_01	小叶章	150	49.1	3	0.046
2004	8	SJMFZ01CTS_01	小叶章	160	48.7	3	0.034
2004	8	SJMFZ01CTS_01	小叶章	170	49.0	3	0.046
2004	8	SJMFZ01CTS_01	小叶章	180	47.8	3	0.032
2004	9	SJMFZ01CTS_01	小叶章	10	27.9	3	0.013
2004	9	SJMFZ01CTS_01	小叶章	20	27.1	3	0.127
2004	9	SJMFZ01CTS_01	小叶章	30	47.8	3	0.009
2004	9	SJMFZ01CTS_01	小叶章	40	49.6	3	0.058
2004	9	SJMFZ01CTS_01	小叶章	50	47.8	3	0.054
2004	9	SJMFZ01CTS_01	小叶章	60	49.3	3	0.024
2004	9	SJMFZ01CTS_01	小叶章	70	50.1	3	0.022
2004	9	SJMFZ01CTS_01	小叶章	80	50.7	3	0.028
2004	9	SJMFZ01CTS_01	小叶章	90	49.7	3	0.029
2004	9	SJMFZ01CTS_01	小叶章	100	49.4	3	0.022
2004	9	SJMFZ01CTS_01	小叶章	110	48.7	3	0.015
2004	9	SJMFZ01CTS_01	小叶章	120	48.9	3	0.010
2004	9	SJMFZ01CTS_01	小叶章	130	47.6	3	0.013
2004	9	SJMFZ01CTS_01	小叶章	140	46.9	3	0.020
2004	9	SJMFZ01CTS_01	小叶章	150	46.9	3	0.015
2004	9	SJMFZ01CTS_01	小叶章	160	47.6	3	0.011
2004	9	SJMFZ01CTS_01	小叶章	170	47.9	3	0.008
2004	9	SJMFZ01CTS_01	小叶章	180	47.6	3	0.004
2004	10	SJMFZ01CTS_01	小叶章	10	43.3	3	0.023
2004	10	SJMFZ01CTS_01	小叶章	20	42.4	3	0.043
2004	10	SJMFZ01CTS_01	小叶章	30	44.6	3	0.027
2004	10	SJMFZ01CTS_01	小叶章	40	48.4	3	0.060
2004	10	SJMFZ01CTS_01	小叶章	50	47.1	3	0.049
2004	10	SJMFZ01CTS_01	小叶章	60	46.7	3	0.029
2004	10	SJMFZ01CTS_01	小叶章	70	48.1	3	0.016
2004	10	SJMFZ01CTS_01	小叶章	80	48.9	3	0.024
2004	10	SJMFZ01CTS_01	小叶章	90	48.3	3	0.024

（续）

年	月	样地代码	作物名称	观测层次/cm	体积含水量/%	重复数	标准差
2004	10	SJMFZ01CTS_01	小叶章	100	47.7	3	0.021
2004	10	SJMFZ01CTS_01	小叶章	110	47.9	3	0.024
2004	10	SJMFZ01CTS_01	小叶章	120	47.9	3	0.022
2004	10	SJMFZ01CTS_01	小叶章	130	48.2	3	0.019
2004	10	SJMFZ01CTS_01	小叶章	140	47.3	3	0.012
2004	10	SJMFZ01CTS_01	小叶章	150	47.7	3	0.011
2004	10	SJMFZ01CTS_01	小叶章	160	48.1	3	0.009
2004	10	SJMFZ01CTS_01	小叶章	170	48.3	3	0.011
2004	10	SJMFZ01CTS_01	小叶章	180	48.1	3	0.010
2003	5	SJMFZ01CTS_01	小叶章	10	22.1	2	0.049
2003	5	SJMFZ01CTS_01	小叶章	20	26.9	2	0.015
2003	5	SJMFZ01CTS_01	小叶章	30	22.2	2	0.041
2003	5	SJMFZ01CTS_01	小叶章	40	17.1	2	0.025
2003	5	SJMFZ01CTS_01	小叶章	50	15.4	2	0.015
2003	5	SJMFZ01CTS_01	小叶章	60	16.6	2	0.020
2003	5	SJMFZ01CTS_01	小叶章	70	17.8	2	0.007
2003	5	SJMFZ01CTS_01	小叶章	80	16.6	2	0.007
2003	5	SJMFZ01CTS_01	小叶章	90	16.4	2	0.009
2003	5	SJMFZ01CTS_01	小叶章	100	16.7	2	0.008
2003	5	SJMFZ01CTS_01	小叶章	110	16.9	2	0.007
2003	5	SJMFZ01CTS_01	小叶章	120	16.8	2	0.011
2003	5	SJMFZ01CTS_01	小叶章	130	16.6	2	0.014
2003	5	SJMFZ01CTS_01	小叶章	140	15.7	2	0.011
2003	5	SJMFZ01CTS_01	小叶章	150	16.0	2	0.011
2003	5	SJMFZ01CTS_01	小叶章	160	17.3	2	0.014
2003	6	SJMFZ01CTS_01	小叶章	10	15.9	2	0.026
2003	6	SJMFZ01CTS_01	小叶章	20	22.5	2	0.016
2003	6	SJMFZ01CTS_01	小叶章	30	17.5	2	0.014
2003	6	SJMFZ01CTS_01	小叶章	40	15.8	2	0.006
2003	6	SJMFZ01CTS_01	小叶章	50	17.7	2	0.006
2003	6	SJMFZ01CTS_01	小叶章	60	18.9	2	0.007
2003	6	SJMFZ01CTS_01	小叶章	70	17.7	2	0.005
2003	6	SJMFZ01CTS_01	小叶章	80	17.7	2	0.008
2003	6	SJMFZ01CTS_01	小叶章	90	17.0	2	0.005
2003	6	SJMFZ01CTS_01	小叶章	100	17.5	2	0.009
2003	6	SJMFZ01CTS_01	小叶章	110	18.2	2	0.009
2003	6	SJMFZ01CTS_01	小叶章	120	17.2	2	0.009
2003	6	SJMFZ01CTS_01	小叶章	130	16.4	2	0.005

（续）

年	月	样地代码	作物名称	观测层次/cm	体积含水量/%	重复数	标准差
2003	6	SJMFZ01CTS_01	小叶章	140	15.1	2	0.006
2003	6	SJMFZ01CTS_01	小叶章	150	16.1	2	0.015
2003	6	SJMFZ01CTS_01	小叶章	160	17.2	2	0.010
2003	6	SJMFZ01CTS_01	小叶章	170	17.1	2	0.005
2003	6	SJMFZ01CTS_01	小叶章	180	16.1	2	0.010
2003	6	SJMFZ01CTS_01	小叶章	190	16.9	2	0.004
2003	7	SJMFZ01CTS_01	小叶章	10	11.5	2	0.069
2003	7	SJMFZ01CTS_01	小叶章	20	22.6	2	0.012
2003	7	SJMFZ01CTS_01	小叶章	30	17.6	2	0.017
2003	7	SJMFZ01CTS_01	小叶章	40	16.3	2	0.007
2003	7	SJMFZ01CTS_01	小叶章	50	18.6	2	0.007
2003	7	SJMFZ01CTS_01	小叶章	60	19.4	2	0.011
2003	7	SJMFZ01CTS_01	小叶章	70	18.7	2	0.007
2003	7	SJMFZ01CTS_01	小叶章	80	18.6	2	0.005
2003	7	SJMFZ01CTS_01	小叶章	90	18.0	2	0.004
2003	7	SJMFZ01CTS_01	小叶章	100	18.3	2	0.006
2003	7	SJMFZ01CTS_01	小叶章	110	19.2	2	0.005
2003	7	SJMFZ01CTS_01	小叶章	120	18.4	2	0.006
2003	7	SJMFZ01CTS_01	小叶章	130	16.9	2	0.002
2003	7	SJMFZ01CTS_01	小叶章	140	16.3	2	0.002
2003	7	SJMFZ01CTS_01	小叶章	150	17.5	2	0.005
2003	7	SJMFZ01CTS_01	小叶章	160	19.3	2	0.006
2003	7	SJMFZ01CTS_01	小叶章	170	18.4	2	0.009
2003	7	SJMFZ01CTS_01	小叶章	180	17.5	2	0.009
2003	7	SJMFZ01CTS_01	小叶章	190	17.8	2	0.005
2003	8	SJMFZ01CTS_01	小叶章	10	12.2	2	0.053
2003	8	SJMFZ01CTS_01	小叶章	20	21.2	2	0.014
2003	8	SJMFZ01CTS_01	小叶章	30	16.5	2	0.005
2003	8	SJMFZ01CTS_01	小叶章	40	16.5	2	0.013
2003	8	SJMFZ01CTS_01	小叶章	50	18.8	2	0.012
2003	8	SJMFZ01CTS_01	小叶章	60	19.2	2	0.006
2003	8	SJMFZ01CTS_01	小叶章	70	18.5	2	0.008
2003	8	SJMFZ01CTS_01	小叶章	80	17.9	2	0.007
2003	8	SJMFZ01CTS_01	小叶章	90	17.6	2	0.008
2003	8	SJMFZ01CTS_01	小叶章	100	17.9	2	0.008
2003	8	SJMFZ01CTS_01	小叶章	110	17.9	2	0.003
2003	8	SJMFZ01CTS_01	小叶章	120	17.1	2	0.005
2003	8	SJMFZ01CTS_01	小叶章	130	16.4	2	0.011

（续）

年	月	样地代码	作物名称	观测层次/cm	体积含水量/%	重复数	标准差
2003	8	SJMFZ01CTS_01	小叶章	140	16.3	2	0.016
2003	8	SJMFZ01CTS_01	小叶章	150	17.2	2	0.014
2003	8	SJMFZ01CTS_01	小叶章	160	17.8	2	0.006
2003	8	SJMFZ01CTS_01	小叶章	170	17.5	2	0.010
2003	8	SJMFZ01CTS_01	小叶章	180	17.3	2	0.009
2003	8	SJMFZ01CTS_01	小叶章	190	17.2	2	0.008
2003	9	SJMFZ01CTS_01	小叶章	10	10.4	2	0.022
2003	9	SJMFZ01CTS_01	小叶章	20	19.6	2	0.044
2003	9	SJMFZ01CTS_01	小叶章	30	16.9	2	0.014
2003	9	SJMFZ01CTS_01	小叶章	40	16.9	2	0.032
2003	9	SJMFZ01CTS_01	小叶章	50	18.1	2	0.015
2003	9	SJMFZ01CTS_01	小叶章	60	19.8	2	0.022
2003	9	SJMFZ01CTS_01	小叶章	70	18.3	2	0.008
2003	9	SJMFZ01CTS_01	小叶章	80	17.6	2	0.009
2003	9	SJMFZ01CTS_01	小叶章	90	16.4	2	0.009
2003	9	SJMFZ01CTS_01	小叶章	100	16.7	2	0.006
2003	9	SJMFZ01CTS_01	小叶章	110	17.9	2	0.006
2003	9	SJMFZ01CTS_01	小叶章	120	17.2	2	0.006
2003	9	SJMFZ01CTS_01	小叶章	130	16.5	2	0.004
2003	9	SJMFZ01CTS_01	小叶章	140	15.5	2	0.008
2003	9	SJMFZ01CTS_01	小叶章	150	16.0	2	0.005
2003	9	SJMFZ01CTS_01	小叶章	160	16.8	2	0.012
2003	9	SJMFZ01CTS_01	小叶章	170	16.2	2	0.019
2003	9	SJMFZ01CTS_01	小叶章	180	15.5	2	0.021
2003	9	SJMFZ01CTS_01	小叶章	190	15.8	2	0.020
2003	10	SJMFZ01CTS_01	小叶章	10	15.6	2	0.024
2003	10	SJMFZ01CTS_01	小叶章	20	22.8	2	0.020
2003	10	SJMFZ01CTS_01	小叶章	30	18.7	2	0.032
2003	10	SJMFZ01CTS_01	小叶章	40	16.2	2	0.011
2003	10	SJMFZ01CTS_01	小叶章	50	18.0	2	0.003
2003	10	SJMFZ01CTS_01	小叶章	60	19.1	2	0.013
2003	10	SJMFZ01CTS_01	小叶章	70	18.7	2	0.013
2003	10	SJMFZ01CTS_01	小叶章	80	17.8	2	0.012
2003	10	SJMFZ01CTS_01	小叶章	90	17.5	2	0.012
2003	10	SJMFZ01CTS_01	小叶章	100	17.5	2	0.010
2003	10	SJMFZ01CTS_01	小叶章	110	18.3	2	0.012
2003	10	SJMFZ01CTS_01	小叶章	120	17.7	2	0.013
2003	10	SJMFZ01CTS_01	小叶章	130	16.5	2	0.012

（续）

年	月	样地代码	作物名称	观测层次/cm	体积含水量/%	重复数	标准差
2003	10	SJMFZ01CTS_01	小叶章	140	16.1	2	0.009
2003	10	SJMFZ01CTS_01	小叶章	150	16.9	2	0.006
2003	10	SJMFZ01CTS_01	小叶章	160	18.3	2	0.007
2003	10	SJMFZ01CTS_01	小叶章	170	18.0	2	0.016
2003	10	SJMFZ01CTS_01	小叶章	180	17.4	2	0.010
2003	10	SJMFZ01CTS_01	小叶章	190	17.1	2	0.008
2002	5	SJMFZ01CTS_01	小叶章	10	22.7	2	0.039
2002	5	SJMFZ01CTS_01	小叶章	20	25.5	2	0.028
2002	5	SJMFZ01CTS_01	小叶章	30	24.3	2	0.044
2002	5	SJMFZ01CTS_01	小叶章	40	19.0	2	0.017
2002	5	SJMFZ01CTS_01	小叶章	50	15.6	2	0.015
2002	5	SJMFZ01CTS_01	小叶章	60	15.9	2	0.017
2002	5	SJMFZ01CTS_01	小叶章	70	17.5	2	0.006
2002	5	SJMFZ01CTS_01	小叶章	80	16.9	2	0.005
2002	5	SJMFZ01CTS_01	小叶章	90	16.4	2	0.009
2002	5	SJMFZ01CTS_01	小叶章	100	16.6	2	0.006
2002	5	SJMFZ01CTS_01	小叶章	110	17.3	2	0.004
2002	5	SJMFZ01CTS_01	小叶章	120	17.0	2	0.010
2002	5	SJMFZ01CTS_01	小叶章	130	16.8	2	0.013
2002	5	SJMFZ01CTS_01	小叶章	140	15.9	2	0.010
2002	5	SJMFZ01CTS_01	小叶章	150	16.1	2	0.010
2002	5	SJMFZ01CTS_01	小叶章	160	16.7	2	0.010
2002	6	SJMFZ01CTS_01	小叶章	10	13.8	2	0.034
2002	6	SJMFZ01CTS_01	小叶章	20	23.0	2	0.015
2002	6	SJMFZ01CTS_01	小叶章	30	17.7	2	0.014
2002	6	SJMFZ01CTS_01	小叶章	40	15.8	2	0.006
2002	6	SJMFZ01CTS_01	小叶章	50	17.5	2	0.005
2002	6	SJMFZ01CTS_01	小叶章	60	18.6	2	0.004
2002	6	SJMFZ01CTS_01	小叶章	70	17.9	2	0.007
2002	6	SJMFZ01CTS_01	小叶章	80	17.2	2	0.001
2002	6	SJMFZ01CTS_01	小叶章	90	16.7	2	0.002
2002	6	SJMFZ01CTS_01	小叶章	100	17.0	2	0.005
2002	6	SJMFZ01CTS_01	小叶章	110	17.6	2	0.002
2002	6	SJMFZ01CTS_01	小叶章	120	16.7	2	0.005
2002	6	SJMFZ01CTS_01	小叶章	130	16.0	2	0.001
2002	6	SJMFZ01CTS_01	小叶章	140	14.6	2	0.004
2002	6	SJMFZ01CTS_01	小叶章	150	15.7	2	0.014
2002	6	SJMFZ01CTS_01	小叶章	160	16.9	2	0.008

(续)

年	月	样地代码	作物名称	观测层次/cm	体积含水量/%	重复数	标准差
2002	6	SJMFZ01CTS_01	小叶章	170	17.1	2	0.005
2002	6	SJMFZ01CTS_01	小叶章	180	16.8	2	0.003
2002	6	SJMFZ01CTS_01	小叶章	190	16.8	2	0.003
2002	7	SJMFZ01CTS_01	小叶章	10	12.6	2	0.064
2002	7	SJMFZ01CTS_01	小叶章	20	21.9	2	0.006
2002	7	SJMFZ01CTS_01	小叶章	30	16.5	2	0.007
2002	7	SJMFZ01CTS_01	小叶章	40	15.6	2	0.005
2002	7	SJMFZ01CTS_01	小叶章	50	17.9	2	0.005
2002	7	SJMFZ01CTS_01	小叶章	60	18.6	2	0.002
2002	7	SJMFZ01CTS_01	小叶章	70	18.2	2	0.002
2002	7	SJMFZ01CTS_01	小叶章	80	17.8	2	0.006
2002	7	SJMFZ01CTS_01	小叶章	90	17.5	2	0.003
2002	7	SJMFZ01CTS_01	小叶章	100	17.7	2	0.005
2002	7	SJMFZ01CTS_01	小叶章	110	18.3	2	0.003
2002	7	SJMFZ01CTS_01	小叶章	120	17.2	2	0.005
2002	7	SJMFZ01CTS_01	小叶章	130	16.5	2	0.005
2002	7	SJMFZ01CTS_01	小叶章	140	15.6	2	0.006
2002	7	SJMFZ01CTS_01	小叶章	150	17.1	2	0.001
2002	7	SJMFZ01CTS_01	小叶章	160	18.4	2	0.005
2002	7	SJMFZ01CTS_01	小叶章	170	17.5	2	0.002
2002	7	SJMFZ01CTS_01	小叶章	180	16.8	2	0.002
2002	7	SJMFZ01CTS_01	小叶章	190	17.1	2	0.003
2002	8	SJMFZ01CTS_01	小叶章	10	12.9	2	0.060
2002	8	SJMFZ01CTS_01	小叶章	20	20.7	2	0.012
2002	8	SJMFZ01CTS_01	小叶章	30	16.3	2	0.005
2002	8	SJMFZ01CTS_01	小叶章	40	16.3	2	0.015
2002	8	SJMFZ01CTS_01	小叶章	50	18.6	2	0.014
2002	8	SJMFZ01CTS_01	小叶章	60	18.9	2	0.004
2002	8	SJMFZ01CTS_01	小叶章	70	18.2	2	0.007
2002	8	SJMFZ01CTS_01	小叶章	80	17.9	2	0.008
2002	8	SJMFZ01CTS_01	小叶章	90	17.7	2	0.008
2002	8	SJMFZ01CTS_01	小叶章	100	18.2	2	0.006
2002	8	SJMFZ01CTS_01	小叶章	110	18.1	2	0.002
2002	8	SJMFZ01CTS_01	小叶章	120	17.0	2	0.006
2002	8	SJMFZ01CTS_01	小叶章	130	16.8	2	0.010
2002	8	SJMFZ01CTS_01	小叶章	140	16.7	2	0.017
2002	8	SJMFZ01CTS_01	小叶章	150	17.9	2	0.010
2002	8	SJMFZ01CTS_01	小叶章	160	18.1	2	0.004

（续）

年	月	样地代码	作物名称	观测层次/cm	体积含水量/%	重复数	标准差
2002	8	SJMFZ01CTS_01	小叶章	170	17.9	2	0.010
2002	8	SJMFZ01CTS_01	小叶章	180	17.5	2	0.010
2002	8	SJMFZ01CTS_01	小叶章	190	17.3	2	0.009
2002	9	SJMFZ01CTS_01	小叶章	10	11.2	2	0.020
2002	9	SJMFZ01CTS_01	小叶章	20	22.1	2	0.004
2002	9	SJMFZ01CTS_01	小叶章	30	17.4	2	0.014
2002	9	SJMFZ01CTS_01	小叶章	40	15.1	2	0.005
2002	9	SJMFZ01CTS_01	小叶章	50	17.3	2	0.008
2002	9	SJMFZ01CTS_01	小叶章	60	18.6	2	0.004
2002	9	SJMFZ01CTS_01	小叶章	70	18.0	2	0.006
2002	9	SJMFZ01CTS_01	小叶章	80	17.1	2	0.003
2002	9	SJMFZ01CTS_01	小叶章	90	16.9	2	0.004
2002	9	SJMFZ01CTS_01	小叶章	100	16.9	2	0.004
2002	9	SJMFZ01CTS_01	小叶章	110	18.1	2	0.006
2002	9	SJMFZ01CTS_01	小叶章	120	17.4	2	0.006
2002	9	SJMFZ01CTS_01	小叶章	130	16.6	2	0.004
2002	9	SJMFZ01CTS_01	小叶章	140	15.1	2	0.006
2002	9	SJMFZ01CTS_01	小叶章	150	16.2	2	0.004
2002	9	SJMFZ01CTS_01	小叶章	160	17.5	2	0.003
2002	9	SJMFZ01CTS_01	小叶章	170	17.3	2	0.002
2002	9	SJMFZ01CTS_01	小叶章	180	16.7	2	0.003
2002	9	SJMFZ01CTS_01	小叶章	190	17.0	2	0.002
2002	10	SJMFZ01CTS_01	小叶章	10	15.6	2	0.024
2002	10	SJMFZ01CTS_01	小叶章	20	22.8	2	0.020
2002	10	SJMFZ01CTS_01	小叶章	30	18.7	2	0.032
2002	10	SJMFZ01CTS_01	小叶章	40	16.2	2	0.011
2002	10	SJMFZ01CTS_01	小叶章	50	18.0	2	0.003
2002	10	SJMFZ01CTS_01	小叶章	60	19.1	2	0.013
2002	10	SJMFZ01CTS_01	小叶章	70	18.7	2	0.013
2002	10	SJMFZ01CTS_01	小叶章	80	17.8	2	0.012
2002	10	SJMFZ01CTS_01	小叶章	90	17.5	2	0.012
2002	10	SJMFZ01CTS_01	小叶章	100	17.5	2	0.010
2002	10	SJMFZ01CTS_01	小叶章	110	18.3	2	0.012
2002	10	SJMFZ01CTS_01	小叶章	120	17.7	2	0.013
2002	10	SJMFZ01CTS_01	小叶章	130	16.5	2	0.012
2002	10	SJMFZ01CTS_01	小叶章	140	16.1	2	0.009
2002	10	SJMFZ01CTS_01	小叶章	150	16.9	2	0.006
2002	10	SJMFZ01CTS_01	小叶章	160	18.3	2	0.007

（续）

年	月	样地代码	作物名称	观测层次/cm	体积含水量/%	重复数	标准差
2002	10	SJMFZ01CTS_01	小叶章	170	18.0	2	0.016
2002	10	SJMFZ01CTS_01	小叶章	180	17.4	2	0.010
2002	10	SJMFZ01CTS_01	小叶章	190	17.1	2	0.008

表 3-43　常年积水区综合观测场中子土壤水分观测样地土壤体积含水量

年	月	样地代码	作物名称	观测层次/cm	体积含水量/%	重复数	标准差
2015	5	SJMZH01CTS_01	毛薹草	10	85.3	2	0.026
2015	5	SJMZH01CTS_01	毛薹草	20	79.5	2	0.121
2015	5	SJMZH01CTS_01	毛薹草	30	80.6	2	0.125
2015	5	SJMZH01CTS_01	毛薹草	40	82.9	2	0.131
2015	5	SJMZH01CTS_01	毛薹草	50	71.1	2	0.102
2015	5	SJMZH01CTS_01	毛薹草	60	66.7	2	0.083
2015	5	SJMZH01CTS_01	毛薹草	70	60.8	2	0.063
2015	5	SJMZH01CTS_01	毛薹草	80	54.4	2	0.044
2015	5	SJMZH01CTS_01	毛薹草	90	53.1	2	0.041
2015	5	SJMZH01CTS_01	毛薹草	100	53.2	2	0.041
2015	5	SJMZH01CTS_01	毛薹草	110	53.3	2	0.045
2015	5	SJMZH01CTS_01	毛薹草	120	53.6	2	0.042
2015	5	SJMZH01CTS_01	毛薹草	130	53.1	2	0.045
2015	5	SJMZH01CTS_01	毛薹草	140	52.0	2	0.033
2015	5	SJMZH01CTS_01	毛薹草	150	50.6	2	0.024
2015	5	SJMZH01CTS_01	毛薹草	160	51.4	2	0.037
2015	5	SJMZH01CTS_01	毛薹草	170	51.5	2	0.035
2015	5	SJMZH01CTS_01	毛薹草	180	51.4	2	0.027
2015	6	SJMZH01CTS_01	毛薹草	10	79.5	2	0.037
2015	6	SJMZH01CTS_01	毛薹草	20	82.0	2	0.031
2015	6	SJMZH01CTS_01	毛薹草	30	82.9	2	0.051
2015	6	SJMZH01CTS_01	毛薹草	40	82.4	2	0.075
2015	6	SJMZH01CTS_01	毛薹草	50	69.9	2	0.062
2015	6	SJMZH01CTS_01	毛薹草	60	66.1	2	0.046
2015	6	SJMZH01CTS_01	毛薹草	70	59.8	2	0.028
2015	6	SJMZH01CTS_01	毛薹草	80	53.6	2	0.011
2015	6	SJMZH01CTS_01	毛薹草	90	51.9	2	0.009
2015	6	SJMZH01CTS_01	毛薹草	100	51.9	2	0.010
2015	6	SJMZH01CTS_01	毛薹草	110	52.0	2	0.010
2015	6	SJMZH01CTS_01	毛薹草	120	52.6	2	0.011
2015	6	SJMZH01CTS_01	毛薹草	130	52.3	2	0.008
2015	6	SJMZH01CTS_01	毛薹草	140	51.6	2	0.012

（续）

年	月	样地代码	作物名称	观测层次/cm	体积含水量/%	重复数	标准差
2015	6	SJMZH01CTS_01	毛薹草	150	51.5	2	0.010
2015	6	SJMZH01CTS_01	毛薹草	160	50.9	2	0.006
2015	6	SJMZH01CTS_01	毛薹草	170	50.8	2	0.007
2015	6	SJMZH01CTS_01	毛薹草	180	50.4	2	0.005
2015	7	SJMZH01CTS_01	毛薹草	10	80.0	2	0.023
2015	7	SJMZH01CTS_01	毛薹草	20	83.5	2	0.010
2015	7	SJMZH01CTS_01	毛薹草	30	85.3	2	0.013
2015	7	SJMZH01CTS_01	毛薹草	40	85.5	2	0.008
2015	7	SJMZH01CTS_01	毛薹草	50	71.6	2	0.012
2015	7	SJMZH01CTS_01	毛薹草	60	68.5	2	0.019
2015	7	SJMZH01CTS_01	毛薹草	70	61.4	2	0.023
2015	7	SJMZH01CTS_01	毛薹草	80	54.1	2	0.011
2015	7	SJMZH01CTS_01	毛薹草	90	51.7	2	0.007
2015	7	SJMZH01CTS_01	毛薹草	100	51.9	2	0.006
2015	7	SJMZH01CTS_01	毛薹草	110	52.3	2	0.005
2015	7	SJMZH01CTS_01	毛薹草	120	52.7	2	0.007
2015	7	SJMZH01CTS_01	毛薹草	130	52.6	2	0.003
2015	7	SJMZH01CTS_01	毛薹草	140	51.8	2	0.011
2015	7	SJMZH01CTS_01	毛薹草	150	51.5	2	0.009
2015	7	SJMZH01CTS_01	毛薹草	160	50.5	2	0.009
2015	7	SJMZH01CTS_01	毛薹草	170	50.7	2	0.009
2015	7	SJMZH01CTS_01	毛薹草	180	50.4	2	0.006
2015	8	SJMZH01CTS_01	毛薹草	10	80.6	2	0.049
2015	8	SJMZH01CTS_01	毛薹草	20	84.8	2	0.014
2015	8	SJMZH01CTS_01	毛薹草	30	86.0	2	0.013
2015	8	SJMZH01CTS_01	毛薹草	40	86.4	2	0.007
2015	8	SJMZH01CTS_01	毛薹草	50	72.5	2	0.010
2015	8	SJMZH01CTS_01	毛薹草	60	68.3	2	0.025
2015	8	SJMZH01CTS_01	毛薹草	70	61.5	2	0.022
2015	8	SJMZH01CTS_01	毛薹草	80	55.1	2	0.020
2015	8	SJMZH01CTS_01	毛薹草	90	52.1	2	0.009
2015	8	SJMZH01CTS_01	毛薹草	100	52.3	2	0.010
2015	8	SJMZH01CTS_01	毛薹草	110	52.6	2	0.009
2015	8	SJMZH01CTS_01	毛薹草	120	52.9	2	0.007
2015	8	SJMZH01CTS_01	毛薹草	130	52.7	2	0.004
2015	8	SJMZH01CTS_01	毛薹草	140	52.4	2	0.005
2015	8	SJMZH01CTS_01	毛薹草	150	51.7	2	0.008
2015	8	SJMZH01CTS_01	毛薹草	160	51.3	2	0.005

（续）

年	月	样地代码	作物名称	观测层次/cm	体积含水量/%	重复数	标准差
2015	8	SJMZH01CTS_01	毛薹草	170	51.0	2	0.006
2015	8	SJMZH01CTS_01	毛薹草	180	50.9	2	0.004
2015	9	SJMZH01CTS_01	毛薹草	10	80.3	2	0.022
2015	9	SJMZH01CTS_01	毛薹草	20	83.9	2	0.013
2015	9	SJMZH01CTS_01	毛薹草	30	85.8	2	0.014
2015	9	SJMZH01CTS_01	毛薹草	40	86.8	2	0.009
2015	9	SJMZH01CTS_01	毛薹草	50	73.4	2	0.005
2015	9	SJMZH01CTS_01	毛薹草	60	69.7	2	0.009
2015	9	SJMZH01CTS_01	毛薹草	70	62.3	2	0.008
2015	9	SJMZH01CTS_01	毛薹草	80	55.6	2	0.010
2015	9	SJMZH01CTS_01	毛薹草	90	53.0	2	0.015
2015	9	SJMZH01CTS_01	毛薹草	100	52.6	2	0.016
2015	9	SJMZH01CTS_01	毛薹草	110	52.9	2	0.015
2015	9	SJMZH01CTS_01	毛薹草	120	53.3	2	0.016
2015	9	SJMZH01CTS_01	毛薹草	130	53.0	2	0.019
2015	9	SJMZH01CTS_01	毛薹草	140	52.5	2	0.005
2015	9	SJMZH01CTS_01	毛薹草	150	52.1	2	0.007
2015	9	SJMZH01CTS_01	毛薹草	160	51.5	2	0.009
2015	9	SJMZH01CTS_01	毛薹草	170	51.0	2	0.006
2015	9	SJMZH01CTS_01	毛薹草	180	51.6	2	0.016
2015	10	SJMZH01CTS_01	毛薹草	10	81.4	2	0.012
2015	10	SJMZH01CTS_01	毛薹草	20	84.1	2	0.004
2015	10	SJMZH01CTS_01	毛薹草	30	86.3	2	0.004
2015	10	SJMZH01CTS_01	毛薹草	40	87.1	2	0.002
2015	10	SJMZH01CTS_01	毛薹草	50	72.8	2	0.005
2015	10	SJMZH01CTS_01	毛薹草	60	68.5	2	0.007
2015	10	SJMZH01CTS_01	毛薹草	70	62.9	2	0.008
2015	10	SJMZH01CTS_01	毛薹草	80	55.1	2	0.004
2015	10	SJMZH01CTS_01	毛薹草	90	53.0	2	0.014
2015	10	SJMZH01CTS_01	毛薹草	100	53.0	2	0.017
2015	10	SJMZH01CTS_01	毛薹草	110	52.8	2	0.007
2015	10	SJMZH01CTS_01	毛薹草	120	53.0	2	0.006
2015	10	SJMZH01CTS_01	毛薹草	130	52.1	2	0.019
2015	10	SJMZH01CTS_01	毛薹草	140	52.6	2	0.001
2015	10	SJMZH01CTS_01	毛薹草	150	52.4	2	0.002
2015	10	SJMZH01CTS_01	毛薹草	160	51.5	2	0.006
2015	10	SJMZH01CTS_01	毛薹草	170	51.0	2	0.002
2015	10	SJMZH01CTS_01	毛薹草	180	50.7	2	0.003

（续）

年	月	样地代码	作物名称	观测层次/cm	体积含水量/%	重复数	标准差
2014	5	SJMZH01CTS_01	毛薹草	10	84.0	2	0.029
2014	5	SJMZH01CTS_01	毛薹草	20	85.6	2	0.039
2014	5	SJMZH01CTS_01	毛薹草	30	85.6	2	0.036
2014	5	SJMZH01CTS_01	毛薹草	40	79.7	2	0.101
2014	5	SJMZH01CTS_01	毛薹草	50	71.5	2	0.126
2014	5	SJMZH01CTS_01	毛薹草	60	63.8	2	0.106
2014	5	SJMZH01CTS_01	毛薹草	70	57.8	2	0.061
2014	5	SJMZH01CTS_01	毛薹草	80	53.8	2	0.011
2014	5	SJMZH01CTS_01	毛薹草	90	52.7	2	0.017
2014	5	SJMZH01CTS_01	毛薹草	100	52.1	2	0.006
2014	5	SJMZH01CTS_01	毛薹草	110	52.5	2	0.012
2014	5	SJMZH01CTS_01	毛薹草	120	51.0	2	0.012
2014	5	SJMZH01CTS_01	毛薹草	130	51.7	2	0.010
2014	5	SJMZH01CTS_01	毛薹草	140	50.6	2	0.006
2014	5	SJMZH01CTS_01	毛薹草	150	50.2	2	0.010
2014	5	SJMZH01CTS_01	毛薹草	160	50.1	2	0.015
2014	5	SJMZH01CTS_01	毛薹草	170	51.0	2	0.009
2014	5	SJMZH01CTS_01	毛薹草	180	50.6	2	0.008
2014	6	SJMZH01CTS_01	毛薹草	10	81.6	2	0.027
2014	6	SJMZH01CTS_01	毛薹草	20	84.3	2	0.029
2014	6	SJMZH01CTS_01	毛薹草	30	85.7	2	0.043
2014	6	SJMZH01CTS_01	毛薹草	40	86.6	2	0.023
2014	6	SJMZH01CTS_01	毛薹草	50	80.2	2	0.047
2014	6	SJMZH01CTS_01	毛薹草	60	69.0	2	0.087
2014	6	SJMZH01CTS_01	毛薹草	70	61.9	2	0.121
2014	6	SJMZH01CTS_01	毛薹草	80	56.2	2	0.086
2014	6	SJMZH01CTS_01	毛薹草	90	52.3	2	0.059
2014	6	SJMZH01CTS_01	毛薹草	100	52.6	2	0.013
2014	6	SJMZH01CTS_01	毛薹草	110	52.5	2	0.012
2014	6	SJMZH01CTS_01	毛薹草	120	52.7	2	0.018
2014	6	SJMZH01CTS_01	毛薹草	130	51.6	2	0.010
2014	6	SJMZH01CTS_01	毛薹草	140	50.7	2	0.012
2014	6	SJMZH01CTS_01	毛薹草	150	50.3	2	0.021
2014	6	SJMZH01CTS_01	毛薹草	160	49.5	2	0.008
2014	6	SJMZH01CTS_01	毛薹草	170	49.6	2	0.012
2014	6	SJMZH01CTS_01	毛薹草	180	50.1	2	0.009
2014	7	SJMZH01CTS_01	毛薹草	10	83.3	2	0.034
2014	7	SJMZH01CTS_01	毛薹草	20	85.5	2	0.019

（续）

年	月	样地代码	作物名称	观测层次/cm	体积含水量/%	重复数	标准差
2014	7	SJMZH01CTS_01	毛薹草	30	86.5	2	0.038
2014	7	SJMZH01CTS_01	毛薹草	40	83.8	2	0.082
2014	7	SJMZH01CTS_01	毛薹草	50	74.3	2	0.080
2014	7	SJMZH01CTS_01	毛薹草	60	61.2	2	0.039
2014	7	SJMZH01CTS_01	毛薹草	70	54.1	2	0.027
2014	7	SJMZH01CTS_01	毛薹草	80	52.9	2	0.030
2014	7	SJMZH01CTS_01	毛薹草	90	52.3	2	0.020
2014	7	SJMZH01CTS_01	毛薹草	100	54.3	2	0.047
2014	7	SJMZH01CTS_01	毛薹草	110	54.2	2	0.029
2014	7	SJMZH01CTS_01	毛薹草	120	51.8	2	0.025
2014	7	SJMZH01CTS_01	毛薹草	130	51.6	2	0.023
2014	7	SJMZH01CTS_01	毛薹草	140	50.1	2	0.020
2014	7	SJMZH01CTS_01	毛薹草	150	51.0	2	0.024
2014	7	SJMZH01CTS_01	毛薹草	160	49.8	2	0.021
2014	7	SJMZH01CTS_01	毛薹草	170	50.3	2	0.021
2014	7	SJMZH01CTS_01	毛薹草	180	52.2	2	0.027
2014	8	SJMZH01CTS_01	毛薹草	10	78.6	2	0.052
2014	8	SJMZH01CTS_01	毛薹草	20	82.5	2	0.067
2014	8	SJMZH01CTS_01	毛薹草	30	87.7	2	0.018
2014	8	SJMZH01CTS_01	毛薹草	40	83.9	2	0.043
2014	8	SJMZH01CTS_01	毛薹草	50	75.5	2	0.017
2014	8	SJMZH01CTS_01	毛薹草	60	65.7	2	0.024
2014	8	SJMZH01CTS_01	毛薹草	70	60.2	2	0.082
2014	8	SJMZH01CTS_01	毛薹草	80	60.4	2	0.039
2014	8	SJMZH01CTS_01	毛薹草	90	58.0	2	0.064
2014	8	SJMZH01CTS_01	毛薹草	100	59.8	2	0.054
2014	8	SJMZH01CTS_01	毛薹草	110	56.9	2	0.025
2014	8	SJMZH01CTS_01	毛薹草	120	57.9	2	0.035
2014	8	SJMZH01CTS_01	毛薹草	130	58.0	2	0.022
2014	8	SJMZH01CTS_01	毛薹草	140	50.8	2	0.039
2014	8	SJMZH01CTS_01	毛薹草	150	54.9	2	0.022
2014	8	SJMZH01CTS_01	毛薹草	160	51.3	2	0.054
2014	8	SJMZH01CTS_01	毛薹草	170	53.2	2	0.040
2014	8	SJMZH01CTS_01	毛薹草	180	54.9	2	0.020
2014	9	SJMZH01CTS_01	毛薹草	10	81.3	2	0.041
2014	9	SJMZH01CTS_01	毛薹草	20	81.0	2	0.048
2014	9	SJMZH01CTS_01	毛薹草	30	84.1	2	0.039
2014	9	SJMZH01CTS_01	毛薹草	40	83.4	2	0.042

（续）

年	月	样地代码	作物名称	观测层次/cm	体积含水量/%	重复数	标准差
2014	9	SJMZH01CTS_01	毛薹草	50	76.3	2	0.059
2014	9	SJMZH01CTS_01	毛薹草	60	61.9	2	0.049
2014	9	SJMZH01CTS_01	毛薹草	70	57.4	2	0.066
2014	9	SJMZH01CTS_01	毛薹草	80	55.6	2	0.041
2014	9	SJMZH01CTS_01	毛薹草	90	53.0	2	0.030
2014	9	SJMZH01CTS_01	毛薹草	100	56.5	2	0.066
2014	9	SJMZH01CTS_01	毛薹草	110	56.6	2	0.045
2014	9	SJMZH01CTS_01	毛薹草	120	53.8	2	0.042
2014	9	SJMZH01CTS_01	毛薹草	130	57.3	2	0.051
2014	9	SJMZH01CTS_01	毛薹草	140	52.8	2	0.067
2014	9	SJMZH01CTS_01	毛薹草	150	54.0	2	0.028
2014	9	SJMZH01CTS_01	毛薹草	160	52.6	2	0.042
2014	9	SJMZH01CTS_01	毛薹草	170	53.0	2	0.044
2014	9	SJMZH01CTS_01	毛薹草	180	53.4	2	0.052
2014	10	SJMZH01CTS_01	毛薹草	10	82.5	2	0.068
2014	10	SJMZH01CTS_01	毛薹草	20	80.9	2	0.044
2014	10	SJMZH01CTS_01	毛薹草	30	79.8	2	0.061
2014	10	SJMZH01CTS_01	毛薹草	40	83.9	2	0.031
2014	10	SJMZH01CTS_01	毛薹草	50	77.6	2	0.052
2014	10	SJMZH01CTS_01	毛薹草	60	54.1	2	0.047
2014	10	SJMZH01CTS_01	毛薹草	70	58.6	2	0.057
2014	10	SJMZH01CTS_01	毛薹草	80	56.6	2	0.048
2014	10	SJMZH01CTS_01	毛薹草	90	58.5	2	0.032
2014	10	SJMZH01CTS_01	毛薹草	100	55.8	2	0.024
2014	10	SJMZH01CTS_01	毛薹草	110	57.3	2	0.006
2014	10	SJMZH01CTS_01	毛薹草	120	55.4	2	0.025
2014	10	SJMZH01CTS_01	毛薹草	130	54.8	2	0.028
2014	10	SJMZH01CTS_01	毛薹草	140	49.1	2	0.058
2014	10	SJMZH01CTS_01	毛薹草	150	53.4	2	0.014
2014	10	SJMZH01CTS_01	毛薹草	160	52.4	2	0.016
2014	10	SJMZH01CTS_01	毛薹草	170	52.6	2	0.013
2014	10	SJMZH01CTS_01	毛薹草	180	57.1	2	0.017
2013	5	SJMZH01CTS_01	毛薹草	10	87.1	2	0.012
2013	5	SJMZH01CTS_01	毛薹草	20	86.5	2	0.005
2013	5	SJMZH01CTS_01	毛薹草	30	88.0	2	0.005
2013	5	SJMZH01CTS_01	毛薹草	40	90.1	2	0.008
2013	5	SJMZH01CTS_01	毛薹草	50	89.5	2	0.017
2013	5	SJMZH01CTS_01	毛薹草	60	80.5	2	0.051

（续）

年	月	样地代码	作物名称	观测层次/cm	体积含水量/%	重复数	标准差
2013	5	SJMZH01CTS_01	毛薹草	70	66.5	2	0.044
2013	5	SJMZH01CTS_01	毛薹草	80	55.0	2	0.014
2013	5	SJMZH01CTS_01	毛薹草	90	52.2	2	0.015
2013	5	SJMZH01CTS_01	毛薹草	100	52.5	2	0.014
2013	5	SJMZH01CTS_01	毛薹草	110	54.2	2	0.012
2013	5	SJMZH01CTS_01	毛薹草	120	53.9	2	0.005
2013	5	SJMZH01CTS_01	毛薹草	130	52.8	2	0.007
2013	5	SJMZH01CTS_01	毛薹草	140	52.1	2	0.006
2013	5	SJMZH01CTS_01	毛薹草	150	49.5	2	0.025
2013	5	SJMZH01CTS_01	毛薹草	160	50.3	2	0.009
2013	5	SJMZH01CTS_01	毛薹草	170	49.5	2	0.009
2013	5	SJMZH01CTS_01	毛薹草	180	49.9	2	0.008
2013	6	SJMZH01CTS_01	毛薹草	10	86.4	2	0.022
2013	6	SJMZH01CTS_01	毛薹草	20	84.1	2	0.011
2013	6	SJMZH01CTS_01	毛薹草	30	87.2	2	0.005
2013	6	SJMZH01CTS_01	毛薹草	40	89.1	2	0.005
2013	6	SJMZH01CTS_01	毛薹草	50	89.5	2	0.006
2013	6	SJMZH01CTS_01	毛薹草	60	79.6	2	0.033
2013	6	SJMZH01CTS_01	毛薹草	70	65.7	2	0.018
2013	6	SJMZH01CTS_01	毛薹草	80	54.3	2	0.008
2013	6	SJMZH01CTS_01	毛薹草	90	55.1	2	0.084
2013	6	SJMZH01CTS_01	毛薹草	100	52.0	2	0.012
2013	6	SJMZH01CTS_01	毛薹草	110	53.0	2	0.009
2013	6	SJMZH01CTS_01	毛薹草	120	52.9	2	0.006
2013	6	SJMZH01CTS_01	毛薹草	130	52.7	2	0.002
2013	6	SJMZH01CTS_01	毛薹草	140	51.4	2	0.006
2013	6	SJMZH01CTS_01	毛薹草	150	50.8	2	0.005
2013	6	SJMZH01CTS_01	毛薹草	160	50.1	2	0.011
2013	6	SJMZH01CTS_01	毛薹草	170	49.9	2	0.007
2013	6	SJMZH01CTS_01	毛薹草	180	50.8	2	0.006
2013	7	SJMZH01CTS_01	毛薹草	10	80.5	2	0.014
2013	7	SJMZH01CTS_01	毛薹草	20	81.2	2	0.006
2013	7	SJMZH01CTS_01	毛薹草	30	86.1	2	0.010
2013	7	SJMZH01CTS_01	毛薹草	40	87.7	2	0.007
2013	7	SJMZH01CTS_01	毛薹草	50	86.4	2	0.025
2013	7	SJMZH01CTS_01	毛薹草	60	74.9	2	0.044
2013	7	SJMZH01CTS_01	毛薹草	70	62.1	2	0.030
2013	7	SJMZH01CTS_01	毛薹草	80	53.0	2	0.015

（续）

年	月	样地代码	作物名称	观测层次/cm	体积含水量/%	重复数	标准差
2013	7	SJMZH01CTS_01	毛薹草	90	51.9	2	0.011
2013	7	SJMZH01CTS_01	毛薹草	100	52.3	2	0.012
2013	7	SJMZH01CTS_01	毛薹草	110	52.3	2	0.028
2013	7	SJMZH01CTS_01	毛薹草	120	52.7	2	0.010
2013	7	SJMZH01CTS_01	毛薹草	130	52.2	2	0.010
2013	7	SJMZH01CTS_01	毛薹草	140	50.9	2	0.010
2013	7	SJMZH01CTS_01	毛薹草	150	50.5	2	0.012
2013	7	SJMZH01CTS_01	毛薹草	160	50.1	2	0.015
2013	7	SJMZH01CTS_01	毛薹草	170	49.8	2	0.012
2013	7	SJMZH01CTS_01	毛薹草	180	50.6	2	0.008
2013	8	SJMZH01CTS_01	毛薹草	10	79.4	2	0.006
2013	8	SJMZH01CTS_01	毛薹草	20	85.2	2	0.024
2013	8	SJMZH01CTS_01	毛薹草	30	88.9	2	0.011
2013	8	SJMZH01CTS_01	毛薹草	40	89.1	2	0.007
2013	8	SJMZH01CTS_01	毛薹草	50	86.1	2	0.031
2013	8	SJMZH01CTS_01	毛薹草	60	81.8	2	0.043
2013	8	SJMZH01CTS_01	毛薹草	70	68.2	2	0.021
2013	8	SJMZH01CTS_01	毛薹草	80	60.2	2	0.035
2013	8	SJMZH01CTS_01	毛薹草	90	54.7	2	0.020
2013	8	SJMZH01CTS_01	毛薹草	100	56.6	2	0.035
2013	8	SJMZH01CTS_01	毛薹草	110	56.1	2	0.016
2013	8	SJMZH01CTS_01	毛薹草	120	54.9	2	0.015
2013	8	SJMZH01CTS_01	毛薹草	130	55.1	2	0.011
2013	8	SJMZH01CTS_01	毛薹草	140	54.6	2	0.009
2013	8	SJMZH01CTS_01	毛薹草	150	54.5	2	0.005
2013	8	SJMZH01CTS_01	毛薹草	160	55.3	2	0.004
2013	8	SJMZH01CTS_01	毛薹草	170	54.0	2	0.010
2013	8	SJMZH01CTS_01	毛薹草	180	53.5	2	0.009
2013	9	SJMZH01CTS_01	毛薹草	10	79.5	2	0.011
2013	9	SJMZH01CTS_01	毛薹草	20	83.7	2	0.033
2013	9	SJMZH01CTS_01	毛薹草	30	88.5	2	0.016
2013	9	SJMZH01CTS_01	毛薹草	40	89.3	2	0.008
2013	9	SJMZH01CTS_01	毛薹草	50	88.6	2	0.010
2013	9	SJMZH01CTS_01	毛薹草	60	77.9	2	0.045
2013	9	SJMZH01CTS_01	毛薹草	70	64.3	2	0.029
2013	9	SJMZH01CTS_01	毛薹草	80	55.5	2	0.038
2013	9	SJMZH01CTS_01	毛薹草	90	52.8	2	0.021
2013	9	SJMZH01CTS_01	毛薹草	100	54.2	2	0.033

（续）

年	月	样地代码	作物名称	观测层次/cm	体积含水量/%	重复数	标准差
2013	9	SJMZH01CTS_01	毛薹草	110	54.3	2	0.020
2013	9	SJMZH01CTS_01	毛薹草	120	53.4	2	0.018
2013	9	SJMZH01CTS_01	毛薹草	130	53.3	2	0.014
2013	9	SJMZH01CTS_01	毛薹草	140	52.9	2	0.017
2013	9	SJMZH01CTS_01	毛薹草	150	51.8	2	0.024
2013	9	SJMZH01CTS_01	毛薹草	160	51.9	2	0.026
2013	9	SJMZH01CTS_01	毛薹草	170	51.0	2	0.024
2013	9	SJMZH01CTS_01	毛薹草	180	51.3	2	0.020
2013	10	SJMZH01CTS_01	毛薹草	10	81.0	2	0.005
2013	10	SJMZH01CTS_01	毛薹草	20	84.0	2	0.016
2013	10	SJMZH01CTS_01	毛薹草	30	87.8	2	0.012
2013	10	SJMZH01CTS_01	毛薹草	40	89.6	2	0.007
2013	10	SJMZH01CTS_01	毛薹草	50	88.6	2	0.011
2013	10	SJMZH01CTS_01	毛薹草	60	78.8	2	0.038
2013	10	SJMZH01CTS_01	毛薹草	70	63.0	2	0.008
2013	10	SJMZH01CTS_01	毛薹草	80	53.6	2	0.007
2013	10	SJMZH01CTS_01	毛薹草	90	52.0	2	0.006
2013	10	SJMZH01CTS_01	毛薹草	100	53.1	2	0.008
2013	10	SJMZH01CTS_01	毛薹草	110	53.3	2	0.012
2013	10	SJMZH01CTS_01	毛薹草	120	52.9	2	0.008
2013	10	SJMZH01CTS_01	毛薹草	130	52.2	2	0.002
2013	10	SJMZH01CTS_01	毛薹草	140	51.3	2	0.006
2013	10	SJMZH01CTS_01	毛薹草	150	50.4	2	0.013
2013	10	SJMZH01CTS_01	毛薹草	160	49.7	2	0.004
2013	10	SJMZH01CTS_01	毛薹草	170	49.1	2	0.005
2013	10	SJMZH01CTS_01	毛薹草	180	49.5	2	0.008
2012	5	SJMZH01CTS_01	毛薹草	10	67.9	2	0.081
2012	5	SJMZH01CTS_01	毛薹草	20	73.1	2	0.047
2012	5	SJMZH01CTS_01	毛薹草	30	76.6	2	0.016
2012	5	SJMZH01CTS_01	毛薹草	40	77.0	2	0.009
2012	5	SJMZH01CTS_01	毛薹草	50	70.5	2	0.036
2012	5	SJMZH01CTS_01	毛薹草	60	82.0	2	0.026
2012	5	SJMZH01CTS_01	毛薹草	70	82.3	2	0.012
2012	5	SJMZH01CTS_01	毛薹草	80	78.8	2	0.031
2012	5	SJMZH01CTS_01	毛薹草	90	72.8	2	0.074
2012	5	SJMZH01CTS_01	毛薹草	100	63.3	2	0.077
2012	5	SJMZH01CTS_01	毛薹草	110	58.9	2	0.028
2012	5	SJMZH01CTS_01	毛薹草	120	59.7	2	0.020

（续）

年	月	样地代码	作物名称	观测层次/cm	体积含水量/%	重复数	标准差
2012	5	SJMZH01CTS_01	毛薹草	130	60.7	2	0.010
2012	5	SJMZH01CTS_01	毛薹草	140	60.8	2	0.009
2012	5	SJMZH01CTS_01	毛薹草	150	59.6	2	0.008
2012	5	SJMZH01CTS_01	毛薹草	160	58.4	2	0.012
2012	5	SJMZH01CTS_01	毛薹草	170	57.1	2	0.011
2012	5	SJMZH01CTS_01	毛薹草	180	56.1	2	0.008
2012	6	SJMZH01CTS_01	毛薹草	10	67.7	2	0.130
2012	6	SJMZH01CTS_01	毛薹草	20	73.8	2	0.064
2012	6	SJMZH01CTS_01	毛薹草	30	75.0	2	0.015
2012	6	SJMZH01CTS_01	毛薹草	40	76.4	2	0.012
2012	6	SJMZH01CTS_01	毛薹草	50	67.5	2	0.010
2012	6	SJMZH01CTS_01	毛薹草	60	80.4	2	0.032
2012	6	SJMZH01CTS_01	毛薹草	70	79.0	2	0.018
2012	6	SJMZH01CTS_01	毛薹草	80	75.0	2	0.045
2012	6	SJMZH01CTS_01	毛薹草	90	67.7	2	0.080
2012	6	SJMZH01CTS_01	毛薹草	100	59.3	2	0.020
2012	6	SJMZH01CTS_01	毛薹草	110	58.7	2	0.011
2012	6	SJMZH01CTS_01	毛薹草	120	59.5	2	0.007
2012	6	SJMZH01CTS_01	毛薹草	130	60.5	2	0.009
2012	6	SJMZH01CTS_01	毛薹草	140	59.5	2	0.027
2012	6	SJMZH01CTS_01	毛薹草	150	59.0	2	0.008
2012	6	SJMZH01CTS_01	毛薹草	160	57.4	2	0.009
2012	6	SJMZH01CTS_01	毛薹草	170	56.3	2	0.009
2012	6	SJMZH01CTS_01	毛薹草	180	55.3	2	0.009
2012	7	SJMZH01CTS_01	毛薹草	10	57.5	2	0.114
2012	7	SJMZH01CTS_01	毛薹草	20	71.7	2	0.060
2012	7	SJMZH01CTS_01	毛薹草	30	75.8	2	0.036
2012	7	SJMZH01CTS_01	毛薹草	40	76.9	2	0.015
2012	7	SJMZH01CTS_01	毛薹草	50	66.3	2	0.015
2012	7	SJMZH01CTS_01	毛薹草	60	79.5	2	0.030
2012	7	SJMZH01CTS_01	毛薹草	70	78.4	2	0.018
2012	7	SJMZH01CTS_01	毛薹草	80	71.0	2	0.069
2012	7	SJMZH01CTS_01	毛薹草	90	65.8	2	0.081
2012	7	SJMZH01CTS_01	毛薹草	100	59.2	2	0.017
2012	7	SJMZH01CTS_01	毛薹草	110	58.7	2	0.006
2012	7	SJMZH01CTS_01	毛薹草	120	59.9	2	0.010
2012	7	SJMZH01CTS_01	毛薹草	130	60.6	2	0.011
2012	7	SJMZH01CTS_01	毛薹草	140	60.4	2	0.010

（续）

年	月	样地代码	作物名称	观测层次/cm	体积含水量/%	重复数	标准差
2012	7	SJMZH01CTS_01	毛薹草	150	58.7	2	0.007
2012	7	SJMZH01CTS_01	毛薹草	160	57.2	2	0.007
2012	7	SJMZH01CTS_01	毛薹草	170	55.8	2	0.011
2012	7	SJMZH01CTS_01	毛薹草	180	55.8	2	0.008
2012	8	SJMZH01CTS_01	毛薹草	10	63.0	2	0.087
2012	8	SJMZH01CTS_01	毛薹草	20	72.2	2	0.058
2012	8	SJMZH01CTS_01	毛薹草	30	74.5	2	0.045
2012	8	SJMZH01CTS_01	毛薹草	40	73.2	2	0.048
2012	8	SJMZH01CTS_01	毛薹草	50	68.1	2	0.033
2012	8	SJMZH01CTS_01	毛薹草	60	79.7	2	0.033
2012	8	SJMZH01CTS_01	毛薹草	70	76.2	2	0.018
2012	8	SJMZH01CTS_01	毛薹草	80	70.5	2	0.095
2012	8	SJMZH01CTS_01	毛薹草	90	66.9	2	0.086
2012	8	SJMZH01CTS_01	毛薹草	100	60.1	2	0.021
2012	8	SJMZH01CTS_01	毛薹草	110	59.5	2	0.012
2012	8	SJMZH01CTS_01	毛薹草	120	60.1	2	0.012
2012	8	SJMZH01CTS_01	毛薹草	130	61.5	2	0.013
2012	8	SJMZH01CTS_01	毛薹草	140	60.9	2	0.019
2012	8	SJMZH01CTS_01	毛薹草	150	59.9	2	0.019
2012	8	SJMZH01CTS_01	毛薹草	160	58.5	2	0.016
2012	8	SJMZH01CTS_01	毛薹草	170	56.8	2	0.014
2012	8	SJMZH01CTS_01	毛薹草	180	57.1	2	0.014
2012	9	SJMZH01CTS_01	毛薹草	10	56.2	2	0.087
2012	9	SJMZH01CTS_01	毛薹草	20	72.1	2	0.067
2012	9	SJMZH01CTS_01	毛薹草	30	72.6	2	0.059
2012	9	SJMZH01CTS_01	毛薹草	40	70.7	2	0.033
2012	9	SJMZH01CTS_01	毛薹草	50	65.5	2	0.012
2012	9	SJMZH01CTS_01	毛薹草	60	78.8	2	0.032
2012	9	SJMZH01CTS_01	毛薹草	70	75.5	2	0.013
2012	9	SJMZH01CTS_01	毛薹草	80	69.0	2	0.076
2012	9	SJMZH01CTS_01	毛薹草	90	66.5	2	0.082
2012	9	SJMZH01CTS_01	毛薹草	100	60.2	2	0.022
2012	9	SJMZH01CTS_01	毛薹草	110	59.7	2	0.014
2012	9	SJMZH01CTS_01	毛薹草	120	60.2	2	0.011
2012	9	SJMZH01CTS_01	毛薹草	130	62.2	2	0.013
2012	9	SJMZH01CTS_01	毛薹草	140	60.4	2	0.016
2012	9	SJMZH01CTS_01	毛薹草	150	59.5	2	0.016
2012	9	SJMZH01CTS_01	毛薹草	160	56.8	2	0.026

（续）

年	月	样地代码	作物名称	观测层次/cm	体积含水量/%	重复数	标准差
2012	9	SJMZH01CTS_01	毛薹草	170	56.4	2	0.013
2012	9	SJMZH01CTS_01	毛薹草	180	56.1	2	0.015
2012	10	SJMZH01CTS_01	毛薹草	10	54.9	2	0.091
2012	10	SJMZH01CTS_01	毛薹草	20	69.8	2	0.055
2012	10	SJMZH01CTS_01	毛薹草	30	71.5	2	0.047
2012	10	SJMZH01CTS_01	毛薹草	40	69.7	2	0.036
2012	10	SJMZH01CTS_01	毛薹草	50	64.3	2	0.015
2012	10	SJMZH01CTS_01	毛薹草	60	74.7	2	0.013
2012	10	SJMZH01CTS_01	毛薹草	70	73.7	2	0.004
2012	10	SJMZH01CTS_01	毛薹草	80	66.6	2	0.071
2012	10	SJMZH01CTS_01	毛薹草	90	64.2	2	0.081
2012	10	SJMZH01CTS_01	毛薹草	100	59.2	2	0.014
2012	10	SJMZH01CTS_01	毛薹草	110	58.2	2	0.012
2012	10	SJMZH01CTS_01	毛薹草	120	59.0	2	0.009
2012	10	SJMZH01CTS_01	毛薹草	130	60.0	2	0.006
2012	10	SJMZH01CTS_01	毛薹草	140	59.6	2	0.010
2012	10	SJMZH01CTS_01	毛薹草	150	57.9	2	0.012
2012	10	SJMZH01CTS_01	毛薹草	160	57.0	2	0.012
2012	10	SJMZH01CTS_01	毛薹草	170	55.7	2	0.004
2012	10	SJMZH01CTS_01	毛薹草	180	55.6	2	0.008
2011	5	SJMZH01CTS_01	毛薹草	10	62.9	2	0.147
2011	5	SJMZH01CTS_01	毛薹草	20	77.8	2	0.062
2011	5	SJMZH01CTS_01	毛薹草	30	71.2	2	0.041
2011	5	SJMZH01CTS_01	毛薹草	40	71.3	2	0.044
2011	5	SJMZH01CTS_01	毛薹草	50	73.0	2	0.071
2011	5	SJMZH01CTS_01	毛薹草	60	79.4	2	0.033
2011	5	SJMZH01CTS_01	毛薹草	70	70.3	2	0.044
2011	5	SJMZH01CTS_01	毛薹草	80	66.2	2	0.070
2011	5	SJMZH01CTS_01	毛薹草	90	59.2	2	0.013
2011	5	SJMZH01CTS_01	毛薹草	100	59.0	2	0.008
2011	5	SJMZH01CTS_01	毛薹草	110	59.9	2	0.006
2011	5	SJMZH01CTS_01	毛薹草	120	59.7	2	0.009
2011	5	SJMZH01CTS_01	毛薹草	130	60.6	2	0.012
2011	5	SJMZH01CTS_01	毛薹草	140	59.4	2	0.007
2011	5	SJMZH01CTS_01	毛薹草	150	57.5	2	0.005
2011	5	SJMZH01CTS_01	毛薹草	160	56.3	2	0.011
2011	5	SJMZH01CTS_01	毛薹草	170	55.6	2	0.006
2011	5	SJMZH01CTS_01	毛薹草	180	56.6	2	0.009

（续）

年	月	样地代码	作物名称	观测层次/cm	体积含水量/%	重复数	标准差
2011	6	SJMZH01CTS_01	毛薹草	10	54.4	2	0.040
2011	6	SJMZH01CTS_01	毛薹草	20	75.4	2	0.073
2011	6	SJMZH01CTS_01	毛薹草	30	68.1	2	0.055
2011	6	SJMZH01CTS_01	毛薹草	40	72.1	2	0.051
2011	6	SJMZH01CTS_01	毛薹草	50	72.6	2	0.083
2011	6	SJMZH01CTS_01	毛薹草	60	76.7	2	0.063
2011	6	SJMZH01CTS_01	毛薹草	70	67.7	2	0.027
2011	6	SJMZH01CTS_01	毛薹草	80	66.2	2	0.077
2011	6	SJMZH01CTS_01	毛薹草	90	59.6	2	0.025
2011	6	SJMZH01CTS_01	毛薹草	100	58.3	2	0.008
2011	6	SJMZH01CTS_01	毛薹草	110	59.7	2	0.012
2011	6	SJMZH01CTS_01	毛薹草	120	59.7	2	0.010
2011	6	SJMZH01CTS_01	毛薹草	130	60.0	2	0.005
2011	6	SJMZH01CTS_01	毛薹草	140	58.6	2	0.009
2011	6	SJMZH01CTS_01	毛薹草	150	57.2	2	0.006
2011	6	SJMZH01CTS_01	毛薹草	160	56.5	2	0.008
2011	6	SJMZH01CTS_01	毛薹草	170	55.4	2	0.009
2011	6	SJMZH01CTS_01	毛薹草	180	56.3	2	0.009
2011	7	SJMZH01CTS_01	毛薹草	10	55.4	2	0.089
2011	7	SJMZH01CTS_01	毛薹草	20	70.5	2	0.063
2011	7	SJMZH01CTS_01	毛薹草	30	58.1	2	0.082
2011	7	SJMZH01CTS_01	毛薹草	40	71.9	2	0.068
2011	7	SJMZH01CTS_01	毛薹草	50	69.5	2	0.037
2011	7	SJMZH01CTS_01	毛薹草	60	64.3	2	0.128
2011	7	SJMZH01CTS_01	毛薹草	70	63.8	2	0.108
2011	7	SJMZH01CTS_01	毛薹草	80	49.1	2	0.121
2011	7	SJMZH01CTS_01	毛薹草	90	55.4	2	0.065
2011	7	SJMZH01CTS_01	毛薹草	100	51.1	2	0.139
2011	7	SJMZH01CTS_01	毛薹草	110	55.6	2	0.077
2011	7	SJMZH01CTS_01	毛薹草	120	50.2	2	0.162
2011	7	SJMZH01CTS_01	毛薹草	130	56.6	2	0.048
2011	7	SJMZH01CTS_01	毛薹草	140	55.2	2	0.061
2011	7	SJMZH01CTS_01	毛薹草	150	54.8	2	0.031
2011	7	SJMZH01CTS_01	毛薹草	160	50.7	2	0.064
2011	7	SJMZH01CTS_01	毛薹草	170	52.9	2	0.040
2011	7	SJMZH01CTS_01	毛薹草	180	55.0	2	0.039
2011	8	SJMZH01CTS_01	毛薹草	10	63.2	2	0.104
2011	8	SJMZH01CTS_01	毛薹草	20	73.5	2	0.075

（续）

年	月	样地代码	作物名称	观测层次/cm	体积含水量/%	重复数	标准差
2011	8	SJMZH01CTS_01	毛薹草	30	69.6	2	0.070
2011	8	SJMZH01CTS_01	毛薹草	40	70.2	2	0.063
2011	8	SJMZH01CTS_01	毛薹草	50	67.7	2	0.007
2011	8	SJMZH01CTS_01	毛薹草	60	75.2	2	0.064
2011	8	SJMZH01CTS_01	毛薹草	70	72.5	2	0.045
2011	8	SJMZH01CTS_01	毛薹草	80	62.7	2	0.050
2011	8	SJMZH01CTS_01	毛薹草	90	58.5	2	0.012
2011	8	SJMZH01CTS_01	毛薹草	100	58.5	2	0.007
2011	8	SJMZH01CTS_01	毛薹草	110	59.0	2	0.010
2011	8	SJMZH01CTS_01	毛薹草	120	59.2	2	0.007
2011	8	SJMZH01CTS_01	毛薹草	130	60.1	2	0.025
2011	8	SJMZH01CTS_01	毛薹草	140	61.5	2	0.066
2011	8	SJMZH01CTS_01	毛薹草	150	55.6	2	0.025
2011	8	SJMZH01CTS_01	毛薹草	160	55.5	2	0.014
2011	8	SJMZH01CTS_01	毛薹草	170	54.7	2	0.008
2011	8	SJMZH01CTS_01	毛薹草	180	57.2	2	0.041
2011	9	SJMZH01CTS_01	毛薹草	10	58.3	2	0.153
2011	9	SJMZH01CTS_01	毛薹草	20	67.3	2	0.077
2011	9	SJMZH01CTS_01	毛薹草	30	71.0	2	0.061
2011	9	SJMZH01CTS_01	毛薹草	40	71.9	2	0.048
2011	9	SJMZH01CTS_01	毛薹草	50	68.2	2	0.018
2011	9	SJMZH01CTS_01	毛薹草	60	74.6	2	0.078
2011	9	SJMZH01CTS_01	毛薹草	70	77.4	2	0.089
2011	9	SJMZH01CTS_01	毛薹草	80	67.0	2	0.094
2011	9	SJMZH01CTS_01	毛薹草	90	58.5	2	0.016
2011	9	SJMZH01CTS_01	毛薹草	100	58.4	2	0.010
2011	9	SJMZH01CTS_01	毛薹草	110	59.3	2	0.009
2011	9	SJMZH01CTS_01	毛薹草	120	59.5	2	0.013
2011	9	SJMZH01CTS_01	毛薹草	130	60.6	2	0.029
2011	9	SJMZH01CTS_01	毛薹草	140	58.3	2	0.007
2011	9	SJMZH01CTS_01	毛薹草	150	56.6	2	0.023
2011	9	SJMZH01CTS_01	毛薹草	160	55.9	2	0.007
2011	9	SJMZH01CTS_01	毛薹草	170	55.3	2	0.006
2011	9	SJMZH01CTS_01	毛薹草	180	56.3	2	0.013
2010	5	SJMZH01CTS_01	毛薹草	10	50.4	2	0.060
2010	5	SJMZH01CTS_01	毛薹草	20	78.3	2	0.040
2010	5	SJMZH01CTS_01	毛薹草	30	82.5	2	0.033
2010	5	SJMZH01CTS_01	毛薹草	40	83.6	2	0.045

（续）

年	月	样地代码	作物名称	观测层次/cm	体积含水量/%	重复数	标准差
2010	5	SJMZH01CTS_01	毛薹草	50	81.1	2	0.052
2010	5	SJMZH01CTS_01	毛薹草	60	76.2	2	0.070
2010	5	SJMZH01CTS_01	毛薹草	70	68.2	2	0.070
2010	5	SJMZH01CTS_01	毛薹草	80	60.2	2	0.075
2010	5	SJMZH01CTS_01	毛薹草	90	57.7	2	0.099
2010	5	SJMZH01CTS_01	毛薹草	100	57.6	2	0.099
2010	5	SJMZH01CTS_01	毛薹草	110	54.4	2	0.073
2010	5	SJMZH01CTS_01	毛薹草	120	54.6	2	0.064
2010	5	SJMZH01CTS_01	毛薹草	130	53.6	2	0.058
2010	5	SJMZH01CTS_01	毛薹草	140	53.5	2	0.055
2010	5	SJMZH01CTS_01	毛薹草	150	53.2	2	0.054
2010	5	SJMZH01CTS_01	毛薹草	160	50.8	2	0.039
2010	5	SJMZH01CTS_01	毛薹草	170	51.9	2	0.048
2010	5	SJMZH01CTS_01	毛薹草	180	50.4	2	0.013
2010	6	SJMZH01CTS_01	毛薹草	10	55.4	2	0.086
2010	6	SJMZH01CTS_01	毛薹草	20	79.4	2	0.045
2010	6	SJMZH01CTS_01	毛薹草	30	83.1	2	0.049
2010	6	SJMZH01CTS_01	毛薹草	40	82.8	2	0.044
2010	6	SJMZH01CTS_01	毛薹草	50	81.8	2	0.055
2010	6	SJMZH01CTS_01	毛薹草	60	72.7	2	0.086
2010	6	SJMZH01CTS_01	毛薹草	70	63.7	2	0.093
2010	6	SJMZH01CTS_01	毛薹草	80	60.0	2	0.080
2010	6	SJMZH01CTS_01	毛薹草	90	59.9	2	0.094
2010	6	SJMZH01CTS_01	毛薹草	100	57.7	2	0.043
2010	6	SJMZH01CTS_01	毛薹草	110	56.0	2	0.026
2010	6	SJMZH01CTS_01	毛薹草	120	55.2	2	0.027
2010	6	SJMZH01CTS_01	毛薹草	130	53.4	2	0.034
2010	6	SJMZH01CTS_01	毛薹草	140	52.6	2	0.028
2010	6	SJMZH01CTS_01	毛薹草	150	52.9	2	0.040
2010	6	SJMZH01CTS_01	毛薹草	160	52.7	2	0.036
2010	6	SJMZH01CTS_01	毛薹草	170	53.6	2	0.046
2010	6	SJMZH01CTS_01	毛薹草	180	53.6	2	0.013
2010	7	SJMZH01CTS_01	毛薹草	10	49.4	2	0.057
2010	7	SJMZH01CTS_01	毛薹草	20	76.8	2	0.068
2010	7	SJMZH01CTS_01	毛薹草	30	82.8	2	0.034
2010	7	SJMZH01CTS_01	毛薹草	40	84.8	2	0.028
2010	7	SJMZH01CTS_01	毛薹草	50	82.0	2	0.037
2010	7	SJMZH01CTS_01	毛薹草	60	79.1	2	0.049

（续）

年	月	样地代码	作物名称	观测层次/cm	体积含水量/%	重复数	标准差
2010	7	SJMZH01CTS_01	毛薹草	70	67.4	2	0.046
2010	7	SJMZH01CTS_01	毛薹草	80	62.5	2	0.053
2010	7	SJMZH01CTS_01	毛薹草	90	58.0	2	0.046
2010	7	SJMZH01CTS_01	毛薹草	100	57.2	2	0.043
2010	7	SJMZH01CTS_01	毛薹草	110	56.5	2	0.029
2010	7	SJMZH01CTS_01	毛薹草	120	56.4	2	0.025
2010	7	SJMZH01CTS_01	毛薹草	130	55.0	2	0.027
2010	7	SJMZH01CTS_01	毛薹草	140	54.4	2	0.027
2010	7	SJMZH01CTS_01	毛薹草	150	54.2	2	0.010
2010	7	SJMZH01CTS_01	毛薹草	160	53.5	2	0.014
2010	7	SJMZH01CTS_01	毛薹草	170	52.8	2	0.019
2010	7	SJMZH01CTS_01	毛薹草	180	51.6	2	0.053
2010	8	SJMZH01CTS_01	毛薹草	10	49.1	2	0.037
2010	8	SJMZH01CTS_01	毛薹草	20	76.3	2	0.071
2010	8	SJMZH01CTS_01	毛薹草	30	79.2	2	0.037
2010	8	SJMZH01CTS_01	毛薹草	40	79.5	2	0.062
2010	8	SJMZH01CTS_01	毛薹草	50	77.0	2	0.082
2010	8	SJMZH01CTS_01	毛薹草	60	71.5	2	0.082
2010	8	SJMZH01CTS_01	毛薹草	70	65.0	2	0.071
2010	8	SJMZH01CTS_01	毛薹草	80	61.2	2	0.056
2010	8	SJMZH01CTS_01	毛薹草	90	59.0	2	0.040
2010	8	SJMZH01CTS_01	毛薹草	100	55.4	2	0.033
2010	8	SJMZH01CTS_01	毛薹草	110	53.6	2	0.022
2010	8	SJMZH01CTS_01	毛薹草	120	52.6	2	0.025
2010	8	SJMZH01CTS_01	毛薹草	130	52.6	2	0.023
2010	8	SJMZH01CTS_01	毛薹草	140	52.2	2	0.015
2010	8	SJMZH01CTS_01	毛薹草	150	52.1	2	0.020
2010	8	SJMZH01CTS_01	毛薹草	160	51.6	2	0.016
2010	8	SJMZH01CTS_01	毛薹草	170	52.3	2	0.026
2010	8	SJMZH01CTS_01	毛薹草	180	51.5	2	0.024
2010	9	SJMZH01CTS_01	毛薹草	10	49.8	2	0.049
2010	9	SJMZH01CTS_01	毛薹草	20	70.9	2	0.034
2010	9	SJMZH01CTS_01	毛薹草	30	73.2	2	0.043
2010	9	SJMZH01CTS_01	毛薹草	40	71.4	2	0.045
2010	9	SJMZH01CTS_01	毛薹草	50	67.7	2	0.040
2010	9	SJMZH01CTS_01	毛薹草	60	66.1	2	0.035
2010	9	SJMZH01CTS_01	毛薹草	70	61.5	2	0.038
2010	9	SJMZH01CTS_01	毛薹草	80	59.6	2	0.030

（续）

年	月	样地代码	作物名称	观测层次/cm	体积含水量/%	重复数	标准差
2010	9	SJMZH01CTS_01	毛薹草	90	55.4	2	0.037
2010	9	SJMZH01CTS_01	毛薹草	100	55.1	2	0.030
2010	9	SJMZH01CTS_01	毛薹草	110	54.8	2	0.029
2010	9	SJMZH01CTS_01	毛薹草	120	54.6	2	0.033
2010	9	SJMZH01CTS_01	毛薹草	130	53.8	2	0.019
2010	9	SJMZH01CTS_01	毛薹草	140	52.4	2	0.029
2010	9	SJMZH01CTS_01	毛薹草	150	51.5	2	0.014
2010	9	SJMZH01CTS_01	毛薹草	160	51.5	2	0.030
2010	9	SJMZH01CTS_01	毛薹草	170	51.1	2	0.035
2010	9	SJMZH01CTS_01	毛薹草	180	50.5	2	0.024
2010	10	SJMZH01CTS_01	毛薹草	10	42.5	2	0.017
2010	10	SJMZH01CTS_01	毛薹草	20	67.0	2	0.023
2010	10	SJMZH01CTS_01	毛薹草	30	65.1	2	0.014
2010	10	SJMZH01CTS_01	毛薹草	40	65.6	2	0.017
2010	10	SJMZH01CTS_01	毛薹草	50	64.4	2	0.016
2010	10	SJMZH01CTS_01	毛薹草	60	66.4	2	0.016
2010	10	SJMZH01CTS_01	毛薹草	70	62.4	2	0.007
2010	10	SJMZH01CTS_01	毛薹草	80	58.7	2	0.035
2010	10	SJMZH01CTS_01	毛薹草	90	58.5	2	0.046
2010	10	SJMZH01CTS_01	毛薹草	100	57.2	2	0.042
2010	10	SJMZH01CTS_01	毛薹草	110	55.4	2	0.026
2010	10	SJMZH01CTS_01	毛薹草	120	54.4	2	0.037
2010	10	SJMZH01CTS_01	毛薹草	130	53.3	2	0.049
2010	10	SJMZH01CTS_01	毛薹草	140	52.1	2	0.058
2010	10	SJMZH01CTS_01	毛薹草	150	50.2	2	0.084
2010	10	SJMZH01CTS_01	毛薹草	160	45.3	2	0.055
2010	10	SJMZH01CTS_01	毛薹草	170	45.8	2	0.060
2010	10	SJMZH01CTS_01	毛薹草	180	44.2	2	0.023
2009	5	SJMZH01CTS_01	毛薹草	10	50.1	2	0.055
2009	5	SJMZH01CTS_01	毛薹草	20	79.8	2	0.029
2009	5	SJMZH01CTS_01	毛薹草	30	85.1	2	0.013
2009	5	SJMZH01CTS_01	毛薹草	40	87.1	2	0.011
2009	5	SJMZH01CTS_01	毛薹草	50	87.7	2	0.015
2009	5	SJMZH01CTS_01	毛薹草	60	77.9	2	0.042
2009	5	SJMZH01CTS_01	毛薹草	70	66.6	2	0.053
2009	5	SJMZH01CTS_01	毛薹草	80	56.2	2	0.033
2009	5	SJMZH01CTS_01	毛薹草	90	51.2	2	0.008
2009	5	SJMZH01CTS_01	毛薹草	100	51.9	2	0.010

（续）

年	月	样地代码	作物名称	观测层次/cm	体积含水量/%	重复数	标准差
2009	5	SJMZH01CTS_01	毛薹草	110	52.9	2	0.007
2009	5	SJMZH01CTS_01	毛薹草	120	53.5	2	0.007
2009	5	SJMZH01CTS_01	毛薹草	130	52.7	2	0.011
2009	5	SJMZH01CTS_01	毛薹草	140	51.5	2	0.018
2009	5	SJMZH01CTS_01	毛薹草	150	50.7	2	0.018
2009	5	SJMZH01CTS_01	毛薹草	160	49.4	2	0.019
2009	5	SJMZH01CTS_01	毛薹草	170	49.2	2	0.011
2009	5	SJMZH01CTS_01	毛薹草	180	49.3	2	0.014
2009	6	SJMZH01CTS_01	毛薹草	10	58.2	2	0.085
2009	6	SJMZH01CTS_01	毛薹草	20	78.6	2	0.055
2009	6	SJMZH01CTS_01	毛薹草	30	84.7	2	0.021
2009	6	SJMZH01CTS_01	毛薹草	40	86.8	2	0.018
2009	6	SJMZH01CTS_01	毛薹草	50	85.8	2	0.024
2009	6	SJMZH01CTS_01	毛薹草	60	77.4	2	0.072
2009	6	SJMZH01CTS_01	毛薹草	70	64.2	2	0.075
2009	6	SJMZH01CTS_01	毛薹草	80	55.0	2	0.031
2009	6	SJMZH01CTS_01	毛薹草	90	51.5	2	0.013
2009	6	SJMZH01CTS_01	毛薹草	100	52.6	2	0.016
2009	6	SJMZH01CTS_01	毛薹草	110	53.0	2	0.009
2009	6	SJMZH01CTS_01	毛薹草	120	52.7	2	0.009
2009	6	SJMZH01CTS_01	毛薹草	130	52.0	2	0.010
2009	6	SJMZH01CTS_01	毛薹草	140	51.0	2	0.017
2009	6	SJMZH01CTS_01	毛薹草	150	50.3	2	0.023
2009	6	SJMZH01CTS_01	毛薹草	160	49.1	2	0.013
2009	6	SJMZH01CTS_01	毛薹草	170	49.2	2	0.011
2009	6	SJMZH01CTS_01	毛薹草	180	49.3	2	0.024
2009	7	SJMZH01CTS_01	毛薹草	10	73.1	2	0.119
2009	7	SJMZH01CTS_01	毛薹草	20	86.8	2	0.017
2009	7	SJMZH01CTS_01	毛薹草	30	83.4	2	0.025
2009	7	SJMZH01CTS_01	毛薹草	40	82.9	2	0.022
2009	7	SJMZH01CTS_01	毛薹草	50	86.4	2	0.019
2009	7	SJMZH01CTS_01	毛薹草	60	83.8	2	0.021
2009	7	SJMZH01CTS_01	毛薹草	70	71.1	2	0.056
2009	7	SJMZH01CTS_01	毛薹草	80	58.1	2	0.050
2009	7	SJMZH01CTS_01	毛薹草	90	52.0	2	0.012
2009	7	SJMZH01CTS_01	毛薹草	100	52.3	2	0.013
2009	7	SJMZH01CTS_01	毛薹草	110	53.1	2	0.010
2009	7	SJMZH01CTS_01	毛薹草	120	52.9	2	0.007

（续）

年	月	样地代码	作物名称	观测层次/cm	体积含水量/%	重复数	标准差
2009	7	SJMZH01CTS_01	毛薹草	130	53.1	2	0.012
2009	7	SJMZH01CTS_01	毛薹草	140	52.3	2	0.021
2009	7	SJMZH01CTS_01	毛薹草	150	50.8	2	0.020
2009	7	SJMZH01CTS_01	毛薹草	160	49.1	2	0.017
2009	7	SJMZH01CTS_01	毛薹草	170	49.4	2	0.014
2009	7	SJMZH01CTS_01	毛薹草	180	48.3	2	0.014
2009	8	SJMZH01CTS_01	毛薹草	10	71.8	2	0.125
2009	8	SJMZH01CTS_01	毛薹草	20	85.7	2	0.018
2009	8	SJMZH01CTS_01	毛薹草	30	81.2	2	0.033
2009	8	SJMZH01CTS_01	毛薹草	40	80.2	2	0.052
2009	8	SJMZH01CTS_01	毛薹草	50	84.2	2	0.033
2009	8	SJMZH01CTS_01	毛薹草	60	86.0	2	0.020
2009	8	SJMZH01CTS_01	毛薹草	70	78.4	2	0.070
2009	8	SJMZH01CTS_01	毛薹草	80	65.4	2	0.085
2009	8	SJMZH01CTS_01	毛薹草	90	55.3	2	0.064
2009	8	SJMZH01CTS_01	毛薹草	100	52.0	2	0.014
2009	8	SJMZH01CTS_01	毛薹草	110	52.1	2	0.012
2009	8	SJMZH01CTS_01	毛薹草	120	52.8	2	0.005
2009	8	SJMZH01CTS_01	毛薹草	130	52.7	2	0.009
2009	8	SJMZH01CTS_01	毛薹草	140	53.0	2	0.008
2009	8	SJMZH01CTS_01	毛薹草	150	51.7	2	0.010
2009	8	SJMZH01CTS_01	毛薹草	160	50.3	2	0.011
2009	8	SJMZH01CTS_01	毛薹草	170	49.2	2	0.011
2009	8	SJMZH01CTS_01	毛薹草	180	48.5	2	0.023
2009	9	SJMZH01CTS_01	毛薹草	10	67.6	2	0.165
2009	9	SJMZH01CTS_01	毛薹草	20	78.5	2	0.115
2009	9	SJMZH01CTS_01	毛薹草	30	80.1	2	0.061
2009	9	SJMZH01CTS_01	毛薹草	40	77.9	2	0.021
2009	9	SJMZH01CTS_01	毛薹草	50	84.1	2	0.026
2009	9	SJMZH01CTS_01	毛薹草	60	88.6	2	0.016
2009	9	SJMZH01CTS_01	毛薹草	70	87.3	2	0.037
2009	9	SJMZH01CTS_01	毛薹草	80	71.4	2	0.059
2009	9	SJMZH01CTS_01	毛薹草	90	58.4	2	0.038
2009	9	SJMZH01CTS_01	毛薹草	100	55.5	2	0.027
2009	9	SJMZH01CTS_01	毛薹草	110	53.3	2	0.010
2009	9	SJMZH01CTS_01	毛薹草	120	53.6	2	0.011
2009	9	SJMZH01CTS_01	毛薹草	130	53.5	2	0.011
2009	9	SJMZH01CTS_01	毛薹草	140	53.0	2	0.006

（续）

年	月	样地代码	作物名称	观测层次/cm	体积含水量/%	重复数	标准差
2009	9	SJMZH01CTS＿01	毛薹草	150	51.6	2	0.008
2009	9	SJMZH01CTS＿01	毛薹草	160	48.9	2	0.021
2009	9	SJMZH01CTS＿01	毛薹草	170	48.9	2	0.010
2009	9	SJMZH01CTS＿01	毛薹草	180	39.8	2	0.098
2009	10	SJMZH01CTS＿01	毛薹草	10	66.1	2	0.181
2009	10	SJMZH01CTS＿01	毛薹草	20	84.4	2	0.032
2009	10	SJMZH01CTS＿01	毛薹草	30	81.2	2	0.002
2009	10	SJMZH01CTS＿01	毛薹草	40	78.8	2	0.053
2009	10	SJMZH01CTS＿01	毛薹草	50	87.0	2	0.004
2009	10	SJMZH01CTS＿01	毛薹草	60	85.9	2	0.035
2009	10	SJMZH01CTS＿01	毛薹草	70	80.0	2	0.109
2009	10	SJMZH01CTS＿01	毛薹草	80	69.6	2	0.121
2009	10	SJMZH01CTS＿01	毛薹草	90	58.5	2	0.075
2009	10	SJMZH01CTS＿01	毛薹草	100	52.7	2	0.016
2009	10	SJMZH01CTS＿01	毛薹草	110	51.4	2	0.006
2009	10	SJMZH01CTS＿01	毛薹草	120	52.1	2	0.006
2009	10	SJMZH01CTS＿01	毛薹草	130	53.2	2	0.002
2009	10	SJMZH01CTS＿01	毛薹草	140	52.6	2	0.006
2009	10	SJMZH01CTS＿01	毛薹草	150	52.0	2	0.010
2009	10	SJMZH01CTS＿01	毛薹草	160	51.1	2	0.002
2009	10	SJMZH01CTS＿01	毛薹草	170	48.8	2	0.002
2009	10	SJMZH01CTS＿01	毛薹草	180	47.2	2	0.014
2008	7	SJMZH01CTS＿01	毛薹草	10	45.0	2	0.042
2008	7	SJMZH01CTS＿01	毛薹草	20	75.0	2	0.060
2008	7	SJMZH01CTS＿01	毛薹草	30	80.5	2	0.018
2008	7	SJMZH01CTS＿01	毛薹草	40	83.8	2	0.029
2008	7	SJMZH01CTS＿01	毛薹草	50	86.5	2	0.021
2008	7	SJMZH01CTS＿01	毛薹草	60	84.4	2	0.031
2008	7	SJMZH01CTS＿01	毛薹草	70	75.4	2	0.058
2008	7	SJMZH01CTS＿01	毛薹草	80	69.5	2	0.047
2008	7	SJMZH01CTS＿01	毛薹草	90	63.4	2	0.062
2008	7	SJMZH01CTS＿01	毛薹草	100	61.2	2	0.043
2008	7	SJMZH01CTS＿01	毛薹草	110	60.3	2	0.038
2008	7	SJMZH01CTS＿01	毛薹草	120	59.4	2	0.030
2008	7	SJMZH01CTS＿01	毛薹草	130	58.6	2	0.037
2008	7	SJMZH01CTS＿01	毛薹草	140	56.2	2	0.032
2008	7	SJMZH01CTS＿01	毛薹草	150	54.0	2	0.015
2008	7	SJMZH01CTS＿01	毛薹草	160	52.9	2	0.013

（续）

年	月	样地代码	作物名称	观测层次/cm	体积含水量/%	重复数	标准差
2008	7	SJMZH01CTS_01	毛薹草	170	52.8	2	0.014
2008	7	SJMZH01CTS_01	毛薹草	180	51.0	2	0.013
2008	8	SJMZH01CTS_01	毛薹草	10	45.6	2	0.048
2008	8	SJMZH01CTS_01	毛薹草	20	78.3	2	0.031
2008	8	SJMZH01CTS_01	毛薹草	30	80.7	2	0.022
2008	8	SJMZH01CTS_01	毛薹草	40	85.6	2	0.027
2008	8	SJMZH01CTS_01	毛薹草	50	87.7	2	0.016
2008	8	SJMZH01CTS_01	毛薹草	60	83.4	2	0.037
2008	8	SJMZH01CTS_01	毛薹草	70	71.1	2	0.062
2008	8	SJMZH01CTS_01	毛薹草	80	61.7	2	0.050
2008	8	SJMZH01CTS_01	毛薹草	90	55.7	2	0.026
2008	8	SJMZH01CTS_01	毛薹草	100	54.1	2	0.005
2008	8	SJMZH01CTS_01	毛薹草	110	54.1	2	0.006
2008	8	SJMZH01CTS_01	毛薹草	120	54.4	2	0.008
2008	8	SJMZH01CTS_01	毛薹草	130	53.5	2	0.009
2008	8	SJMZH01CTS_01	毛薹草	140	53.1	2	0.014
2008	8	SJMZH01CTS_01	毛薹草	150	54.2	2	0.011
2008	8	SJMZH01CTS_01	毛薹草	160	53.2	2	0.018
2008	8	SJMZH01CTS_01	毛薹草	170	53.1	2	0.019
2008	8	SJMZH01CTS_01	毛薹草	180	50.7	2	0.011
2008	9	SJMZH01CTS_01	毛薹草	10	46.4	2	0.032
2008	9	SJMZH01CTS_01	毛薹草	20	71.1	2	0.035
2008	9	SJMZH01CTS_01	毛薹草	30	79.1	2	0.036
2008	9	SJMZH01CTS_01	毛薹草	40	85.0	2	0.021
2008	9	SJMZH01CTS_01	毛薹草	50	85.3	2	0.030
2008	9	SJMZH01CTS_01	毛薹草	60	79.6	2	0.054
2008	9	SJMZH01CTS_01	毛薹草	70	68.6	2	0.059
2008	9	SJMZH01CTS_01	毛薹草	80	61.2	2	0.050
2008	9	SJMZH01CTS_01	毛薹草	90	56.8	2	0.031
2008	9	SJMZH01CTS_01	毛薹草	100	54.3	2	0.015
2008	9	SJMZH01CTS_01	毛薹草	110	54.3	2	0.006
2008	9	SJMZH01CTS_01	毛薹草	120	54.2	2	0.005
2008	9	SJMZH01CTS_01	毛薹草	130	53.1	2	0.011
2008	9	SJMZH01CTS_01	毛薹草	140	52.6	2	0.014
2008	9	SJMZH01CTS_01	毛薹草	150	52.9	2	0.015
2008	9	SJMZH01CTS_01	毛薹草	160	51.1	2	0.014
2008	9	SJMZH01CTS_01	毛薹草	170	51.7	2	0.020
2008	9	SJMZH01CTS_01	毛薹草	180	51.1	2	0.011

（续）

年	月	样地代码	作物名称	观测层次/cm	体积含水量/%	重复数	标准差
2008	10	SJMZH01CTS_01	毛薹草	10	47.3	2	0.036
2008	10	SJMZH01CTS_01	毛薹草	20	77.5	2	0.030
2008	10	SJMZH01CTS_01	毛薹草	30	82.5	2	0.008
2008	10	SJMZH01CTS_01	毛薹草	40	85.7	2	0.023
2008	10	SJMZH01CTS_01	毛薹草	50	79.7	2	0.038
2008	10	SJMZH01CTS_01	毛薹草	60	71.3	2	0.029
2008	10	SJMZH01CTS_01	毛薹草	70	64.9	2	0.029
2008	10	SJMZH01CTS_01	毛薹草	80	60.3	2	0.034
2008	10	SJMZH01CTS_01	毛薹草	90	56.0	2	0.020
2008	10	SJMZH01CTS_01	毛薹草	100	55.1	2	0.012
2008	10	SJMZH01CTS_01	毛薹草	110	55.0	2	0.016
2008	10	SJMZH01CTS_01	毛薹草	120	53.9	2	0.003
2008	10	SJMZH01CTS_01	毛薹草	130	53.2	2	0.009
2008	10	SJMZH01CTS_01	毛薹草	140	52.6	2	0.013
2008	10	SJMZH01CTS_01	毛薹草	150	52.0	2	0.011
2008	10	SJMZH01CTS_01	毛薹草	160	51.4	2	0.005
2008	10	SJMZH01CTS_01	毛薹草	170	50.9	2	0.006
2008	10	SJMZH01CTS_01	毛薹草	180	50.5	2	0.005
2007	5	SJMZH01CTS_01	毛薹草	10	53.1	3	0.028
2007	5	SJMZH01CTS_01	毛薹草	20	79.9	3	0.024
2007	5	SJMZH01CTS_01	毛薹草	30	84.5	3	0.036
2007	5	SJMZH01CTS_01	毛薹草	40	83.2	3	0.040
2007	5	SJMZH01CTS_01	毛薹草	50	84.5	3	0.054
2007	5	SJMZH01CTS_01	毛薹草	60	84.3	3	0.019
2007	5	SJMZH01CTS_01	毛薹草	70	84.5	3	0.020
2007	5	SJMZH01CTS_01	毛薹草	80	79.7	3	0.018
2007	5	SJMZH01CTS_01	毛薹草	90	76.6	3	0.034
2007	5	SJMZH01CTS_01	毛薹草	100	75.2	3	0.026
2007	5	SJMZH01CTS_01	毛薹草	110	65.3	3	0.052
2007	5	SJMZH01CTS_01	毛薹草	120	61.0	3	0.034
2007	5	SJMZH01CTS_01	毛薹草	130	59.0	3	0.030
2007	5	SJMZH01CTS_01	毛薹草	140	60.6	3	0.028
2007	5	SJMZH01CTS_01	毛薹草	150	58.6	3	0.031
2007	5	SJMZH01CTS_01	毛薹草	160	57.6	3	0.028
2007	5	SJMZH01CTS_01	毛薹草	170	56.5	3	0.032
2007	5	SJMZH01CTS_01	毛薹草	180	58.3	3	0.034
2007	6	SJMZH01CTS_01	毛薹草	10	56.1	3	0.057
2007	6	SJMZH01CTS_01	毛薹草	20	70.6	3	0.051

（续）

年	月	样地代码	作物名称	观测层次/cm	体积含水量/%	重复数	标准差
2007	6	SJMZH01CTS_01	毛薹草	30	83.7	3	0.068
2007	6	SJMZH01CTS_01	毛薹草	40	85.4	3	0.063
2007	6	SJMZH01CTS_01	毛薹草	50	88.0	3	0.037
2007	6	SJMZH01CTS_01	毛薹草	60	83.5	3	0.040
2007	6	SJMZH01CTS_01	毛薹草	70	81.6	3	0.034
2007	6	SJMZH01CTS_01	毛薹草	80	82.5	3	0.054
2007	6	SJMZH01CTS_01	毛薹草	90	80.1	3	0.076
2007	6	SJMZH01CTS_01	毛薹草	100	74.2	3	0.072
2007	6	SJMZH01CTS_01	毛薹草	110	67.6	3	0.046
2007	6	SJMZH01CTS_01	毛薹草	120	65.2	3	0.032
2007	6	SJMZH01CTS_01	毛薹草	130	63.5	3	0.041
2007	6	SJMZH01CTS_01	毛薹草	140	59.9	3	0.029
2007	6	SJMZH01CTS_01	毛薹草	150	58.3	3	0.039
2007	6	SJMZH01CTS_01	毛薹草	160	55.4	3	0.048
2007	6	SJMZH01CTS_01	毛薹草	170	58.4	3	0.053
2007	6	SJMZH01CTS_01	毛薹草	180	58.4	3	0.062
2007	7	SJMZH01CTS_01	毛薹草	10	54.0	3	0.102
2007	7	SJMZH01CTS_01	毛薹草	20	65.2	3	0.110
2007	7	SJMZH01CTS_01	毛薹草	30	76.5	3	0.094
2007	7	SJMZH01CTS_01	毛薹草	40	82.7	3	0.062
2007	7	SJMZH01CTS_01	毛薹草	50	84.8	3	0.055
2007	7	SJMZH01CTS_01	毛薹草	60	78.5	3	0.059
2007	7	SJMZH01CTS_01	毛薹草	70	72.6	3	0.095
2007	7	SJMZH01CTS_01	毛薹草	80	72.7	3	0.075
2007	7	SJMZH01CTS_01	毛薹草	90	65.0	3	0.046
2007	7	SJMZH01CTS_01	毛薹草	100	62.0	3	0.064
2007	7	SJMZH01CTS_01	毛薹草	110	59.7	3	0.067
2007	7	SJMZH01CTS_01	毛薹草	120	58.1	3	0.027
2007	7	SJMZH01CTS_01	毛薹草	130	58.7	3	0.035
2007	7	SJMZH01CTS_01	毛薹草	140	57.9	3	0.046
2007	7	SJMZH01CTS_01	毛薹草	150	58.6	3	0.049
2007	7	SJMZH01CTS_01	毛薹草	160	56.2	3	0.043
2007	7	SJMZH01CTS_01	毛薹草	170	57.1	3	0.034
2007	7	SJMZH01CTS_01	毛薹草	180	56.6	3	0.027
2007	8	SJMZH01CTS_01	毛薹草	10	66.3	3	0.122
2007	8	SJMZH01CTS_01	毛薹草	20	83.6	3	0.050
2007	8	SJMZH01CTS_01	毛薹草	30	85.1	3	0.027
2007	8	SJMZH01CTS_01	毛薹草	40	87.9	3	0.039

（续）

年	月	样地代码	作物名称	观测层次/cm	体积含水量/%	重复数	标准差
2007	8	SJMZH01CTS_01	毛薹草	50	87.6	3	0.031
2007	8	SJMZH01CTS_01	毛薹草	60	79.7	3	0.043
2007	8	SJMZH01CTS_01	毛薹草	70	70.2	3	0.094
2007	8	SJMZH01CTS_01	毛薹草	80	71.7	3	0.052
2007	8	SJMZH01CTS_01	毛薹草	90	65.5	3	0.055
2007	8	SJMZH01CTS_01	毛薹草	100	65.2	3	0.054
2007	8	SJMZH01CTS_01	毛薹草	110	62.1	3	0.042
2007	8	SJMZH01CTS_01	毛薹草	120	61.1	3	0.036
2007	8	SJMZH01CTS_01	毛薹草	130	62.6	3	0.038
2007	8	SJMZH01CTS_01	毛薹草	140	61.2	3	0.033
2007	8	SJMZH01CTS_01	毛薹草	150	61.1	3	0.036
2007	8	SJMZH01CTS_01	毛薹草	160	60.8	3	0.033
2007	8	SJMZH01CTS_01	毛薹草	170	59.8	3	0.038
2007	8	SJMZH01CTS_01	毛薹草	180	58.0	3	0.035
2007	9	SJMZH01CTS_01	毛薹草	10	55.3	3	0.037
2007	9	SJMZH01CTS_01	毛薹草	20	75.2	3	0.048
2007	9	SJMZH01CTS_01	毛薹草	30	86.7	3	0.038
2007	9	SJMZH01CTS_01	毛薹草	40	88.7	3	0.035
2007	9	SJMZH01CTS_01	毛薹草	50	88.4	3	0.041
2007	9	SJMZH01CTS_01	毛薹草	60	77.1	3	0.033
2007	9	SJMZH01CTS_01	毛薹草	70	67.0	3	0.084
2007	9	SJMZH01CTS_01	毛薹草	80	63.6	3	0.050
2007	9	SJMZH01CTS_01	毛薹草	90	59.7	3	0.036
2007	9	SJMZH01CTS_01	毛薹草	100	59.2	3	0.024
2007	9	SJMZH01CTS_01	毛薹草	110	59.2	3	0.013
2007	9	SJMZH01CTS_01	毛薹草	120	58.7	3	0.012
2007	9	SJMZH01CTS_01	毛薹草	130	60.1	3	0.025
2007	9	SJMZH01CTS_01	毛薹草	140	59.2	3	0.022
2007	9	SJMZH01CTS_01	毛薹草	150	60.2	3	0.031
2007	9	SJMZH01CTS_01	毛薹草	160	58.5	3	0.025
2007	9	SJMZH01CTS_01	毛薹草	170	58.5	3	0.034
2007	9	SJMZH01CTS_01	毛薹草	180	56.8	3	0.022
2007	10	SJMZH01CTS_01	毛薹草	10	53.3	3	0.081
2007	10	SJMZH01CTS_01	毛薹草	20	75.4	3	0.062
2007	10	SJMZH01CTS_01	毛薹草	30	83.5	3	0.043
2007	10	SJMZH01CTS_01	毛薹草	40	87.7	3	0.017
2007	10	SJMZH01CTS_01	毛薹草	50	86.8	3	0.028
2007	10	SJMZH01CTS_01	毛薹草	60	79.3	3	0.023

(续)

年	月	样地代码	作物名称	观测层次/cm	体积含水量/%	重复数	标准差
2007	10	SJMZH01CTS_01	毛薹草	70	65.5	3	0.045
2007	10	SJMZH01CTS_01	毛薹草	80	63.7	3	0.062
2007	10	SJMZH01CTS_01	毛薹草	90	63.1	3	0.028
2007	10	SJMZH01CTS_01	毛薹草	100	56.9	3	0.018
2007	10	SJMZH01CTS_01	毛薹草	110	57.6	3	0.017
2007	10	SJMZH01CTS_01	毛薹草	120	59.0	3	0.013
2007	10	SJMZH01CTS_01	毛薹草	130	58.2	3	0.031
2007	10	SJMZH01CTS_01	毛薹草	140	58.6	3	0.033
2007	10	SJMZH01CTS_01	毛薹草	150	58.2	3	0.035
2007	10	SJMZH01CTS_01	毛薹草	160	59.4	3	0.047
2007	10	SJMZH01CTS_01	毛薹草	170	58.4	3	0.045
2007	10	SJMZH01CTS_01	毛薹草	180	54.9	3	0.021
2006	5	SJMZH01CTS_01	毛薹草	10	94.3	3	0.052
2006	5	SJMZH01CTS_01	毛薹草	20	88.0	3	0.051
2006	5	SJMZH01CTS_01	毛薹草	30	84.5	3	0.061
2006	5	SJMZH01CTS_01	毛薹草	40	75.3	3	0.075
2006	5	SJMZH01CTS_01	毛薹草	50	66.6	3	0.098
2006	5	SJMZH01CTS_01	毛薹草	60	63.7	3	0.062
2006	5	SJMZH01CTS_01	毛薹草	70	60.2	3	0.040
2006	5	SJMZH01CTS_01	毛薹草	80	57.7	3	0.024
2006	5	SJMZH01CTS_01	毛薹草	90	56.5	3	0.016
2006	5	SJMZH01CTS_01	毛薹草	100	55.3	3	0.025
2006	5	SJMZH01CTS_01	毛薹草	110	55.0	3	0.018
2006	5	SJMZH01CTS_01	毛薹草	120	55.0	3	0.013
2006	5	SJMZH01CTS_01	毛薹草	130	54.2	3	0.010
2006	5	SJMZH01CTS_01	毛薹草	140	53.7	3	0.010
2006	5	SJMZH01CTS_01	毛薹草	150	53.9	3	0.009
2006	5	SJMZH01CTS_01	毛薹草	160	52.7	3	0.014
2006	5	SJMZH01CTS_01	毛薹草	170	52.8	3	0.024
2006	5	SJMZH01CTS_01	毛薹草	180	53.5	3	0.024
2006	6	SJMZH01CTS_01	毛薹草	10	98.9	3	0.002
2006	6	SJMZH01CTS_01	毛薹草	20	95.1	3	0.011
2006	6	SJMZH01CTS_01	毛薹草	30	90.1	3	0.011
2006	6	SJMZH01CTS_01	毛薹草	40	87.4	3	0.022
2006	6	SJMZH01CTS_01	毛薹草	50	78.2	3	0.088
2006	6	SJMZH01CTS_01	毛薹草	60	74.5	3	0.063
2006	6	SJMZH01CTS_01	毛薹草	70	69.7	3	0.060
2006	6	SJMZH01CTS_01	毛薹草	80	69.2	3	0.054

（续）

年	月	样地代码	作物名称	观测层次/cm	体积含水量/%	重复数	标准差
2006	6	SJMZH01CTS_01	毛薹草	90	61.7	3	0.004
2006	6	SJMZH01CTS_01	毛薹草	100	61.2	3	0.017
2006	6	SJMZH01CTS_01	毛薹草	110	57.8	3	0.021
2006	6	SJMZH01CTS_01	毛薹草	120	57.3	3	0.039
2006	6	SJMZH01CTS_01	毛薹草	130	55.9	3	0.017
2006	6	SJMZH01CTS_01	毛薹草	140	56.1	3	0.016
2006	6	SJMZH01CTS_01	毛薹草	150	58.7	3	0.040
2006	6	SJMZH01CTS_01	毛薹草	160	56.1	3	0.035
2006	6	SJMZH01CTS_01	毛薹草	170	53.2	3	0.046
2006	6	SJMZH01CTS_01	毛薹草	180	53.8	3	0.036
2006	7	SJMZH01CTS_01	毛薹草	10	98.1	3	0.014
2006	7	SJMZH01CTS_01	毛薹草	20	93.7	3	0.031
2006	7	SJMZH01CTS_01	毛薹草	30	83.7	3	0.062
2006	7	SJMZH01CTS_01	毛薹草	40	76.9	3	0.071
2006	7	SJMZH01CTS_01	毛薹草	50	71.8	3	0.089
2006	7	SJMZH01CTS_01	毛薹草	60	69.7	3	0.036
2006	7	SJMZH01CTS_01	毛薹草	70	68.2	3	0.040
2006	7	SJMZH01CTS_01	毛薹草	80	66.8	3	0.023
2006	7	SJMZH01CTS_01	毛薹草	90	65.7	3	0.049
2006	7	SJMZH01CTS_01	毛薹草	100	63.5	3	0.024
2006	7	SJMZH01CTS_01	毛薹草	110	62.1	3	0.026
2006	7	SJMZH01CTS_01	毛薹草	120	60.0	3	0.028
2006	7	SJMZH01CTS_01	毛薹草	130	58.3	3	0.025
2006	7	SJMZH01CTS_01	毛薹草	140	56.9	3	0.023
2006	7	SJMZH01CTS_01	毛薹草	150	56.7	3	0.019
2006	7	SJMZH01CTS_01	毛薹草	160	56.3	3	0.025
2006	7	SJMZH01CTS_01	毛薹草	170	57.5	3	0.030
2006	7	SJMZH01CTS_01	毛薹草	180	58.2	3	0.026
2006	8	SJMZH01CTS_01	毛薹草	10	97.0	3	0.009
2006	8	SJMZH01CTS_01	毛薹草	20	90.6	3	0.076
2006	8	SJMZH01CTS_01	毛薹草	30	84.8	3	0.087
2006	8	SJMZH01CTS_01	毛薹草	40	76.6	3	0.086
2006	8	SJMZH01CTS_01	毛薹草	50	67.2	3	0.037
2006	8	SJMZH01CTS_01	毛薹草	60	64.5	3	0.010
2006	8	SJMZH01CTS_01	毛薹草	70	64.4	3	0.013
2006	8	SJMZH01CTS_01	毛薹草	80	63.2	3	0.006
2006	8	SJMZH01CTS_01	毛薹草	90	62.7	3	0.018
2006	8	SJMZH01CTS_01	毛薹草	100	61.4	3	0.024

（续）

年	月	样地代码	作物名称	观测层次/cm	体积含水量/%	重复数	标准差
2006	8	SJMZH01CTS_01	毛薹草	110	60.5	3	0.026
2006	8	SJMZH01CTS_01	毛薹草	120	58.9	3	0.027
2006	8	SJMZH01CTS_01	毛薹草	130	57.1	3	0.023
2006	8	SJMZH01CTS_01	毛薹草	140	55.6	3	0.020
2006	8	SJMZH01CTS_01	毛薹草	150	56.7	3	0.002
2006	8	SJMZH01CTS_01	毛薹草	160	56.7	3	0.016
2006	8	SJMZH01CTS_01	毛薹草	170	55.0	3	0.040
2006	8	SJMZH01CTS_01	毛薹草	180	54.5	3	0.032
2006	9	SJMZH01CTS_01	毛薹草	10	96.9	3	0.025
2006	9	SJMZH01CTS_01	毛薹草	20	95.2	3	0.023
2006	9	SJMZH01CTS_01	毛薹草	30	87.5	3	0.049
2006	9	SJMZH01CTS_01	毛薹草	40	80.9	3	0.060
2006	9	SJMZH01CTS_01	毛薹草	50	76.7	3	0.056
2006	9	SJMZH01CTS_01	毛薹草	60	71.7	3	0.015
2006	9	SJMZH01CTS_01	毛薹草	70	68.3	3	0.061
2006	9	SJMZH01CTS_01	毛薹草	80	66.2	3	0.079
2006	9	SJMZH01CTS_01	毛薹草	90	64.4	3	0.080
2006	9	SJMZH01CTS_01	毛薹草	100	63.2	3	0.094
2006	9	SJMZH01CTS_01	毛薹草	110	61.0	3	0.088
2006	9	SJMZH01CTS_01	毛薹草	120	59.3	3	0.085
2006	9	SJMZH01CTS_01	毛薹草	130	58.7	3	0.078
2006	9	SJMZH01CTS_01	毛薹草	140	58.3	3	0.075
2006	9	SJMZH01CTS_01	毛薹草	150	57.0	3	0.062
2006	9	SJMZH01CTS_01	毛薹草	160	56.1	3	0.047
2006	9	SJMZH01CTS_01	毛薹草	170	55.1	3	0.020
2006	9	SJMZH01CTS_01	毛薹草	180	55.8	3	0.013
2006	10	SJMZH01CTS_01	毛薹草	10	98.4	3	0.007
2006	10	SJMZH01CTS_01	毛薹草	20	92.4	3	0.023
2006	10	SJMZH01CTS_01	毛薹草	30	93.9	3	0.028
2006	10	SJMZH01CTS_01	毛薹草	40	93.0	3	0.061
2006	10	SJMZH01CTS_01	毛薹草	50	86.3	3	0.132
2006	10	SJMZH01CTS_01	毛薹草	60	80.6	3	0.142
2006	10	SJMZH01CTS_01	毛薹草	70	72.8	3	0.109
2006	10	SJMZH01CTS_01	毛薹草	80	64.2	3	0.049
2006	10	SJMZH01CTS_01	毛薹草	90	61.0	3	0.009
2006	10	SJMZH01CTS_01	毛薹草	100	60.4	3	0.012
2006	10	SJMZH01CTS_01	毛薹草	110	60.0	3	0.032
2006	10	SJMZH01CTS_01	毛薹草	120	60.5	3	0.034

（续）

年	月	样地代码	作物名称	观测层次/cm	体积含水量/%	重复数	标准差
2006	10	SJMZH01CTS_01	毛薹草	130	60.8	3	0.045
2006	10	SJMZH01CTS_01	毛薹草	140	57.8	3	0.038
2006	10	SJMZH01CTS_01	毛薹草	150	56.4	3	0.027
2006	10	SJMZH01CTS_01	毛薹草	160	54.2	3	0.028
2006	10	SJMZH01CTS_01	毛薹草	170	54.9	3	0.031
2006	10	SJMZH01CTS_01	毛薹草	180	55.1	3	0.028
2005	5	SJMZH01CTS_01	毛薹草	10	18.2	3	0.364
2005	5	SJMZH01CTS_01	毛薹草	20	18.7	3	0.375
2005	5	SJMZH01CTS_01	毛薹草	30	89.2	3	0.031
2005	5	SJMZH01CTS_01	毛薹草	40	89.4	3	0.038
2005	5	SJMZH01CTS_01	毛薹草	50	85.6	3	0.128
2005	5	SJMZH01CTS_01	毛薹草	60	80.0	3	0.113
2005	5	SJMZH01CTS_01	毛薹草	70	68.0	3	0.104
2005	5	SJMZH01CTS_01	毛薹草	80	59.3	3	0.073
2005	5	SJMZH01CTS_01	毛薹草	90	56.0	3	0.024
2005	5	SJMZH01CTS_01	毛薹草	100	56.8	3	0.014
2005	5	SJMZH01CTS_01	毛薹草	110	61.8	3	0.118
2005	5	SJMZH01CTS_01	毛薹草	120	55.7	3	0.042
2005	5	SJMZH01CTS_01	毛薹草	130	55.1	3	0.037
2005	5	SJMZH01CTS_01	毛薹草	140	55.7	3	0.017
2005	5	SJMZH01CTS_01	毛薹草	150	51.2	3	0.051
2005	5	SJMZH01CTS_01	毛薹草	160	52.9	3	0.014
2005	5	SJMZH01CTS_01	毛薹草	170	52.3	3	0.012
2005	5	SJMZH01CTS_01	毛薹草	180	51.7	3	0.012
2005	6	SJMZH01CTS_01	毛薹草	10	30.4	3	0.430
2005	6	SJMZH01CTS_01	毛薹草	20	30.0	3	0.424
2005	6	SJMZH01CTS_01	毛薹草	30	48.1	3	0.381
2005	6	SJMZH01CTS_01	毛薹草	40	88.2	3	0.029
2005	6	SJMZH01CTS_01	毛薹草	50	83.8	3	0.098
2005	6	SJMZH01CTS_01	毛薹草	60	84.6	3	0.127
2005	6	SJMZH01CTS_01	毛薹草	70	83.5	3	0.127
2005	6	SJMZH01CTS_01	毛薹草	80	72.6	3	0.126
2005	6	SJMZH01CTS_01	毛薹草	90	59.1	3	0.053
2005	6	SJMZH01CTS_01	毛薹草	100	56.3	3	0.041
2005	6	SJMZH01CTS_01	毛薹草	110	55.3	3	0.023
2005	6	SJMZH01CTS_01	毛薹草	120	55.3	3	0.035
2005	6	SJMZH01CTS_01	毛薹草	130	56.1	3	0.046
2005	6	SJMZH01CTS_01	毛薹草	140	56.0	3	0.038

（续）

年	月	样地代码	作物名称	观测层次/cm	体积含水量/%	重复数	标准差
2005	6	SJMZH01CTS_01	毛薹草	150	55.3	3	0.039
2005	6	SJMZH01CTS_01	毛薹草	160	54.0	3	0.036
2005	6	SJMZH01CTS_01	毛薹草	170	52.3	3	0.029
2005	6	SJMZH01CTS_01	毛薹草	180	52.6	3	0.022
2005	7	SJMZH01CTS_01	毛薹草	10	10.1	3	0.169
2005	7	SJMZH01CTS_01	毛薹草	20	29.2	3	0.414
2005	7	SJMZH01CTS_01	毛薹草	30	30.7	3	0.435
2005	7	SJMZH01CTS_01	毛薹草	40	54.4	3	0.283
2005	7	SJMZH01CTS_01	毛薹草	50	78.7	3	0.135
2005	7	SJMZH01CTS_01	毛薹草	60	82.8	3	0.174
2005	7	SJMZH01CTS_01	毛薹草	70	83.5	3	0.177
2005	7	SJMZH01CTS_01	毛薹草	80	78.7	3	0.144
2005	7	SJMZH01CTS_01	毛薹草	90	66.3	3	0.076
2005	7	SJMZH01CTS_01	毛薹草	100	59.2	3	0.033
2005	7	SJMZH01CTS_01	毛薹草	110	55.8	3	0.030
2005	7	SJMZH01CTS_01	毛薹草	120	56.4	3	0.038
2005	7	SJMZH01CTS_01	毛薹草	130	56.6	3	0.046
2005	7	SJMZH01CTS_01	毛薹草	140	56.5	3	0.045
2005	7	SJMZH01CTS_01	毛薹草	150	56.5	3	0.040
2005	7	SJMZH01CTS_01	毛薹草	160	56.4	3	0.042
2005	7	SJMZH01CTS_01	毛薹草	170	55.0	3	0.030
2005	7	SJMZH01CTS_01	毛薹草	180	55.2	3	0.025
2005	8	SJMZH01CTS_01	毛薹草	10	4.6	3	0.121
2005	8	SJMZH01CTS_01	毛薹草	20	18.9	3	0.330
2005	8	SJMZH01CTS_01	毛薹草	30	22.4	3	0.388
2005	8	SJMZH01CTS_01	毛薹草	40	63.3	3	0.373
2005	8	SJMZH01CTS_01	毛薹草	50	83.7	3	0.078
2005	8	SJMZH01CTS_01	毛薹草	60	83.9	3	0.121
2005	8	SJMZH01CTS_01	毛薹草	70	77.7	3	0.149
2005	8	SJMZH01CTS_01	毛薹草	80	68.6	3	0.142
2005	8	SJMZH01CTS_01	毛薹草	90	61.3	3	0.099
2005	8	SJMZH01CTS_01	毛薹草	100	59.2	3	0.043
2005	8	SJMZH01CTS_01	毛薹草	110	56.1	3	0.022
2005	8	SJMZH01CTS_01	毛薹草	120	56.4	3	0.025
2005	8	SJMZH01CTS_01	毛薹草	130	58.1	3	0.033
2005	8	SJMZH01CTS_01	毛薹草	140	57.5	3	0.032
2005	8	SJMZH01CTS_01	毛薹草	150	56.5	3	0.028
2005	8	SJMZH01CTS_01	毛薹草	160	55.3	3	0.029

（续）

年	月	样地代码	作物名称	观测层次/cm	体积含水量/%	重复数	标准差
2005	8	SJMZH01CTS_01	毛薹草	170	54.1	3	0.019
2005	8	SJMZH01CTS_01	毛薹草	180	53.9	3	0.023
2005	9	SJMZH01CTS_01	毛薹草	10	12.3	3	0.013
2005	9	SJMZH01CTS_01	毛薹草	20	25.8	3	0.366
2005	9	SJMZH01CTS_01	毛薹草	30	29.6	3	0.418
2005	9	SJMZH01CTS_01	毛薹草	40	57.7	3	0.410
2005	9	SJMZH01CTS_01	毛薹草	50	79.2	3	0.102
2005	9	SJMZH01CTS_01	毛薹草	60	80.4	3	0.105
2005	9	SJMZH01CTS_01	毛薹草	70	80.0	3	0.099
2005	9	SJMZH01CTS_01	毛薹草	80	74.7	3	0.101
2005	9	SJMZH01CTS_01	毛薹草	90	66.3	3	0.061
2005	9	SJMZH01CTS_01	毛薹草	100	59.0	3	0.038
2005	9	SJMZH01CTS_01	毛薹草	110	55.8	3	0.017
2005	9	SJMZH01CTS_01	毛薹草	120	56.4	3	0.016
2005	9	SJMZH01CTS_01	毛薹草	130	56.5	3	0.011
2005	9	SJMZH01CTS_01	毛薹草	140	56.8	3	0.015
2005	9	SJMZH01CTS_01	毛薹草	150	55.4	3	0.018
2005	9	SJMZH01CTS_01	毛薹草	160	55.4	3	0.009
2005	9	SJMZH01CTS_01	毛薹草	170	55.5	3	0.011
2005	9	SJMZH01CTS_01	毛薹草	180	54.7	3	0.011
2005	10	SJMZH01CTS_01	毛薹草	10	12.2	3	0.021
2005	10	SJMZH01CTS_01	毛薹草	20	20.6	3	0.295
2005	10	SJMZH01CTS_01	毛薹草	30	27.6	3	0.390
2005	10	SJMZH01CTS_01	毛薹草	40	29.2	3	0.413
2005	10	SJMZH01CTS_01	毛薹草	50	60.7	3	0.172
2005	10	SJMZH01CTS_01	毛薹草	60	81.5	3	0.075
2005	10	SJMZH01CTS_01	毛薹草	70	80.8	3	0.107
2005	10	SJMZH01CTS_01	毛薹草	80	78.6	3	0.117
2005	10	SJMZH01CTS_01	毛薹草	90	68.3	3	0.106
2005	10	SJMZH01CTS_01	毛薹草	100	62.5	3	0.065
2005	10	SJMZH01CTS_01	毛薹草	110	58.9	3	0.042
2005	10	SJMZH01CTS_01	毛薹草	120	56.8	3	0.020
2005	10	SJMZH01CTS_01	毛薹草	130	55.1	3	0.008
2005	10	SJMZH01CTS_01	毛薹草	140	56.3	3	0.016
2005	10	SJMZH01CTS_01	毛薹草	150	55.4	3	0.020
2005	10	SJMZH01CTS_01	毛薹草	160	54.9	3	0.012
2005	10	SJMZH01CTS_01	毛薹草	170	55.0	3	0.011
2005	10	SJMZH01CTS_01	毛薹草	180	55.2	3	0.014

（续）

年	月	样地代码	作物名称	观测层次/cm	体积含水量/%	重复数	标准差
2004	5	SJMZH01CTS_01	毛薹草	10	92.4	3	0.019
2004	5	SJMZH01CTS_01	毛薹草	20	90.6	3	0.029
2004	5	SJMZH01CTS_01	毛薹草	30	86.6	3	0.052
2004	5	SJMZH01CTS_01	毛薹草	40	86.0	3	0.121
2004	5	SJMZH01CTS_01	毛薹草	50	86.0	3	0.140
2004	5	SJMZH01CTS_01	毛薹草	60	83.8	3	0.142
2004	5	SJMZH01CTS_01	毛薹草	70	73.8	3	0.110
2004	5	SJMZH01CTS_01	毛薹草	80	61.8	3	0.082
2004	5	SJMZH01CTS_01	毛薹草	90	58.0	3	0.065
2004	5	SJMZH01CTS_01	毛薹草	100	56.6	3	0.032
2004	5	SJMZH01CTS_01	毛薹草	110	56.5	3	0.036
2004	5	SJMZH01CTS_01	毛薹草	120	56.2	3	0.030
2004	5	SJMZH01CTS_01	毛薹草	130	54.9	3	0.034
2004	5	SJMZH01CTS_01	毛薹草	140	54.9	3	0.033
2004	5	SJMZH01CTS_01	毛薹草	150	54.6	3	0.023
2004	5	SJMZH01CTS_01	毛薹草	160	53.4	3	0.012
2004	5	SJMZH01CTS_01	毛薹草	170	52.7	3	0.017
2004	5	SJMZH01CTS_01	毛薹草	180	51.9	3	0.014
2004	6	SJMZH01CTS_01	毛薹草	10	77.2	3	0.227
2004	6	SJMZH01CTS_01	毛薹草	20	87.0	3	0.012
2004	6	SJMZH01CTS_01	毛薹草	30	83.2	3	0.080
2004	6	SJMZH01CTS_01	毛薹草	40	82.1	3	0.154
2004	6	SJMZH01CTS_01	毛薹草	50	82.6	3	0.155
2004	6	SJMZH01CTS_01	毛薹草	60	73.2	3	0.124
2004	6	SJMZH01CTS_01	毛薹草	70	59.5	3	0.042
2004	6	SJMZH01CTS_01	毛薹草	80	54.1	3	0.006
2004	6	SJMZH01CTS_01	毛薹草	90	54.2	3	0.016
2004	6	SJMZH01CTS_01	毛薹草	100	55.4	3	0.025
2004	6	SJMZH01CTS_01	毛薹草	110	55.7	3	0.037
2004	6	SJMZH01CTS_01	毛薹草	120	56.7	3	0.047
2004	6	SJMZH01CTS_01	毛薹草	130	55.6	3	0.035
2004	6	SJMZH01CTS_01	毛薹草	140	54.9	3	0.032
2004	6	SJMZH01CTS_01	毛薹草	150	53.8	3	0.027
2004	6	SJMZH01CTS_01	毛薹草	160	52.7	3	0.016
2004	6	SJMZH01CTS_01	毛薹草	170	51.7	3	0.015
2004	6	SJMZH01CTS_01	毛薹草	180	51.4	3	0.007
2004	7	SJMZH01CTS_01	毛薹草	10	64.3	3	0.023
2004	7	SJMZH01CTS_01	毛薹草	20	65.3	3	0.230

（续）

年	月	样地代码	作物名称	观测层次/cm	体积含水量/%	重复数	标准差
2004	7	SJMZH01CTS_01	毛薹草	30	80.0	3	0.120
2004	7	SJMZH01CTS_01	毛薹草	40	79.6	3	0.134
2004	7	SJMZH01CTS_01	毛薹草	50	74.2	3	0.140
2004	7	SJMZH01CTS_01	毛薹草	60	68.7	3	0.153
2004	7	SJMZH01CTS_01	毛薹草	70	64.5	3	0.154
2004	7	SJMZH01CTS_01	毛薹草	80	57.6	3	0.072
2004	7	SJMZH01CTS_01	毛薹草	90	54.1	3	0.020
2004	7	SJMZH01CTS_01	毛薹草	100	52.8	3	0.030
2004	7	SJMZH01CTS_01	毛薹草	110	53.9	3	0.037
2004	7	SJMZH01CTS_01	毛薹草	120	53.9	3	0.037
2004	7	SJMZH01CTS_01	毛薹草	130	54.1	3	0.034
2004	7	SJMZH01CTS_01	毛薹草	140	53.1	3	0.034
2004	7	SJMZH01CTS_01	毛薹草	150	52.3	3	0.025
2004	7	SJMZH01CTS_01	毛薹草	160	51.6	3	0.024
2004	7	SJMZH01CTS_01	毛薹草	170	51.2	3	0.020
2004	7	SJMZH01CTS_01	毛薹草	180	51.1	3	0.020
2004	8	SJMZH01CTS_01	毛薹草	10	55.3	3	0.027
2004	8	SJMZH01CTS_01	毛薹草	20	58.3	3	0.130
2004	8	SJMZH01CTS_01	毛薹草	30	73.3	3	0.052
2004	8	SJMZH01CTS_01	毛薹草	40	76.7	3	0.050
2004	8	SJMZH01CTS_01	毛薹草	50	87.5	3	0.035
2004	8	SJMZH01CTS_01	毛薹草	60	90.5	3	0.011
2004	8	SJMZH01CTS_01	毛薹草	70	86.0	3	0.029
2004	8	SJMZH01CTS_01	毛薹草	80	73.7	3	0.074
2004	8	SJMZH01CTS_01	毛薹草	90	66.6	3	0.097
2004	8	SJMZH01CTS_01	毛薹草	100	63.4	3	0.095
2004	8	SJMZH01CTS_01	毛薹草	110	62.2	3	0.081
2004	8	SJMZH01CTS_01	毛薹草	120	61.3	3	0.071
2004	8	SJMZH01CTS_01	毛薹草	130	61.2	3	0.046
2004	8	SJMZH01CTS_01	毛薹草	140	58.2	3	0.036
2004	8	SJMZH01CTS_01	毛薹草	150	56.8	3	0.028
2004	8	SJMZH01CTS_01	毛薹草	160	55.2	3	0.018
2004	8	SJMZH01CTS_01	毛薹草	170	53.0	3	0.021
2004	8	SJMZH01CTS_01	毛薹草	180	52.8	3	0.026
2004	9	SJMZH01CTS_01	毛薹草	10	33.3	3	0.023
2004	9	SJMZH01CTS_01	毛薹草	20	37.3	3	0.021
2004	9	SJMZH01CTS_01	毛薹草	30	39.0	3	0.294
2004	9	SJMZH01CTS_01	毛薹草	40	74.0	3	0.028

（续）

年	月	样地代码	作物名称	观测层次/cm	体积含水量/%	重复数	标准差
2004	9	SJMZH01CTS_01	毛薹草	50	78.2	3	0.096
2004	9	SJMZH01CTS_01	毛薹草	60	78.8	3	0.125
2004	9	SJMZH01CTS_01	毛薹草	70	77.0	3	0.115
2004	9	SJMZH01CTS_01	毛薹草	80	63.8	3	0.097
2004	9	SJMZH01CTS_01	毛薹草	90	55.6	3	0.035
2004	9	SJMZH01CTS_01	毛薹草	100	53.4	3	0.020
2004	9	SJMZH01CTS_01	毛薹草	110	52.2	3	0.040
2004	9	SJMZH01CTS_01	毛薹草	120	53.4	3	0.031
2004	9	SJMZH01CTS_01	毛薹草	130	52.9	3	0.041
2004	9	SJMZH01CTS_01	毛薹草	140	55.0	3	0.033
2004	9	SJMZH01CTS_01	毛薹草	150	55.3	3	0.025
2004	9	SJMZH01CTS_01	毛薹草	160	52.9	3	0.030
2004	9	SJMZH01CTS_01	毛薹草	170	51.4	3	0.027
2004	9	SJMZH01CTS_01	毛薹草	180	51.0	3	0.024
2004	10	SJMZH01CTS_01	毛薹草	10	45.3	3	0.021
2004	10	SJMZH01CTS_01	毛薹草	20	44.2	3	0.023
2004	10	SJMZH01CTS_01	毛薹草	30	43.5	3	0.014
2004	10	SJMZH01CTS_01	毛薹草	40	51.5	3	0.175
2004	10	SJMZH01CTS_01	毛薹草	50	72.5	3	0.091
2004	10	SJMZH01CTS_01	毛薹草	60	74.1	3	0.140
2004	10	SJMZH01CTS_01	毛薹草	70	74.8	3	0.150
2004	10	SJMZH01CTS_01	毛薹草	80	65.8	3	0.087
2004	10	SJMZH01CTS_01	毛薹草	90	58.4	3	0.056
2004	10	SJMZH01CTS_01	毛薹草	100	54.7	3	0.030
2004	10	SJMZH01CTS_01	毛薹草	110	54.1	3	0.026
2004	10	SJMZH01CTS_01	毛薹草	120	53.7	3	0.031
2004	10	SJMZH01CTS_01	毛薹草	130	52.6	3	0.039
2004	10	SJMZH01CTS_01	毛薹草	140	52.5	3	0.039
2004	10	SJMZH01CTS_01	毛薹草	150	52.3	3	0.040
2004	10	SJMZH01CTS_01	毛薹草	160	52.4	3	0.031
2004	10	SJMZH01CTS_01	毛薹草	170	52.0	3	0.023
2004	10	SJMZH01CTS_01	毛薹草	180	52.1	3	0.018
2003	5	SJMZH01CTS_01	毛薹草	10	69.1	2	0.309
2003	5	SJMZH01CTS_01	毛薹草	20	26.8	2	0.090
2003	5	SJMZH01CTS_01	毛薹草	30	38.1	2	0.023
2003	5	SJMZH01CTS_01	毛薹草	40	40.8	2	0.012
2003	5	SJMZH01CTS_01	毛薹草	50	41.0	2	0.010
2003	5	SJMZH01CTS_01	毛薹草	60	39.2	2	0.047

（续）

年	月	样地代码	作物名称	观测层次/cm	体积含水量/%	重复数	标准差
2003	5	SJMZH01CTS_01	毛薹草	70	30.9	2	0.064
2003	5	SJMZH01CTS_01	毛薹草	80	27.4	2	0.045
2003	5	SJMZH01CTS_01	毛薹草	90	25.3	2	0.045
2003	5	SJMZH01CTS_01	毛薹草	100	23.1	2	0.031
2003	5	SJMZH01CTS_01	毛薹草	110	20.7	2	0.012
2003	5	SJMZH01CTS_01	毛薹草	120	20.8	2	0.020
2003	5	SJMZH01CTS_01	毛薹草	130	21.7	2	0.013
2003	5	SJMZH01CTS_01	毛薹草	140	22.0	2	0.017
2003	5	SJMZH01CTS_01	毛薹草	150	22.4	2	0.028
2003	5	SJMZH01CTS_01	毛薹草	160	21.3	2	0.020
2003	6	SJMZH01CTS_01	毛薹草	10	33.4	2	0.014
2003	6	SJMZH01CTS_01	毛薹草	20	36.7	2	0.009
2003	6	SJMZH01CTS_01	毛薹草	30	39.7	2	0.006
2003	6	SJMZH01CTS_01	毛薹草	40	40.7	2.	0.011
2003	6	SJMZH01CTS_01	毛薹草	50	36.2	2	0.021
2003	6	SJMZH01CTS_01	毛薹草	60	24.6	2	0.013
2003	6	SJMZH01CTS_01	毛薹草	70	20.9	2	0.018
2003	6	SJMZH01CTS_01	毛薹草	80	19.7	2	0.002
2003	6	SJMZH01CTS_01	毛薹草	90	19.8	2	0.006
2003	6	SJMZH01CTS_01	毛薹草	100	21.3	2	0.004
2003	6	SJMZH01CTS_01	毛薹草	110	23.1	2	0.007
2003	6	SJMZH01CTS_01	毛薹草	120	22.5	2	0.006
2003	6	SJMZH01CTS_01	毛薹草	130	22.5	2	0.004
2003	6	SJMZH01CTS_01	毛薹草	140	21.1	2	0.012
2003	6	SJMZH01CTS_01	毛薹草	150	20.0	2	0.010
2003	6	SJMZH01CTS_01	毛薹草	160	19.3	2	0.007
2003	6	SJMZH01CTS_01	毛薹草	170	22.9	2	0.068
2003	6	SJMZH01CTS_01	毛薹草	180	18.0	2	0.002
2003	6	SJMZH01CTS_01	毛薹草	190	18.1	2	0.004
2003	7	SJMZH01CTS_01	毛薹草	10	15.6	2	0.024
2003	7	SJMZH01CTS_01	毛薹草	20	32.7	2	0.018
2003	7	SJMZH01CTS_01	毛薹草	30	38.8	2	0.014
2003	7	SJMZH01CTS_01	毛薹草	40	41.8	2	0.010
2003	7	SJMZH01CTS_01	毛薹草	50	38.2	2	0.017
2003	7	SJMZH01CTS_01	毛薹草	60	26.3	2	0.020
2003	7	SJMZH01CTS_01	毛薹草	70	22.0	2	0.005
2003	7	SJMZH01CTS_01	毛薹草	80	21.1	2	0.012
2003	7	SJMZH01CTS_01	毛薹草	90	20.8	2	0.011

（续）

年	月	样地代码	作物名称	观测层次/cm	体积含水量/%	重复数	标准差
2003	7	SJMZH01CTS_01	毛薹草	100	22.6	2	0.008
2003	7	SJMZH01CTS_01	毛薹草	110	24.5	2	0.011
2003	7	SJMZH01CTS_01	毛薹草	120	24.3	2	0.009
2003	7	SJMZH01CTS_01	毛薹草	130	23.9	2	0.008
2003	7	SJMZH01CTS_01	毛薹草	140	23.1	2	0.014
2003	7	SJMZH01CTS_01	毛薹草	150	22.0	2	0.014
2003	7	SJMZH01CTS_01	毛薹草	160	23.1	2	0.027
2003	7	SJMZH01CTS_01	毛薹草	170	21.7	2	0.024
2003	7	SJMZH01CTS_01	毛薹草	180	20.8	2	0.025
2003	7	SJMZH01CTS_01	毛薹草	190	21.0	2	0.023
2003	7	SJMZH01CTS_01	毛薹草	200	21.6	2	0.018
2003	8	SJMZH01CTS_01	毛薹草	10	21.3	2	0.103
2003	8	SJMZH01CTS_01	毛薹草	20	30.6	2	0.039
2003	8	SJMZH01CTS_01	毛薹草	30	35.9	2	0.015
2003	8	SJMZH01CTS_01	毛薹草	40	39.0	2	0.017
2003	8	SJMZH01CTS_01	毛薹草	50	34.6	2	0.023
2003	8	SJMZH01CTS_01	毛薹草	60	25.7	2	0.030
2003	8	SJMZH01CTS_01	毛薹草	70	20.0	2	0.009
2003	8	SJMZH01CTS_01	毛薹草	80	19.7	2	0.002
2003	8	SJMZH01CTS_01	毛薹草	90	19.8	2	0.005
2003	8	SJMZH01CTS_01	毛薹草	100	21.3	2	0.003
2003	8	SJMZH01CTS_01	毛薹草	110	22.9	2	0.007
2003	8	SJMZH01CTS_01	毛薹草	120	22.6	2	0.002
2003	8	SJMZH01CTS_01	毛薹草	130	22.2	2	0.007
2003	8	SJMZH01CTS_01	毛薹草	140	20.7	2	0.008
2003	8	SJMZH01CTS_01	毛薹草	150	19.9	2	0.011
2003	8	SJMZH01CTS_01	毛薹草	160	19.3	2	0.004
2003	8	SJMZH01CTS_01	毛薹草	170	18.8	2	0.003
2003	8	SJMZH01CTS_01	毛薹草	180	17.9	2	0.006
2003	8	SJMZH01CTS_01	毛薹草	190	18.6	2	0.009
2003	8	SJMZH01CTS_01	毛薹草	200	19.1	2	0.006
2003	9	SJMZH01CTS_01	毛薹草	10	15.3	2	0.074
2003	9	SJMZH01CTS_01	毛薹草	20	32.3	2	0.006
2003	9	SJMZH01CTS_01	毛薹草	30	36.2	2	0.005
2003	9	SJMZH01CTS_01	毛薹草	40	40.2	2	0.012
2003	9	SJMZH01CTS_01	毛薹草	50	35.7	2	0.023
2003	9	SJMZH01CTS_01	毛薹草	60	25.8	2	0.041
2003	9	SJMZH01CTS_01	毛薹草	70	21.5	2	0.020

（续）

年	月	样地代码	作物名称	观测层次/cm	体积含水量/%	重复数	标准差
2003	9	SJMZH01CTS_01	毛薹草	80	20.6	2	0.017
2003	9	SJMZH01CTS_01	毛薹草	90	19.4	2	0.005
2003	9	SJMZH01CTS_01	毛薹草	100	21.2	2	0.004
2003	9	SJMZH01CTS_01	毛薹草	110	22.4	2	0.005
2003	9	SJMZH01CTS_01	毛薹草	120	22.1	2	0.006
2003	9	SJMZH01CTS_01	毛薹草	130	19.4	2	0.049
2003	9	SJMZH01CTS_01	毛薹草	140	21.0	2	0.012
2003	9	SJMZH01CTS_01	毛薹草	150	19.5	2	0.011
2003	9	SJMZH01CTS_01	毛薹草	160	19.1	2	0.006
2003	9	SJMZH01CTS_01	毛薹草	170	18.2	2	0.006
2003	9	SJMZH01CTS_01	毛薹草	180	17.6	2	0.005
2003	9	SJMZH01CTS_01	毛薹草	190	17.9	2	0.009
2003	9	SJMZH01CTS_01	毛薹草	200	18.2	2	0.011
2003	10	SJMZH01CTS_01	毛薹草	10	16.8	2	0.082
2003	10	SJMZH01CTS_01	毛薹草	20	33.4	2	0.008
2003	10	SJMZH01CTS_01	毛薹草	30	36.0	2	0.010
2003	10	SJMZH01CTS_01	毛薹草	40	39.0	2	0.021
2003	10	SJMZH01CTS_01	毛薹草	50	36.8	2	0.016
2003	10	SJMZH01CTS_01	毛薹草	60	24.5	2	0.018
2003	10	SJMZH01CTS_01	毛薹草	70	20.6	2	0.003
2003	10	SJMZH01CTS_01	毛薹草	80	19.5	2	0.005
2003	10	SJMZH01CTS_01	毛薹草	90	19.3	2	0.005
2003	10	SJMZH01CTS_01	毛薹草	100	20.9	2	0.005
2003	10	SJMZH01CTS_01	毛薹草	110	22.8	2	0.004
2003	10	SJMZH01CTS_01	毛薹草	120	22.4	2	0.002
2003	10	SJMZH01CTS_01	毛薹草	130	21.6	2	0.003
2003	10	SJMZH01CTS_01	毛薹草	140	20.8	2	0.008
2003	10	SJMZH01CTS_01	毛薹草	150	19.3	2	0.008
2003	10	SJMZH01CTS_01	毛薹草	160	19.0	2	0.005
2003	10	SJMZH01CTS_01	毛薹草	170	18.2	2	0.008
2003	10	SJMZH01CTS_01	毛薹草	180	17.8	2	0.006
2003	10	SJMZH01CTS_01	毛薹草	190	18.0	2	0.010
2003	10	SJMZH01CTS_01	毛薹草	200	19.0	2	0.007
2002	5	SJMZH01CTS_01	毛薹草	10	75.0	2	0.307
2002	5	SJMZH01CTS_01	毛薹草	20	31.4	2	0.098
2002	5	SJMZH01CTS_01	毛薹草	30	38.4	2	0.023
2002	5	SJMZH01CTS_01	毛薹草	40	41.1	2	0.014
2002	5	SJMZH01CTS_01	毛薹草	50	40.0	2	0.016

（续）

年	月	样地代码	作物名称	观测层次/cm	体积含水量/%	重复数	标准差
2002	5	SJMZH01CTS_01	毛薹草	60	35.7	2	0.067
2002	5	SJMZH01CTS_01	毛薹草	70	28.2	2	0.059
2002	5	SJMZH01CTS_01	毛薹草	80	25.8	2	0.049
2002	5	SJMZH01CTS_01	毛薹草	90	24.6	2	0.048
2002	5	SJMZH01CTS_01	毛薹草	100	22.4	2	0.034
2002	5	SJMZH01CTS_01	毛薹草	110	20.3	2	0.005
2002	5	SJMZH01CTS_01	毛薹草	120	21.0	2	0.018
2002	5	SJMZH01CTS_01	毛薹草	130	21.6	2	0.008
2002	5	SJMZH01CTS_01	毛薹草	140	21.5	2	0.012
2002	5	SJMZH01CTS_01	毛薹草	150	21.6	2	0.027
2002	5	SJMZH01CTS_01	毛薹草	160	20.5	2	0.011
2002	6	SJMZH01CTS_01	毛薹草	10	33.3	2	0.016
2002	6	SJMZH01CTS_01	毛薹草	20	36.9	2	0.008
2002	6	SJMZH01CTS_01	毛薹草	30	39.7	2	0.006
2002	6	SJMZH01CTS_01	毛薹草	40	41.0	2	0.012
2002	6	SJMZH01CTS_01	毛薹草	50	37.1	2	0.022
2002	6	SJMZH01CTS_01	毛薹草	60	25.2	2	0.017
2002	6	SJMZH01CTS_01	毛薹草	70	20.9	2	0.015
2002	6	SJMZH01CTS_01	毛薹草	80	19.7	2	0.002
2002	6	SJMZH01CTS_01	毛薹草	90	19.8	2	0.005
2002	6	SJMZH01CTS_01	毛薹草	100	21.4	2	0.004
2002	6	SJMZH01CTS_01	毛薹草	110	23.3	2	0.006
2002	6	SJMZH01CTS_01	毛薹草	120	22.6	2	0.006
2002	6	SJMZH01CTS_01	毛薹草	130	22.7	2	0.004
2002	6	SJMZH01CTS_01	毛薹草	140	21.3	2	0.010
2002	6	SJMZH01CTS_01	毛薹草	150	20.1	2	0.011
2002	6	SJMZH01CTS_01	毛薹草	160	19.5	2	0.007
2002	6	SJMZH01CTS_01	毛薹草	170	21.6	2	0.058
2002	6	SJMZH01CTS_01	毛薹草	180	17.9	2	0.003
2002	6	SJMZH01CTS_01	毛薹草	190	18.2	2	0.004
2002	7	SJMZH01CTS_01	毛薹草	10	10.6	2	0.054
2002	7	SJMZH01CTS_01	毛薹草	20	25.0	2	0.084
2002	7	SJMZH01CTS_01	毛薹草	30	35.6	2	0.018
2002	7	SJMZH01CTS_01	毛薹草	40	39.3	2	0.016
2002	7	SJMZH01CTS_01	毛薹草	50	38.0	2	0.016
2002	7	SJMZH01CTS_01	毛薹草	60	26.4	2	0.017
2002	7	SJMZH01CTS_01	毛薹草	70	20.9	2	0.007
2002	7	SJMZH01CTS_01	毛薹草	80	19.6	2	0.007

（续）

年	月	样地代码	作物名称	观测层次/cm	体积含水量/%	重复数	标准差
2002	7	SJMZH01CTS_01	毛薹草	90	19.9	2	0.004
2002	7	SJMZH01CTS_01	毛薹草	100	21.5	2	0.004
2002	7	SJMZH01CTS_01	毛薹草	110	23.2	2	0.004
2002	7	SJMZH01CTS_01	毛薹草	120	23.3	2	0.004
2002	7	SJMZH01CTS_01	毛薹草	130	22.7	2	0.004
2002	7	SJMZH01CTS_01	毛薹草	140	21.9	2	0.009
2002	7	SJMZH01CTS_01	毛薹草	150	20.6	2	0.012
2002	7	SJMZH01CTS_01	毛薹草	160	19.9	2	0.011
2002	7	SJMZH01CTS_01	毛薹草	170	19.1	2	0.005
2002	7	SJMZH01CTS_01	毛薹草	180	18.0	2	0.003
2002	7	SJMZH01CTS_01	毛薹草	190	18.4	2	0.008
2002	7	SJMZH01CTS_01	毛薹草	200	19.2	2	0.008
2002	8	SJMZH01CTS_01	毛薹草	10	20.1	2	0.086
2002	8	SJMZH01CTS_01	毛薹草	20	30.3	2	0.032
2002	8	SJMZH01CTS_01	毛薹草	30	36.5	2	0.015
2002	8	SJMZH01CTS_01	毛薹草	40	39.7	2	0.018
2002	8	SJMZH01CTS_01	毛薹草	50	35.3	2	0.021
2002	8	SJMZH01CTS_01	毛薹草	60	25.7	2	0.026
2002	8	SJMZH01CTS_01	毛薹草	70	20.9	2	0.014
2002	8	SJMZH01CTS_01	毛薹草	80	20.2	2	0.008
2002	8	SJMZH01CTS_01	毛薹草	90	20.3	2	0.009
2002	8	SJMZH01CTS_01	毛薹草	100	22.1	2	0.011
2002	8	SJMZH01CTS_01	毛薹草	110	23.6	2	0.012
2002	8	SJMZH01CTS_01	毛薹草	120	23.3	2	0.010
2002	8	SJMZH01CTS_01	毛薹草	130	22.8	2	0.011
2002	8	SJMZH01CTS_01	毛薹草	140	21.4	2	0.012
2002	8	SJMZH01CTS_01	毛薹草	150	20.5	2	0.013
2002	8	SJMZH01CTS_01	毛薹草	160	19.9	2	0.009
2002	8	SJMZH01CTS_01	毛薹草	170	19.4	2	0.010
2002	8	SJMZH01CTS_01	毛薹草	180	18.3	2	0.008
2002	8	SJMZH01CTS_01	毛薹草	190	19.0	2	0.011
2002	8	SJMZH01CTS_01	毛薹草	200	19.7	2	0.012
2002	9	SJMZH01CTS_01	毛薹草	10	15.3	2	0.074
2002	9	SJMZH01CTS_01	毛薹草	20	32.3	2	0.006
2002	9	SJMZH01CTS_01	毛薹草	30	36.2	2	0.005
2002	9	SJMZH01CTS_01	毛薹草	40	40.2	2	0.012
2002	9	SJMZH01CTS_01	毛薹草	50	35.7	2	0.023
2002	9	SJMZH01CTS_01	毛薹草	60	25.8	2	0.041

（续）

年	月	样地代码	作物名称	观测层次/cm	体积含水量/%	重复数	标准差
2002	9	SJMZH01CTS_01	毛薹草	70	21.5	2	0.020
2002	9	SJMZH01CTS_01	毛薹草	80	20.6	2	0.017
2002	9	SJMZH01CTS_01	毛薹草	90	19.4	2	0.005
2002	9	SJMZH01CTS_01	毛薹草	100	21.2	2	0.004
2002	9	SJMZH01CTS_01	毛薹草	110	22.4	2	0.005
2002	9	SJMZH01CTS_01	毛薹草	120	22.1	2	0.006
2002	9	SJMZH01CTS_01	毛薹草	130	19.4	2	0.049
2002	9	SJMZH01CTS_01	毛薹草	140	21.0	2	0.012
2002	9	SJMZH01CTS_01	毛薹草	150	19.5	2	0.011
2002	9	SJMZH01CTS_01	毛薹草	160	19.1	2	0.006
2002	9	SJMZH01CTS_01	毛薹草	170	18.2	2	0.006
2002	9	SJMZH01CTS_01	毛薹草	180	17.6	2	0.005
2002	9	SJMZH01CTS_01	毛薹草	190	17.9	2	0.009
2002	9	SJMZH01CTS_01	毛薹草	200	17.8	2	0.006
2002	10	SJMZH01CTS_01	毛薹草	10	16.8	2	0.082
2002	10	SJMZH01CTS_01	毛薹草	20	33.4	2	0.008
2002	10	SJMZH01CTS_01	毛薹草	30	36.0	2	0.010
2002	10	SJMZH01CTS_01	毛薹草	40	39.0	2	0.021
2002	10	SJMZH01CTS_01	毛薹草	50	36.8	2	0.016
2002	10	SJMZH01CTS_01	毛薹草	60	24.5	2	0.018
2002	10	SJMZH01CTS_01	毛薹草	70	20.6	2	0.003
2002	10	SJMZH01CTS_01	毛薹草	80	19.5	2	0.005
2002	10	SJMZH01CTS_01	毛薹草	90	19.3	2	0.005
2002	10	SJMZH01CTS_01	毛薹草	100	20.9	2	0.005
2002	10	SJMZH01CTS_01	毛薹草	110	22.8	2	0.004
2002	10	SJMZH01CTS_01	毛薹草	120	22.4	2	0.002
2002	10	SJMZH01CTS_01	毛薹草	130	21.6	2	0.003
2002	10	SJMZH01CTS_01	毛薹草	140	20.8	2	0.008
2002	10	SJMZH01CTS_01	毛薹草	150	19.3	2	0.008
2002	10	SJMZH01CTS_01	毛薹草	160	19.0	2	0.005
2002	10	SJMZH01CTS_01	毛薹草	170	18.2	2	0.008
2002	10	SJMZH01CTS_01	毛薹草	180	17.8	2	0.006
2002	10	SJMZH01CTS_01	毛薹草	190	18.0	2	0.010
2002	10	SJMZH01CTS_01	毛薹草	200	18.7	2	0.006
2001	5	SJMZH01CTS_01	毛薹草	10	34.5	3	0.046
2001	5	SJMZH01CTS_01	毛薹草	20	47.2	3	0.024
2001	5	SJMZH01CTS_01	毛薹草	30	38.3	3	0.125
2001	5	SJMZH01CTS_01	毛薹草	40	41.2	3	0.010

（续）

年	月	样地代码	作物名称	观测层次/cm	体积含水量/%	重复数	标准差
2001	5	SJMZH01CTS_01	毛薹草	50	45.5	3	0.027
2001	5	SJMZH01CTS_01	毛薹草	60	49.2	3	0.021
2001	5	SJMZH01CTS_01	毛薹草	70	51.5	3	0.012
2001	5	SJMZH01CTS_01	毛薹草	80	52.0	3	0.012
2001	5	SJMZH01CTS_01	毛薹草	90	53.5	3	0.007
2001	5	SJMZH01CTS_01	毛薹草	100	52.0	3	0.021
2001	5	SJMZH01CTS_01	毛薹草	110	51.5	3	0.023
2001	5	SJMZH01CTS_01	毛薹草	120	51.1	3	0.019
2001	5	SJMZH01CTS_01	毛薹草	130	49.5	3	0.026
2001	5	SJMZH01CTS_01	毛薹草	140	50.0	3	0.026
2001	5	SJMZH01CTS_01	毛薹草	150	49.4	3	0.026
2001	6	SJMZH01CTS_01	毛薹草	10	15.3	3	0.061
2001	6	SJMZH01CTS_01	毛薹草	20	30.9	3	0.076
2001	6	SJMZH01CTS_01	毛薹草	30	36.6	3	0.062
2001	6	SJMZH01CTS_01	毛薹草	40	38.0	3	0.052
2001	6	SJMZH01CTS_01	毛薹草	50	41.4	3	0.048
2001	6	SJMZH01CTS_01	毛薹草	60	44.4	3	0.030
2001	6	SJMZH01CTS_01	毛薹草	70	47.6	3	0.011
2001	6	SJMZH01CTS_01	毛薹草	80	49.0	3	0.013
2001	6	SJMZH01CTS_01	毛薹草	90	50.2	3	0.025
2001	6	SJMZH01CTS_01	毛薹草	100	50.6	3	0.034
2001	6	SJMZH01CTS_01	毛薹草	110	49.9	3	0.034
2001	6	SJMZH01CTS_01	毛薹草	120	48.9	3	0.031
2001	6	SJMZH01CTS_01	毛薹草	130	48.0	3	0.029
2001	6	SJMZH01CTS_01	毛薹草	140	47.6	3	0.029
2001	6	SJMZH01CTS_01	毛薹草	150	47.4	3	0.022
2001	7	SJMZH01CTS_01	毛薹草	10	28.4	3	0.069
2001	7	SJMZH01CTS_01	毛薹草	20	40.4	3	0.059
2001	7	SJMZH01CTS_01	毛薹草	30	40.5	3	0.050
2001	7	SJMZH01CTS_01	毛薹草	40	39.3	3	0.043
2001	7	SJMZH01CTS_01	毛薹草	50	41.8	3	0.032
2001	7	SJMZH01CTS_01	毛薹草	60	44.1	3	0.020
2001	7	SJMZH01CTS_01	毛薹草	70	45.8	3	0.013
2001	7	SJMZH01CTS_01	毛薹草	80	46.6	3	0.017
2001	7	SJMZH01CTS_01	毛薹草	90	46.9	3	0.027
2001	7	SJMZH01CTS_01	毛薹草	100	47.4	3	0.036
2001	7	SJMZH01CTS_01	毛薹草	110	47.1	3	0.033
2001	7	SJMZH01CTS_01	毛薹草	120	46.2	3	0.031

（续）

年	月	样地代码	作物名称	观测层次/cm	体积含水量/%	重复数	标准差
2001	7	SJMZH01CTS_01	毛薹草	130	45.5	3	0.028
2001	7	SJMZH01CTS_01	毛薹草	140	44.8	3	0.031
2001	7	SJMZH01CTS_01	毛薹草	150	44.8	3	0.022
2001	8	SJMZH01CTS_01	毛薹草	10	32.2	3	0.057
2001	8	SJMZH01CTS_01	毛薹草	20	41.8	3	0.059
2001	8	SJMZH01CTS_01	毛薹草	30	43.3	3	0.032
2001	8	SJMZH01CTS_01	毛薹草	40	41.1	3	0.028
2001	8	SJMZH01CTS_01	毛薹草	50	42.7	3	0.029
2001	8	SJMZH01CTS_01	毛薹草	60	44.9	3	0.028
2001	8	SJMZH01CTS_01	毛薹草	70	46.1	3	0.014
2001	8	SJMZH01CTS_01	毛薹草	80	46.8	3	0.025
2001	8	SJMZH01CTS_01	毛薹草	90	47.0	3	0.025
2001	8	SJMZH01CTS_01	毛薹草	100	47.7	3	0.033
2001	8	SJMZH01CTS_01	毛薹草	110	47.0	3	0.031
2001	8	SJMZH01CTS_01	毛薹草	120	46.1	3	0.029
2001	8	SJMZH01CTS_01	毛薹草	130	45.0	3	0.028
2001	8	SJMZH01CTS_01	毛薹草	140	44.9	3	0.030
2001	8	SJMZH01CTS_01	毛薹草	150	44.9	3	0.034
2001	9	SJMZH01CTS_01	毛薹草	10	15.1	3	0.033
2001	9	SJMZH01CTS_01	毛薹草	20	31.9	3	0.076
2001	9	SJMZH01CTS_01	毛薹草	30	40.5	3	0.020
2001	9	SJMZH01CTS_01	毛薹草	40	39.5	3	0.030
2001	9	SJMZH01CTS_01	毛薹草	50	41.8	3	0.038
2001	9	SJMZH01CTS_01	毛薹草	60	44.1	3	0.021
2001	9	SJMZH01CTS_01	毛薹草	70	45.9	3	0.008
2001	9	SJMZH01CTS_01	毛薹草	80	46.9	3	0.017
2001	9	SJMZH01CTS_01	毛薹草	90	46.8	3	0.025
2001	9	SJMZH01CTS_01	毛薹草	100	46.1	3	0.039
2001	9	SJMZH01CTS_01	毛薹草	110	47.0	3	0.037
2001	9	SJMZH01CTS_01	毛薹草	120	46.0	3	0.030
2001	9	SJMZH01CTS_01	毛薹草	130	45.4	3	0.029
2001	9	SJMZH01CTS_01	毛薹草	140	45.0	3	0.030
2001	9	SJMZH01CTS_01	毛薹草	150	44.7	3	0.026
2001	10	SJMZH01CTS_01	毛薹草	10	9.0	3	0.072
2001	10	SJMZH01CTS_01	毛薹草	20	26.2	3	0.098
2001	10	SJMZH01CTS_01	毛薹草	30	36.7	3	0.023
2001	10	SJMZH01CTS_01	毛薹草	40	38.2	3	0.031
2001	10	SJMZH01CTS_01	毛薹草	50	40.5	3	0.045

（续）

年	月	样地代码	作物名称	观测层次/cm	体积含水量/%	重复数	标准差
2001	10	SJMZH01CTS_01	毛薹草	60	43.3	3	0.030
2001	10	SJMZH01CTS_01	毛薹草	70	45.2	3	0.017
2001	10	SJMZH01CTS_01	毛薹草	80	46.0	3	0.011
2001	10	SJMZH01CTS_01	毛薹草	90	46.7	3	0.022
2001	10	SJMZH01CTS_01	毛薹草	100	46.3	3	0.026
2001	10	SJMZH01CTS_01	毛薹草	110	47.1	3	0.040
2001	10	SJMZH01CTS_01	毛薹草	120	46.1	3	0.036
2001	10	SJMZH01CTS_01	毛薹草	130	45.3	3	0.032
2001	10	SJMZH01CTS_01	毛薹草	140	47.6	3	0.086
2001	10	SJMZH01CTS_01	毛薹草	150	44.7	3	0.033

3.3.2 土壤质量含水量

（1）概述。本数据集包括三江站 2004—2015 年土壤采样地的土壤质量含水量数据，数据项包括质量含水量、观测层次等，采样地为旱田辅助观测场烘干法采样地（SJMFZ02CHG_01）。

（2）数据采集和处理方法。数据采集方法为通过采样地环刀法采集土样，运用烘干法获得实验数据，观测频率为每 2 个月 1 次，采样地土壤观测层次为 10 cm、20 cm、30 cm、40 cm、50 cm、60 cm。数据质控后按观测层次分别计算月平均数据。

（3）数据质量控制和评估。烘干法实验操作规范，严格保证数据质量。对多年数据比对，删除异常值。对每个采样地取 3 个观测点做平行观测，保证数据可靠。

（4）数据。土壤质量含水量数据见表 3-44。

表 3-44 旱田辅助观测场烘干法采样地质量含水量观测数据

年	月	样地代码	观测层次/cm	质量含水量/%
2015	5	SJMFZ02CHG_01	10	23.3
2015	5	SJMFZ02CHG_01	20	24.0
2015	5	SJMFZ02CHG_01	30	24.3
2015	5	SJMFZ02CHG_01	40	23.3
2015	5	SJMFZ02CHG_01	50	22.7
2015	5	SJMFZ02CHG_01	60	24.0
2015	7	SJMFZ02CHG_01	10	25.0
2015	7	SJMFZ02CHG_01	20	23.3
2015	7	SJMFZ02CHG_01	30	25.0
2015	7	SJMFZ02CHG_01	40	25.3
2015	7	SJMFZ02CHG_01	50	24.7
2015	7	SJMFZ02CHG_01	60	23.0
2015	9	SJMFZ02CHG_01	10	25.7
2015	9	SJMFZ02CHG_01	20	23.7
2015	9	SJMFZ02CHG_01	30	22.7

（续）

年	月	样地代码	观测层次/cm	质量含水量/%
2015	9	SJMFZ02CHG_01	40	23.0
2015	9	SJMFZ02CHG_01	50	22.7
2015	9	SJMFZ02CHG_01	60	25.3
2014	5	SJMFZ02CHG_01	10	23.0
2014	5	SJMFZ02CHG_01	20	24.3
2014	5	SJMFZ02CHG_01	30	24.3
2014	5	SJMFZ02CHG_01	40	24.3
2014	5	SJMFZ02CHG_01	50	22.0
2014	5	SJMFZ02CHG_01	60	21.7
2014	7	SJMFZ02CHG_01	10	25.3
2014	7	SJMFZ02CHG_01	20	24.7
2014	7	SJMFZ02CHG_01	30	25.0
2014	7	SJMFZ02CHG_01	40	24.7
2014	7	SJMFZ02CHG_01	50	26.7
2014	7	SJMFZ02CHG_01	60	24.7
2014	9	SJMFZ02CHG_01	10	26.3
2014	9	SJMFZ02CHG_01	20	26.3
2014	9	SJMFZ02CHG_01	30	20.3
2014	9	SJMFZ02CHG_01	40	22.7
2014	9	SJMFZ02CHG_01	50	24.7
2014	9	SJMFZ02CHG_01	60	26.7
2013	5	SJMFZ02CHG_01	10	23.7
2013	5	SJMFZ02CHG_01	20	25.0
2013	5	SJMFZ02CHG_01	30	23.7
2013	5	SJMFZ02CHG_01	40	23.7
2013	5	SJMFZ02CHG_01	50	22.7
2013	5	SJMFZ02CHG_01	60	22.0
2013	7	SJMFZ02CHG_01	10	24.7
2013	7	SJMFZ02CHG_01	20	24.3
2013	7	SJMFZ02CHG_01	30	27.0
2013	7	SJMFZ02CHG_01	40	25.0
2013	7	SJMFZ02CHG_01	50	24.0
2013	7	SJMFZ02CHG_01	60	24.3
2013	9	SJMFZ02CHG_01	10	26.3
2013	9	SJMFZ02CHG_01	20	25.3
2013	9	SJMFZ02CHG_01	30	20.0
2013	9	SJMFZ02CHG_01	40	22.0
2013	9	SJMFZ02CHG_01	50	25.7

（续）

年	月	样地代码	观测层次/cm	质量含水量/%
2013	9	SJMFZ02CHG_01	60	25.7
2012	5	SJMFZ02CHG_01	10	25.3
2012	5	SJMFZ02CHG_01	20	23.7
2012	5	SJMFZ02CHG_01	30	23.0
2012	5	SJMFZ02CHG_01	40	22.7
2012	5	SJMFZ02CHG_01	50	19.0
2012	5	SJMFZ02CHG_01	60	22.0
2012	7	SJMFZ02CHG_01	10	25.7
2012	7	SJMFZ02CHG_01	20	24.3
2012	7	SJMFZ02CHG_01	30	22.7
2012	7	SJMFZ02CHG_01	40	23.0
2012	7	SJMFZ02CHG_01	50	23.3
2012	7	SJMFZ02CHG_01	60	21.0
2012	9	SJMFZ02CHG_01	10	25.0
2012	9	SJMFZ02CHG_01	20	23.0
2012	9	SJMFZ02CHG_01	30	18.7
2012	9	SJMFZ02CHG_01	40	22.7
2012	9	SJMFZ02CHG_01	50	24.7
2012	9	SJMFZ02CHG_01	60	23.0
2011	5	SJMFZ02CHG_01	10	27.7
2011	5	SJMFZ02CHG_01	20	23.7
2011	5	SJMFZ02CHG_01	30	22.0
2011	5	SJMFZ02CHG_01	40	22.0
2011	5	SJMFZ02CHG_01	50	21.0
2011	5	SJMFZ02CHG_01	60	18.7
2011	7	SJMFZ02CHG_01	10	29.3
2011	7	SJMFZ02CHG_01	20	27.7
2011	7	SJMFZ02CHG_01	30	24.7
2011	7	SJMFZ02CHG_01	40	26.3
2011	7	SJMFZ02CHG_01	50	21.3
2011	7	SJMFZ02CHG_01	60	22.0
2011	9	SJMFZ02CHG_01	10	25.0
2011	9	SJMFZ02CHG_01	20	25.3
2011	9	SJMFZ02CHG_01	30	19.7
2011	9	SJMFZ02CHG_01	40	21.3
2011	9	SJMFZ02CHG_01	50	25.3
2011	9	SJMFZ02CHG_01	60	21.7
2010	5	SJMFZ02CHG_01	10	26.7

（续）

年	月	样地代码	观测层次/cm	质量含水量/%
2010	5	SJMFZ02CHG_01	20	24.7
2010	5	SJMFZ02CHG_01	30	19.7
2010	5	SJMFZ02CHG_01	40	24.7
2010	5	SJMFZ02CHG_01	50	24.0
2010	5	SJMFZ02CHG_01	60	19.3
2010	7	SJMFZ02CHG_01	10	23.0
2010	7	SJMFZ02CHG_01	20	25.7
2010	7	SJMFZ02CHG_01	30	26.0
2010	7	SJMFZ02CHG_01	40	27.0
2010	7	SJMFZ02CHG_01	50	22.0
2010	7	SJMFZ02CHG_01	60	25.7
2010	9	SJMFZ02CHG_01	10	27.7
2010	9	SJMFZ02CHG_01	20	25.0
2010	9	SJMFZ02CHG_01	30	21.7
2010	9	SJMFZ02CHG_01	40	25.0
2010	9	SJMFZ02CHG_01	50	27.7
2010	9	SJMFZ02CHG_01	60	25.7
2009	5	SJMFZ02CHG_01	10	24.0
2009	5	SJMFZ02CHG_01	20	30.0
2009	5	SJMFZ02CHG_01	30	31.0
2009	5	SJMFZ02CHG_01	40	25.3
2009	5	SJMFZ02CHG_01	50	23.0
2009	5	SJMFZ02CHG_01	60	21.3
2009	7	SJMFZ02CHG_01	10	28.0
2009	7	SJMFZ02CHG_01	20	34.0
2009	7	SJMFZ02CHG_01	30	33.7
2009	7	SJMFZ02CHG_01	40	29.3
2009	7	SJMFZ02CHG_01	50	25.0
2009	7	SJMFZ02CHG_01	60	22.3
2009	9	SJMFZ02CHG_01	10	26.7
2009	9	SJMFZ02CHG_01	20	33.3
2009	9	SJMFZ02CHG_01	30	31.3
2009	9	SJMFZ02CHG_01	40	26.3
2009	9	SJMFZ02CHG_01	50	23.7
2009	9	SJMFZ02CHG_01	60	21.0
2008	5	SJMFZ02CHG_01	10	24.4
2008	5	SJMFZ02CHG_01	20	33.1
2008	5	SJMFZ02CHG_01	30	34.2

（续）

年	月	样地代码	观测层次/cm	质量含水量/%
2008	5	SJMFZ02CHG_01	40	28.7
2008	5	SJMFZ02CHG_01	50	26.6
2008	5	SJMFZ02CHG_01	60	21.9
2008	7	SJMFZ02CHG_01	10	21.9
2008	7	SJMFZ02CHG_01	20	27.2
2008	7	SJMFZ02CHG_01	30	27.0
2008	7	SJMFZ02CHG_01	40	25.6
2008	7	SJMFZ02CHG_01	50	23.8
2008	7	SJMFZ02CHG_01	60	22.6
2008	9	SJMFZ02CHG_01	10	22.6
2008	9	SJMFZ02CHG_01	20	25.9
2008	9	SJMFZ02CHG_01	30	27.5
2008	9	SJMFZ02CHG_01	40	26.6
2008	9	SJMFZ02CHG_01	50	24.4
2008	9	SJMFZ02CHG_01	60	21.5
2007	5	SJMFZ02CHG_01	10	22.4
2007	5	SJMFZ02CHG_01	20	27.1
2007	5	SJMFZ02CHG_01	30	25.6
2007	5	SJMFZ02CHG_01	40	21.5
2007	5	SJMFZ02CHG_01	50	21.7
2007	5	SJMFZ02CHG_01	60	18.6
2007	7	SJMFZ02CHG_01	10	17.6
2007	7	SJMFZ02CHG_01	20	22.9
2007	7	SJMFZ02CHG_01	30	24.6
2007	7	SJMFZ02CHG_01	40	22.6
2007	7	SJMFZ02CHG_01	50	21.9
2007	7	SJMFZ02CHG_01	60	19.6
2007	9	SJMFZ02CHG_01	10	25.9
2007	9	SJMFZ02CHG_01	20	25.6
2007	9	SJMFZ02CHG_01	30	21.5
2007	9	SJMFZ02CHG_01	40	19.1
2007	9	SJMFZ02CHG_01	50	18.7
2007	9	SJMFZ02CHG_01	60	21.5
2006	8	SJMFZ02CHG_01	10	29.2
2006	8	SJMFZ02CHG_01	20	29.8
2006	8	SJMFZ02CHG_01	30	29.8
2006	8	SJMFZ02CHG_01	40	25.4
2006	8	SJMFZ02CHG_01	50	25.1

（续）

年	月	样地代码	观测层次/cm	质量含水量/%
2006	8	SJMFZ02CHG _ 01	60	24.3
2006	9	SJMFZ02CHG _ 01	10	26.8
2006	9	SJMFZ02CHG _ 01	20	29.4
2006	9	SJMFZ02CHG _ 01	30	27.6
2006	9	SJMFZ02CHG _ 01	40	24.9
2006	9	SJMFZ02CHG _ 01	50	23.9
2006	9	SJMFZ02CHG _ 01	60	23.1
2005	6	SJMFZ02CHG _ 01	10	30.0
2005	6	SJMFZ02CHG _ 01	20	29.0
2005	6	SJMFZ02CHG _ 01	30	19.3
2005	6	SJMFZ02CHG _ 01	40	23.8
2005	6	SJMFZ02CHG _ 01	50	25.0
2005	6	SJMFZ02CHG _ 01	60	24.8
2005	8	SJMFZ02CHG _ 01	10	35.1
2005	8	SJMFZ02CHG _ 01	20	46.7
2005	8	SJMFZ02CHG _ 01	30	30.5
2005	8	SJMFZ02CHG _ 01	40	32.0
2005	8	SJMFZ02CHG _ 01	50	28.9
2005	8	SJMFZ02CHG _ 01	60	27.8
2004	6	SJMFZ02CHG _ 01	10	27.8
2004	6	SJMFZ02CHG _ 01	20	29.7
2004	6	SJMFZ02CHG _ 01	30	21.0
2004	6	SJMFZ02CHG _ 01	40	25.9
2004	6	SJMFZ02CHG _ 01	50	27.1
2004	6	SJMFZ02CHG _ 01	60	27.2
2004	8	SJMFZ02CHG _ 01	10	32.8
2004	8	SJMFZ02CHG _ 01	20	29.0
2004	8	SJMFZ02CHG _ 01	30	26.9
2004	8	SJMFZ02CHG _ 01	40	34.7
2004	8	SJMFZ02CHG _ 01	50	27.7
2004	8	SJMFZ02CDX _ 01	60	31.5

3.3.3 地下水位

（1）概述。本数据集包括三江站 2004—2015 年地下水采样地地下水埋深数据，数据项包括地下水埋深、标准差、有效数据、地面高程等。由于观测场内地下水水位观测井间距离在 50 m 内，故选取旱田辅助观测场地下水采样地（SJMFZ02CDX _ 01）地下水埋深数据平均值代表该区域水位数据。

（2）数据采集和处理方法。数据采集方法为野外人工观测，观测频率为每 5～10 d1 次，按采样地根据质控后的地下水埋深数据计算月平均数据，同时标明样本数及标准差。

（3）数据质量控制和评估。数据观测做到操作规范，记录准确。对多年数据比对，删除异常值。旱田辅助观测场地下水采样地取 2 个观测点做对比观测。

（4）数据。地下水位数据见表 3 – 45。

表 3 – 45　旱田辅助观测场地下水采样地地下水埋深观测数据

年	月	样地代码	植被名称	地下水埋深/m	标准差	有效数据/条	地面高程/m
2015	1	SJMFZ02CDX_01	大豆	13.27	0.05	3	55.60
2015	2	SJMFZ02CDX_01	大豆	13.21	0.03	2	55.60
2015	3	SJMFZ02CDX_01	大豆	13.09	0.03	3	55.60
2015	4	SJMFZ02CDX_01	大豆	13.19	0.12	3	55.60
2015	5	SJMFZ02CDX_01	大豆	13.62	0.04	6	55.60
2015	6	SJMFZ02CDX_01	大豆	13.88	0.05	6	55.60
2015	7	SJMFZ02CDX_01	大豆	14.04	0.08	6	55.60
2015	8	SJMFZ02CDX_01	大豆	13.97	0.01	6	55.60
2015	9	SJMFZ02CDX_01	大豆	13.81	0.08	6	55.60
2015	10	SJMFZ02CDX_01	大豆	13.62	0.03	4	55.60
2015	11	SJMFZ02CDX_01	大豆	13.70	0.03	3	55.60
2015	12	SJMFZ02CDX_01	大豆	13.46	0.06	3	55.60
2014	1	SJMFZ02CDX_01	大豆	12.87	0.02	3	55.60
2014	2	SJMFZ02CDX_01	大豆	12.74	0.05	2	55.60
2014	3	SJMFZ02CDX_01	大豆	12.65	0.02	3	55.60
2014	4	SJMFZ02CDX_01	大豆	13.11	0.24	3	55.60
2014	5	SJMFZ02CDX_01	大豆	13.70	0.10	6	55.60
2014	6	SJMFZ02CDX_01	大豆	13.81	0.04	6	55.60
2014	7	SJMFZ02CDX_01	大豆	13.81	0.07	6	55.60
2014	8	SJMFZ02CDX_01	大豆	13.63	0.03	6	55.60
2014	9	SJMFZ02CDX_01	大豆	13.49	0.03	6	55.60
2014	10	SJMFZ02CDX_01	大豆	13.42	0.05	4	55.60
2014	11	SJMFZ02CDX_01	大豆	13.36	0.01	3	55.60
2014	12	SJMFZ02CDX_01	大豆	13.28	0.09	3	55.60
2013	1	SJMFZ02CDX_01	大豆	12.58	0.02	3	55.60
2013	2	SJMFZ02CDX_01	大豆	12.56	0.00	2	55.60
2013	3	SJMFZ02CDX_01	大豆	12.57	0.00	3	55.60
2013	4	SJMFZ02CDX_01	大豆	12.58	0.02	3	55.60
2013	5	SJMFZ02CDX_01	大豆	12.89	0.03	6	55.60
2013	6	SJMFZ02CDX_01	大豆	13.35	0.05	6	55.60
2013	7	SJMFZ02CDX_01	大豆	13.57	0.12	6	55.60
2013	8	SJMFZ02CDX_01	大豆	13.31	0.04	6	55.60
2013	9	SJMFZ02CDX_01	大豆	13.11	0.07	6	55.60
2013	10	SJMFZ02CDX_01	大豆	12.94	0.07	4	55.60
2013	11	SJMFZ02CDX_01	大豆	12.88	0.02	3	55.60

（续）

年	月	样地代码	植被名称	地下水埋深/m	标准差	有效数据/条	地面高程/m
2013	12	SJMFZ02CDX_01	大豆	12.86	0.04	3	55.60
2012	1	SJMFZ02CDX_01	大豆	12.20	0.04	3	55.60
2012	2	SJMFZ02CDX_01	大豆	12.21	0.06	2	55.60
2012	3	SJMFZ02CDX_01	大豆	11.97	0.03	3	55.60
2012	4	SJMFZ02CDX_01	大豆	12.39	0.23	3	55.60
2012	5	SJMFZ02CDX_01	大豆	12.76	0.18	6	55.60
2012	6	SJMFZ02CDX_01	大豆	13.20	0.09	6	55.60
2012	7	SJMFZ02CDX_01	大豆	13.31	0.06	6	55.60
2012	8	SJMFZ02CDX_01	大豆	13.04	0.03	6	55.60
2012	9	SJMFZ02CDX_01	大豆	12.86	0.06	6	55.60
2012	10	SJMFZ02CDX_01	大豆	12.71	0.03	4	55.60
2012	11	SJMFZ02CDX_01	大豆	12.70	0.00	3	55.60
2012	12	SJMFZ02CDX_01	大豆	12.63	0.02	3	55.60
2011	1	SJMFZ02CDX_01	大豆	11.44	0.02	3	55.60
2011	2	SJMFZ02CDX_01	大豆	11.41	0.00	2	55.60
2011	3	SJMFZ02CDX_01	大豆	11.35	0.02	3	55.60
2011	4	SJMFZ02CDX_01	大豆	11.37	0.09	3	55.60
2011	5	SJMFZ02CDX_01	大豆	12.44	0.20	6	55.60
2011	6	SJMFZ02CDX_01	大豆	12.81	0.07	6	55.60
2011	7	SJMFZ02CDX_01	大豆	12.84	0.14	6	55.60
2011	8	SJMFZ02CDX_01	大豆	12.75	0.10	6	55.60
2011	9	SJMFZ02CDX_01	大豆	12.48	0.09	6	55.60
2011	10	SJMFZ02CDX_01	大豆	12.27	0.03	4	55.60
2011	11	SJMFZ02CDX_01	大豆	12.23	0.04	3	55.60
2011	12	SJMFZ02CDX_01	大豆	12.28	0.00	3	55.60
2010	1	SJMFZ02CDX_01	大豆	11.03	0.04	3	55.60
2010	2	SJMFZ02CDX_01	大豆	11.08	0.01	2	55.60
2010	3	SJMFZ02CDX_01	大豆	11.12	0.01	3	55.60
2010	4	SJMFZ02CDX_01	大豆	11.08	0.02	3	55.60
2010	5	SJMFZ02CDX_01	大豆	11.58	0.20	6	55.60
2010	6	SJMFZ02CDX_01	大豆	12.54	0.13	6	55.60
2010	7	SJMFZ02CDX_01	大豆	12.63	0.14	6	55.60
2010	8	SJMFZ02CDX_01	大豆	12.16	0.08	6	55.60
2010	9	SJMFZ02CDX_01	大豆	11.95	0.05	6	55.60
2010	10	SJMFZ02CDX_01	大豆	11.78	0.04	4	55.60
2010	11	SJMFZ02CDX_01	大豆	11.54	0.15	3	55.60
2010	12	SJMFZ02CDX_01	大豆	11.55	0.07	3	55.60
2009	1	SJMFZ02CDX_01	大豆	10.55	0.00	3	55.60

（续）

年	月	样地代码	植被名称	地下水埋深/m	标准差	有效数据/条	地面高程/m
2009	2	SJMFZ02CDX_01	大豆	10.53	0.00	2	55.60
2009	3	SJMFZ02CDX_01	大豆	10.55	0.02	3	55.60
2009	4	SJMFZ02CDX_01	大豆	10.69	0.23	3	55.60
2009	5	SJMFZ02CDX_01	大豆	12.10	0.26	6	55.60
2009	6	SJMFZ02CDX_01	大豆	12.14	0.08	6	55.60
2009	7	SJMFZ02CDX_01	大豆	11.75	0.10	6	55.60
2009	8	SJMFZ02CDX_01	大豆	11.63	0.14	6	55.60
2009	9	SJMFZ02CDX_01	大豆	11.37	0.08	6	55.60
2009	10	SJMFZ02CDX_01	大豆	11.16	0.04	4	55.60
2009	11	SJMFZ02CDX_01	大豆	11.07	0.07	3	55.60
2009	12	SJMFZ02CDX_01	大豆	11.03	0.02	3	55.60
2008	1	SJMFZ02CDX_01	大豆	10.27	0.05	3	55.60
2008	2	SJMFZ02CDX_01	大豆	10.16	0.04	2	55.60
2008	3	SJMFZ02CDX_01	大豆	10.10	0.05	3	55.60
2008	4	SJMFZ02CDX_01	大豆	10.46	0.48	3	55.60
2008	5	SJMFZ02CDX_01	大豆	11.18	0.13	6	55.60
2008	6	SJMFZ02CDX_01	大豆	11.77	0.27	6	55.60
2008	7	SJMFZ02CDX_01	大豆	11.78	0.23	6	55.60
2008	8	SJMFZ02CDX_01	大豆	11.21	0.06	6	55.60
2008	9	SJMFZ02CDX_01	大豆	11.01	0.07	6	55.60
2008	10	SJMFZ02CDX_01	大豆	10.86	0.10	4	55.60
2008	11	SJMFZ02CDX_01	大豆	10.80	0.04	3	55.60
2008	12	SJMFZ02CDX_01	大豆	10.68	0.02	3	55.60
2007	1	SJMFZ02CDX_01	大豆	9.07	0.05	3	55.60
2007	2	SJMFZ02CDX_01	大豆	9.23	0.03	3	55.60
2007	3	SJMFZ02CDX_01	大豆	9.37	0.05	3	55.60
2007	4	SJMFZ02CDX_01	大豆	9.30	0.14	2	55.60
2007	5	SJMFZ02CDX_01	大豆	10.59	0.58	7	55.60
2007	6	SJMFZ02CDX_01	大豆	11.32	0.15	6	55.60
2007	7	SJMFZ02CDX_01	大豆	11.81	0.25	6	55.60
2007	8	SJMFZ02CDX_01	大豆	11.24	0.25	6	55.60
2007	9	SJMFZ02CDX_01	大豆	10.70	0.13	6	55.60
2007	10	SJMFZ02CDX_01	大豆	10.42	0.11	4	55.60
2007	11	SJMFZ02CDX_01	大豆	10.27	0.02	3	55.60
2007	12	SJMFZ02CDX_01	大豆	10.23	0.04	3	55.60
2006	1	SJMFZ02CDX_01	大豆	9.53	0.03	3	55.60
2006	2	SJMFZ02CDX_01	大豆	9.47	0.05	3	55.60
2006	3	SJMFZ02CDX_01	大豆	9.40	0.04	3	55.60

（续）

年	月	样地代码	植被名称	地下水埋深/m	标准差	有效数据/条	地面高程/m
2006	4	SJMFZ02CDX_01	大豆	9.43	0.02	2	55.60
2006	5	SJMFZ02CDX_01	大豆	10.44	0.54	7	55.60
2006	6	SJMFZ02CDX_01	大豆	10.63	0.32	6	55.60
2006	7	SJMFZ02CDX_01	大豆	10.89	0.08	6	55.60
2006	8	SJMFZ02CDX_01	大豆	10.31	0.11	6	55.60
2006	9	SJMFZ02CDX_01	大豆	9.82	0.08	6	55.60
2006	10	SJMFZ02CDX_01	大豆	9.74	0.05	4	55.60
2006	11	SJMFZ02CDX_01	大豆	9.88	0.03	3	55.60
2006	12	SJMFZ02CDX_01	大豆	9.88	0.03	3	55.60
2005	1	SJMFZ02CDX_01	大豆	9.04	0.03	3	55.60
2005	2	SJMFZ02CDX_01	大豆	9.03	0.07	3	55.60
2005	3	SJMFZ02CDX_01	大豆	8.80	0.13	3	55.60
2005	4	SJMFZ02CDX_01	大豆	9.02	0.09	3	55.60
2005	5	SJMFZ02CDX_01	大豆	9.40	0.48	4	55.60
2005	6	SJMFZ02CDX_01	大豆	10.71	0.17	5	55.60
2005	7	SJMFZ02CDX_01	大豆	10.48	0.27	6	55.60
2005	8	SJMFZ02CDX_01	大豆	9.71	0.11	3	55.60
2005	9	SJMFZ02CDX_01	大豆	9.40	0.05	3	55.60
2005	10	SJMFZ02CDX_01	大豆	9.32	0.01	3	55.60
2005	11	SJMFZ02CDX_01	大豆	9.26	0.04	3	55.60
2005	12	SJMFZ02CDX_01	大豆	9.34	0.04	3	55.60
2004	1	SJMFZ02CDX_01	大豆	8.55	0.04	3	55.60
2004	2	SJMFZ02CDX_01	大豆	8.52	0.05	3	55.60
2004	3	SJMFZ02CDX_01	大豆	8.44	0.07	3	55.60
2004	4	SJMFZ02CDX_01	大豆	8.53	0.02	3	55.60
2004	5	SJMFZ02CDX_01	大豆	9.03	0.37	3	55.60
2004	6	SJMFZ02CDX_01	大豆	9.62	0.12	5	55.60
2004	7	SJMFZ02CDX_01	大豆	9.68	0.19	5	55.60
2004	8	SJMFZ02CDX_01	大豆	9.25	0.06	4	55.60
2004	9	SJMFZ02CDX_01	大豆	8.94	0.08	5	55.60
2004	10	SJMFZ02CDX_01	大豆	8.90	0.10	5	55.60
2004	11	SJMFZ02CDX_01	大豆	8.85	0.04	3	55.60
2004	12	SJMFZ02CDX_01	大豆	9.10	0.07	3	55.60

3.3.4　湿地积水水深

（1）概述。本数据集包括三江站 2004—2015 年常年积水区综合观测场地表积水观测样地（SJMZH01CJS_01）湿地积水水深数据，数据项包括积水水深、标准差、有效数据、地面高程等。

（2）数据采集和处理方法。数据采集方法为野外人工观测，观测频率为每天 1 次，以草根层下的母质层顶为基准面观测湿地积水水深，根据质控后的湿地水深数据计算月平均数据，同时标明重复数及标准差。

（3）数据质量控制和评估。数据观测做到操作规范，记录准确。对多年数据比对，删除异常值。由于三江站冬季结冰，故结冰期间停止积水水深观测。

（4）数据。湿地积水水深数据见表3-46。

表3-46　常年积水区综合观测场地表积水观测样地湿地积水水深观测数据

年	月	样地代码	积水水深/cm	标准差	有效数据/条	地面高程/m
2015	5	SJMZH01CJS_01	39.8	6.67	31	55.0
2015	6	SJMZH01CJS_01	33.8	6.70	30	55.0
2015	7	SJMZH01CJS_01	33.8	6.76	31	55.0
2015	8	SJMZH01CJS_01	26.6	4.80	31	55.0
2015	9	SJMZH01CJS_01	19.7	1.62	30	55.0
2015	10	SJMZH01CJS_01	22.8	1.62	19	55.0
2014	5	SJMZH01CJS_01	33.8	4.31	31	55.0
2014	6	SJMZH01CJS_01	30.6	3.60	30	55.0
2014	7	SJMZH01CJS_01	31.0	4.62	31	55.0
2014	8	SJMZH01CJS_01	29.5	3.08	31	55.0
2014	9	SJMZH01CJS_01	28.9	2.38	30	55.0
2014	10	SJMZH01CJS_01	31.4	0.97	20	55.0
2013	5	SJMZH01CJS_01	48.5	3.22	31	55.0
2013	6	SJMZH01CJS_01	39.9	1.43	30	55.0
2013	7	SJMZH01CJS_01	36.2	3.68	31	55.0
2013	8	SJMZH01CJS_01	49.7	6.14	31	55.0
2013	9	SJMZH01CJS_01	52.2	0.95	30	55.0
2013	10	SJMZH01CJS_01	51.4	0.88	24	55.0
2012	5	SJMZH01CJS_01	40.8	3.71	31	55.0
2012	6	SJMZH01CJS_01	34.5	2.40	30	55.0
2012	7	SJMZH01CJS_01	30.4	4.08	31	55.0
2012	8	SJMZH01CJS_01	35.1	2.34	31	55.0
2012	9	SJMZH01CJS_01	45.4	6.22	30	55.0
2012	10	SJMZH01CJS_01	54.3	1.19	22	55.0
2011	5	SJMZH01CJS_01	33.3	1.80	31	55.0
2011	6	SJMZH01CJS_01	33.8	0.98	30	55.0
2011	7	SJMZH01CJS_01	28.9	3.23	31	55.0
2011	8	SJMZH01CJS_01	26.5	3.37	31	55.0
2011	9	SJMZH01CJS_01	30.0	2.02	30	55.0
2011	10	SJMZH01CJS_01	29.6	0.80	25	55.0
2010	5	SJMZH01CJS_01	43.3	2.88	31	55.0
2010	6	SJMZH01CJS_01	38.8	2.26	30	55.0
2010	7	SJMZH01CJS_01	36.0	5.13	31	55.0

（续）

年	月	样地代码	积水水深/cm	标准差	有效数据/条	地面高程/m
2010	8	SJMZH01CJS_01	45.8	1.95	31	55.0
2010	9	SJMZH01CJS_01	39.2	2.76	30	55.0
2010	10	SJMZH01CJS_01	34.0	1.05	24	55.0
2009	5	SJMZH01CJS_01	18.7	3.43	31	55.0
2009	6	SJMZH01CJS_01	28.1	5.71	30	55.0
2009	7	SJMZH01CJS_01	38.9	6.29	31	55.0
2009	8	SJMZH01CJS_01	33.0	4.03	31	55.0
2009	9	SJMZH01CJS_01	37.3	1.48	30	55.0
2009	10	SJMZH01CJS_01	37.6	1.08	15	55.0
2008	5	SJMZH01CJS_01	45.4	1.69	31	55.0
2008	6	SJMZH01CJS_01	36.9	3.66	30	55.0
2008	7	SJMZH01CJS_01	35.2	1.85	31	55.0
2008	8	SJMZH01CJS_01	35.8	3.47	31	55.0
2008	9	SJMZH01CJS_01	26.0	1.43	30	55.0
2008	10	SJMZH01CJS_01	21.1	0.85	21	55.0
2007	5	SJMZH01CJS_01	24.8	1.62	31	55.0
2007	6	SJMZH01CJS_01	20.4	1.76	30	55.0
2007	7	SJMZH01CJS_01	9.4	3.45	31	55.0
2007	8	SJMZH01CJS_01	19.8	8.07	31	55.0
2007	9	SJMZH01CJS_01	21.2	1.57	30	55.0
2007	10	SJMZH01CJS_01	17.9	0.41	11	55.0
2006	5	SJMZH01CJS_01	48.8	1.64	31	55.0
2006	6	SJMZH01CJS_01	53.4	1.41	30	55.0
2006	7	SJMZH01CJS_01	56.0	1.48	31	55.0
2006	8	SJMZH01CJS_01	57.0	3.75	31	55.0
2006	9	SJMZH01CJS_01	54.9	1.17	30	55.0
2006	10	SJMZH01CJS_01	55.2	1.04	21	55.0
2005	5	SJMZH01CJS_01	35.2	1.75	31	55.0
2005	6	SJMZH01CJS_01	33.6	2.65	30	55.0
2005	7	SJMZH01CJS_01	37.5	1.76	31	55.0
2005	8	SJMZH01CJS_01	39.5	1.87	31	55.0
2005	9	SJMZH01CJS_01	33.5	1.11	30	55.0
2005	10	SJMZH01CJS_01	31.7	1.09	15	55.0
2004	5	SJMZH01CJS_01	57.5	1.69	31	55.0
2004	6	SJMZH01CJS_01	50.3	4.87	30	55.0
2004	7	SJMZH01CJS_01	39.8	1.97	31	55.0
2004	8	SJMZH01CJS_01	35.5	2.06	31	55.0

3.3.5 蒸发量

(1) 概述。本数据集包括三江站 2004—2015 年气象观测场（SJMQX01CZF_01）蒸发数据，数据项包括月蒸发量、水温等。

(2) 数据采集和处理方法。数据获取方法为野外人工观测，观测频率为每天 2 次，蒸发数据使用 E601 蒸发皿观测所得，质控后的日蒸发量数据累加形成月蒸发量作为本数据集数据。

(3) 数据质量控制和评估。严格执行 E601 蒸发器的维护要求，逐日水面蒸发量与逐日降水量对照。对突出偏大、偏小确属不合理的水面蒸发量，应参照有关因素和邻站资料予以改正。由于三江站冬季结冰，所以结冰期间停止蒸发观测。

(4) 数据。蒸发量数据见表 3-47。

表 3-47 气象观测场蒸发量观测数据

年	月	样地代码	月蒸发量/mm	水温/℃
2015	5	SJMQX01CZF_01	63.6	12.8
2015	6	SJMQX01CZF_01	77.8	19.6
2015	7	SJMQX01CZF_01	80.6	23.1
2015	8	SJMQX01CZF_01	65.9	23.0
2015	9	SJMQX01CZF_01	48.1	15.3
2015	10 (到 19 日)	SJMQX01CZF_01	18.2	7.5
2014	5	SJMQX01CZF_01	70.9	13.6
2014	6	SJMQX01CZF_01	70.5	21.7
2014	7	SJMQX01CZF_01	73.4	23.6
2014	8	SJMQX01CZF_01	69.7	22.0
2014	9	SJMQX01CZF_01	52.2	15.1
2014	10 (到 20 日)	SJMQX01CZF_01	26.1	5.3
2013	5	SJMQX01CZF_01	70.9	15.8
2013	6	SJMQX01CZF_01	94.7	21.2
2013	7	SJMQX01CZF_01	73.3	23.3
2013	8	SJMQX01CZF_01	65.0	21.9
2013	9	SJMQX01CZF_01	56.3	14.8
2013	10 (到 20 日)	SJMQX01CZF_01	26.0	6.4
2012	5	SJMQX01CZF_01	82.5	14.1
2012	6	SJMQX01CZF_01	99.2	20.5
2012	7	SJMQX01CZF_01	63.9	22.5
2012	8	SJMQX01CZF_01	63.2	21.1
2012	9	SJMQX01CZF_01	35.0	15.7
2012	10 (到 20 日)	SJMQX01CZF_01	24.9	7.8
2011	5	SJMQX01CZF_01	77.0	12.5
2011	6	SJMQX01CZF_01	90.6	17.3
2011	7	SJMQX01CZF_01	92.9	24.3
2011	8	SJMQX01CZF_01	68.9	20.8

（续）

年	月	样地代码	月蒸发量/mm	水温/℃
2011	9	SJMQX01CZF _ 01	66.0	12.0
2011	10（到20日）	SJMQX01CZF _ 01	34.2	4.9
2010	5	SJMQX01CZF _ 01	71.4	13.6
2010	6	SJMQX01CZF _ 01	102.5	23.1
2010	7	SJMQX01CZF _ 01	85.6	22.8
2010	8	SJMQX01CZF _ 01	68.9	21.8
2010	9	SJMQX01CZF _ 01	74.3	14.5
2010	10（到19日）	SJMQX01CZF _ 01	29.7	7.2
2009	5	SJMQX01CZF _ 01	90.3	13.1
2009	6	SJMQX01CZF _ 01	61.9	17.8
2009	7	SJMQX01CZF _ 01	69.4	22.3
2009	8	SJMQX01CZF _ 01	64.0	21.0
2009	9	SJMQX01CZF _ 01	55.7	13.4
2009	10（到15日）	SJMQX01CZF _ 01	26.8	7.1
2008	5	SJMQX01CZF _ 01	41.5	13.6
2008	6	SJMQX01CZF _ 01	78.9	18.6
2008	7	SJMQX01CZF _ 01	114.6	24.0
2008	8	SJMQX01CZF _ 01	105.7	21.1
2008	9	SJMQX01CZF _ 01	84.7	13.9
2008	10（到10日）	SJMQX01CZF _ 01	14.5	6.6
2007	5	SJMQX01CZF _ 01	56.8	11.6
2007	6	SJMQX01CZF _ 01	94.6	19.5
2007	7	SJMQX01CZF _ 01	220.1	24.1
2007	8	SJMQX01CZF _ 01	139.2	22.7
2007	9	SJMQX01CZF _ 01	140.2	15.3
2007	10（到11日）	SJMQX01CZF _ 01	39.5	8.9
2006	5	SJMQX01CZF _ 01	104.0	13.7
2006	6	SJMQX01CZF _ 01	57.0	18.5
2006	7	SJMQX01CZF _ 01	82.8	21.6
2006	8	SJMQX01CZF _ 01	73.9	22.1
2006	9	SJMQX01CZF _ 01	64.4	14.6
2006	10（到20日）	SJMQX01CZF _ 01	27.1	7.8
2005	5	SJMQX01CZF _ 01	86.7	14.7
2005	6	SJMQX01CZF _ 01	118.2	20.5
2005	7	SJMQX01CZF _ 01	102.5	21.5
2005	8	SJMQX01CZF _ 01	88.5	22.8
2005	9	SJMQX01CZF _ 01	68.5	15.9
2005	10（到14日）	SJMQX01CZF _ 01	33.7	8.6

（续）

年	月	样地代码	月蒸发量/mm	水温/℃
2004	5	SJMQX01CZF_01	67.5	13.4
2004	6	SJMQX01CZF_01	80.5	21.9
2004	7	SJMQX01CZF_01	95.9	22.4
2004	8	SJMQX01CZF_01	98.0	22.9
2004	9	SJMQX01CZF_01	85.5	15.8
2004	10（到20日）	SJMQX01CZF_01	45.3	6.7

3.3.6 地表水、地下水水质

（1）概述。本数据集包括了三江站站区及周边2022—2015年地表水及深、浅水井地下水水质数据。共布设12个点位（8个地下水，4个地表水），监测指标为16项，共4 992个数据。

（2）数据采集和处理方法。水质采样点的布设原则为根据当地农业垦殖可能对周边地表水及地下水可能带来的影响进行设置。水质采样点共计12个，按照浅层地下水、深层地下水和地表水分成3类，并取平均值作为各类采样点最终数据。采样点位置及代表类型见表3-48。

表3-48 地表水、地下水水质观测采样点信息

序号	样地代码	样地名称	经纬度	代表性
1	SJMFZ13CGD_01	三江站站区地下水水质监测点（洪河三区稻田井）	133°34′48″E，47°34′38″N	稻田耕作浅层地下水
2	SJMFZ12CDX_01	三江站站区地下水水质监测点（洪河三区厂部井）	133°34′47″E，47°34′38″N	民用浅层地下水
3	SJMFZ14CDX_01	三江站站区地下水水质监测点（洪河一区厂部井）	133°28′50″E，47°34′22″N	民用浅层地下水
4	SJMFZ15CDX_01	三江站站区地下水水质监测点（洪河一区民井）	133°28′46″E，47°34′27″N	民用浅层地下水
5	SJMFZ11CDX_01	三江站站区地下水水质监测点（洪河农场富民屯民井）	133°30′59″E，47°35′25″N	民用浅层地下水
6	SJMFZ10CDX_01	三江站站区地下水水质监测点（洪河自来水厂机井）	133°30′32″E，47°35′19″N	深层地下水
7	SJMQX01CDX_01	三江站气象站地下水水质监测采样点（气象场井）	133°29′48″E，47°35′18″N	湿地未受污染的浅层地下水
8	SJMFZ02CDX_02	三江站旱田辅助观测场地下水水质监测采样点（旱田井）	133°30′05″E 47°35′13″N	旱田耕作方式下的浅层地下水
9	SJMZH01CJS_01	三江站常年积水区综合观测场地表积水水质监测长期采样点（气象塔下）	133°30′05″E 47°35′12″N	未受污染的湿地
10	SJMFZ18CLB_01	三江站站区地表水水质监测点（莲花泡强排站渠水）	133°30′50″E 47°32′19″N	农田退水的主排干
11	SJMFZ16CLB_01	三江站站区地表水水质监测点（洪河自然保护区沼泽积水）	133°30′33″E 47°35′18″N	汇入农田退水的湿地
12	SJMFZ17CLB_01	三江站站区地表水水质监测点（洪河国家级自然保护区沃绿兰河水）	133°30′33″E 47°35′18″N	湿地河流

a. 地表水采样。采样时间为每年 5—10 月，采样频率为每年 2 次。在记录本上记录本次采样的日期及时间，当时的水情形势，当时的天气条件以及其他补充的信息，在现场测定水样的 pH 和温度。采集从表面到底部不同位置的水样构成的混合水样。在采样瓶的外壁记录水样的编号，统一为"地名＋R＋月份"，同时记录下采样的详细时间。打开采样瓶内盖和外盖，首先用所要采的地表水把采样瓶内壁和瓶盖充分冲洗至少 3 次，然后直接用采样瓶采取地表水样，水样必须装满水样瓶，盖上内盖和外盖，使采样瓶内不留气泡。常温保存，避免高温或低温情况（防止结冰）。

b. 地下水采样。采样地选在生态系统内进行水、土、气、生联合监测的长期观测采样地内的观测井，采样时间为每年 5—10 月，采样频率为每年 2 次。现场测定水样的 pH 和温度。从井中采集水样时，要在充分抽汲后进行，以保证水样能代表地下水水源。在采样瓶的外壁记录水样的编号，编号统一采用"地名＋G＋月份"，同时记录下采样的详细时间。打开采样瓶内盖和外盖，用所要采的地下水把采样瓶内壁和瓶盖充分冲洗至少 3 次，然后直接用采样瓶采取水样，水样必须装满水样瓶，盖上内盖和外盖，使采样瓶内不留气泡。常温保存，避免高温或低温情况（防止结冰）。

（3）数据质量控制和评估。所得数据按照阴阳离子平衡、矿化度与离子总量、总硬度与总碱度等方法进行合理性检验，另外，还根据水质监测断面的水质情况和周围的污染源分布情况，判断数据的准确性。

在本数据集中，2002 年由于初始进行水质监测，矿化度和 PO_4^{3-} 浓度并未列入必测指标，因此造成一定程度的缺失；2003 年数据由于人员更换，造成缺失。

（4）数据。2002—2015 年水质数据见表 3－49 至表 3－54。

表 3－49　浅层地下水水质状况（一）

采样日期	Ca^{2+}/(mg/L)	Mg^{2+}/(mg/L)	K^+/(mg/L)	Na^+/(mg/L)	CO_3^{2-}/(mg/L)	HCO_3^-/(mg/L)	Cl^-/(mg/L)	SO_4^{2-}/(mg/L)	PO_4^{3-}/(mg/L)	NO_3^-/(mg/L)
2015－10－19	28.560	10.520	0.467	14.060	0.000	183.000	14.910	0.210	0.010	0.443
2015－07－20	17.320	7.060	1.040	9.110	0.000	166.000	5.400	0.372	0.044	0.159
2014－10－20	19.190	7.330	1.330	8.650	0.000	91.500	31.600	3.640	0.034	0.319
2014－07－11	25.060	8.390	1.820	10.100	0.000	152.260	15.620	12.660	0.069	3.181
2013－10－09	27.120	7.050	2.870	10.940	0.000	146.400	5.680	5.410	0.012	0.288
2013－07－07	22.030	7.490	2.130	10.070	0.000	146.400	5.680	4.000	0.105	3.685
2012－10－09	22.090	8.400	1.870	11.470	0.000	80.520	27.750	1.740	0.375	0.050
2012－07－10	20.440	4.530	1.550	16.520	0.000	81.740	15.980	0.000	0.180	0.060
2011－10－04	21.700	7.650	3.200	14.310	0.000	148.360	8.200	0.200	0.200	0.220
2011－05－18	22.170	8.200	0.520	8.740	0.000	120.040	14.910	2.450	0.020	0.210
2010－10－02	23.160	8.303	2.744	11.860	0.000	161.040	17.750	0.000	0.090	0.040
2010－06－12	26.300	6.400	3.470	10.800	0.000	180.020	1.770	0.000	0.290	0.140
2009－09－29	23.150	8.810	2.260	13.850	0.000	161.040	10.650	0.000	0.328	0.000
2009－06－18	1.710	23.460	12.060	6.960	0.000	169.820	7.100	6.660	0.031	0.100
2008－09－06	24.120	7.910	1.760	10.020	0.000	172.020	7.990	0.380	0.040	0.040
2008－05－25	26.310	8.960	1.270	9.970	0.000	163.970	9.940	0.320	0.190	0.130
2007－08－29	28.141	7.292	1.815	5.864	0.000	11.360	169.820	1.254	0.004	0.348
2007－05－25	27.892	1.512	11.697	12.445	0.000	163.970	21.300	0.000	0.081	0.022
2006－09－25	9.463	24.956	1.381	14.458	0.000	161.040	7.810	2.904	0.042	0.461

（续）

采样日期	Ca²⁺/ (mg/L)	Mg²⁺/ (mg/L)	K⁺/ (mg/L)	Na⁺/ (mg/L)	CO₃²⁻/ (mg/L)	HCO₃⁻/ (mg/L)	Cl⁻/ (mg/L)	SO₄²⁻/ (mg/L)	PO₄³⁻/ (mg/L)	NO₃⁻/ (mg/L)
2006 - 08 - 05	3.788	7.924	3.373	5.801	0.000	55.630	18.460	3.058	0.031	0.000
2005 - 09 - 06	29.890	7.200	4.131	13.000	0.000	175.700	17.750	0.000	0.010	0.000
2005 - 05 - 31	23.730	7.240	1.710	13.020	0.000	102.500	8.880	0.640	0.033	0.362
2004 - 09 - 15	24.220	7.080	2.010	11.820	0.000	139.100	9.930	0.220	0.012	0.228
2004 - 06 - 20	27.700	6.320	1.860	11.570	0.000	139.120	8.880	0.025	0.017	0.028
2002 - 09 - 05	17.530	19.750	1.740	1.740	0.000	146.450	7.090	1.000	—	0.000
2002 - 07 - 10	21.130	11.590	2.160	24.400	0.000	164.750	14.520	0.700	—	0.000

表 3 - 50 浅层地下水水质状况（二）

采样日期	水温/℃	pH	矿化度/ (mg/L)	COD$_{cr}$/ (mg/L)	总氮/ (mg/L)	总磷/ (mg/L)
2015 - 10 - 19	9.00	6.77	155.00	3.150 0	2.023 0	0.035 0
2015 - 07 - 20	9.00	6.72	159.00	21.560 0	3.974 0	0.698 0
2014 - 10 - 20	9.00	6.57	76.00	18.220 0	4.503 0	1.085 0
2014 - 07 - 11	8.00	6.89	235.00	2.310 0	1.428 0	0.239 0
2013 - 10 - 09	8.00	6.25	204.00	21.110 0	1.460 0	0.195 0
2013 - 07 - 07	9.00	6.82	186.00	40.600 0	1.815 0	0.136 0
2012 - 10 - 09	6.00	6.19	123.00	21.040 0	1.853 0	0.928 0
2012 - 07 - 10	6.40	6.25	139.00	36.970 0	1.578 0	0.280 0
2011 - 10 - 04	16.10	6.74	184.00	1.600 0	2.440 0	1.070 0
2011 - 05 - 18	7.50	6.35	88.00	12.830 0	2.140 0	0.020 0
2010 - 10 - 02	5.80	7.07	155.00	22.900 0	1.313 0	0.300 0
2010 - 06 - 12	8.20	7.07	170.00	19.280 0	1.508 0	0.340 0
2009 - 09 - 29	5.50	7.19	139.00	28.720 0	1.703 0	0.045 0
2009 - 06 - 18	7.80	6.92	218.00	17.350 0	1.515 0	0.098 0
2008 - 09 - 06	5.50	6.95	252.00	38.560 0	2.430 0	0.100 0
2008 - 05 - 25	7.50	6.69	200.00	48.820 0	2.220 0	1.020 0
2007 - 08 - 29	5.50	6.38	323.00	1.760 0	0.259 0	25.680 0
2007 - 05 - 25	7.50	7.83	208.00	3.440 0	0.085 0	47.650 0
2006 - 09 - 25	5.10	7.42	176.00	9.320 0	3.814 0	0.095 0
2006 - 08 - 05	17.80	7.38	250.00	32.980 0	2.655 0	0.089 0
2005 - 09 - 06	7.00	6.50	140.00	20.850 0	24.680 0	0.010 0
2005 - 05 - 31	7.50	6.24	176.00	5.820 0	1.880 0	0.950 0
2004 - 09 - 15	7.00	6.58	271.00	2.170 0	5.300 0	2.161 0
2004 - 06 - 20	7.50	6.3	174.00	1.900 0	2.290 0	0.702 0
2002 - 09 - 05	6.80	7.1	—	44.870 0	1.350 0	0.070 0
2002 - 07 - 10	17.90	6.66	—	34.810 0	2.240 0	0.106 0

注：COD$_{cr}$表示化学需氧量。

表 3-51　深层地下水水质状况（一）

采样日期	Ca^{2+}/(mg/L)	Mg^{2+}/(mg/L)	K^{+}/(mg/L)	Na^{+}/(mg/L)	CO_3^{2-}/(mg/L)	HCO_3^{-}/(mg/L)	Cl^{-}/(mg/L)	SO_4^{2-}/(mg/L)	PO_4^{3-}/(mg/L)	NO_3^{-}/(mg/L)
2015-10-19	32.030	12.600	0.951	17.810	0.000	236.440	10.650	0.590	0.107	0.857
2015-07-20	17.060	7.080	1.350	10.500	0.000	109.920	8.380	1.006	0.036	0.177
2014-10-20	23.270	8.860	1.860	11.030	0.000	98.820	34.790	13.990	0.008	4.018
2014-07-11	26.050	8.100	2.210	12.100	0.000	155.180	12.780	9.690	0.008	4.953
2013-10-09	25.630	7.980	3.550	12.580	0.000	163.970	5.680	0.790	0.006	7.675
2013-07-07	26.700	8.240	3.500	12.770	0.000	166.900	7.100	1.240	0.018	8.972
2012-10-09	26.810	9.570	3.250	15.130	0.000	102.480	27.750	0.960	0.037	0.080
2012-07-10	17.240	9.770	3.340	4.890	0.000	90.890	13.140	0.000	0.019	0.060
2011-10-04	28.590	9.770	3.360	14.360	0.000	190.320	6.650	1.810	0.050	0.050
2011-05-18	27.280	5.390	2.610	9.950	0.000	140.400	7.430	0.000	0.040	0.140
2010-10-02	29.501	10.257	4.783	14.815	0.000	190.320	14.200	0.000	0.860	0.040
2010-06-12	28.130	7.330	2.850	11.930	0.000	153.661	0.994	1.150	0.060	0.120
2009-09-29	26.150	10.540	3.780	18.120	0.000	204.960	10.650	0.000	0.035	0.030
2009-06-18	3.460	29.390	16.150	7.500	0.000	210.820	4.970	0.540	0.031	0.050
2008-09-06	34.490	9.990	4.400	13.630	0.000	219.600	8.880	1.340	0.160	0.000
2008-05-25	30.790	9.510	1.850	13.000	0.000	181.540	12.070	2.430	0.280	0.060
2007-08-29	31.997	10.345	3.286	16.487	0.000	9.940	204.960	1.470	0.051	0.028
2007-05-25	34.112	3.921	10.620	18.349	0.000	175.680	11.540	0.000	0.381	0.121
2006-09-25	9.431	28.974	3.021	18.554	0.000	181.540	8.240	0.000	0.064	0.062
2006-08-05	9.620	1.691	2.474	0.990	0.015	0.000	0.370	9.294	0.002	0.008
2005-09-06	36.765	11.030	5.678	14.715	0.000	241.560	12.420	0.000	0.026	0.000
2005-05-31	24.070	7.694	3.260	14.199	0.000	131.760	10.650	0.000	0.056	2.157
2004-09-15	29.910	9.890	3.100	15.860	0.000	204.990	8.510	0.230	0.033	0.560
2004-06-20	34.860	9.810	3.050	13.870	0.000	168.410	8.880	0.025	0.028	0.019
2002-09-05	30.060	12.160	0.850	20.460	0.000	195.250	5.320	3.000	—	0.010
2002-07-10	26.160	9.150	14.980	35.650	0.000	207.450	20.600	0.500	—	0.010

表 3-52　深层地下水水质状况（二）

采样日期	水温/℃	pH	矿化度/（mg/L）	COD_{cr}/（mg/L）	总氮/（mg/L）	总磷/（mg/L）
2015-10-19	9.00	6.32	211.00	14.500 0	2.393 0	0.722 0
2015-07-20	8.00	6.29	155.00	12.460 0	1.664 0	0.085 0
2014-10-20	8.00	6.31	150.00	131.710 0	1.305 0	0.034 0
2014-07-11	8.00	6.39	169.00	18.220 0	1.270 0	0.044 0
2013-10-09	6.00	6.36	220.00	16.240 0	2.130 0	0.368 0
2013-07-07	10.00	6.35	226.00	17.860 0	2.175 0	0.116 0
2012-10-09	6.70	6.15	193.00	8.920 0	2.420 0	0.042 0
2012-07-10	10.20	6.12	134.00	43.980 0	2.538 0	0.020 0
2011-10-04	8.00	6.58	234.00	9.620 0	2.180 0	0.020 0

（续）

采样日期	水温/℃	pH	矿化度/（mg/L）	COD_{cr}/（mg/L）	总氮/（mg/L）	总磷/（mg/L）
2011-05-18	7.40	6.46	177.00	17.640 0	1.220 0	0.020 0
2010-10-02	9.90	7.01	174.00	27.810 0	1.773 0	1.030 0
2010-06-12	7.50	6.8	146.00	22.480 0	1.690 0	0.410 0
2009-09-29	6.80	6.79	257.00	21.850 0	1.888 0	0.361 0
2009-06-18	7.00	7.07	195.00	18.330 0	2.075 0	0.041 0
2008-09-06	13.50	6.83	140.00	21.560 0	2.370 0	0.280 0
2008-05-25	7.50	6.55	193.00	23.760 0	2.090 0	0.540 0
2007-08-29	13.50	6.73	385.00	2.290 0	0.119 0	6.230 0
2007-05-25	7.50	6.78	244.00	3.520 0	0.956 0	5.360 0
2006-09-25	4.90	6.62	281.00	25.480 0	4.414 0	0.346 0
2006-08-05	16.80	258	134.00	25.060 0	2.545 0	0.467 0
2005-09-06	7.00	6.74	322.00	18.220 0	24.380 0	0.940 0
2005-05-31	7.50	6.71	192.00	5.980 0	3.972 0	0.952 0
2004-09-15	7.00	7.09	272.00	1.860 0	2.140 0	0.936 0
2004-06-20	7.50	7.03	239.00	1.750 0	3.365 0	0.566 0
2002-09-05	9.00	6.8	—	2.720 0	1.680 0	0.120 0
2002-07-10	7.60	6.05	—	28.670 0	1.960 0	0.012 0

表 3-53　地表水水质状况（一）

采样日期	Ca²⁺/（mg/L）	Mg²⁺/（mg/L）	K⁺/（mg/L）	Na⁺/（mg/L）	CO₃²⁻/（mg/L）	HCO₃⁻/（mg/L）	Cl⁻/（mg/L）	SO₄²⁻/（mg/L）	PO₄³⁻/（mg/L）	NO₃⁻/（mg/L）
2015-10-19	15.270	7.640	0.440	13.010	0.000	103.940	25.560	0.980	0.027	1.599
2015-07-20	7.930	4.730	3.710	8.970	0.000	99.100	14.200	1.610	0.042	0.062
2014-10-20	7.800	4.300	4.120	4.980	0.000	54.900	37.280	12.560	0.009	0.182
2014-07-11	15.480	6.090	5.470	13.590	0.000	122.980	19.170	3.930	0.065	5.728
2013-10-09	7.140	3.420	5.230	4.370	0.000	49.780	8.520	10.000	0.029	4.039
2013-07-07	14.660	5.740	6.650	13.820	0.000	111.260	11.360	16.010	0.081	3.862
2012-10-09	7.400	3.890	14.790	5.230	0.000	30.500	27.690	4.760	0.243	0.100
2012-07-10	12.900	5.960	2.500	2.270	0.000	40.260	19.170	5.510	0.079	0.080
2011-10-04	17.490	3.060	3.400	6.710	0.000	51.240	19.530	8.450	0.060	0.130
2011-05-18	18.990	3.520	3.710	10.850	0.000	58.560	26.630	5.580	0.040	0.080
2010-10-02	12.498	5.910	4.525	6.306	0.000	80.520	15.980	0.000	0.070	0.050
2010-06-12	13.320	5.690	3.420	3.110	6.538	68.560	0.284	7.118	0.390	0.160
2009-09-29	10.500	5.110	4.880	5.800	0.000	80.520	17.750	3.638	0.054	0.060
2009-06-18	5.220	12.800	18.690	4.800	0.000	89.010	19.880	2.620	0.027	0.300
2008-09-06	8.400	5.100	3.600	9.040	0.000	84.180	12.430	2.200	0.060	1.020
2008-05-25	10.890	5.920	6.330	14.540	0.000	70.270	24.140	13.190	0.230	0.330
2007-08-29	36.887	13.989	2.019	17.255	0.000	13.490	61.490	15.714	0.034	0.033
2007-05-25	19.273	8.564	5.160	19.474	0.000	52.700	31.060	3.184	0.403	0.648

（续）

采样日期	Ca²⁺ / (mg/L)	Mg²⁺ / (mg/L)	K⁺ / (mg/L)	Na⁺ / (mg/L)	CO₃²⁻ / (mg/L)	HCO₃⁻ / (mg/L)	Cl⁻ / (mg/L)	SO₄²⁻ / (mg/L)	PO₄³⁻ / (mg/L)	NO₃⁻ / (mg/L)
2006 - 09 - 25	3.788	7.924	3.373	5.801	0.000	55.630	18.460	3.058	0.031	0.000
2006 - 08 - 05	8.977	30.400	1.189	14.191	0.000	144.940	17.040	0.000	0.076	11.674
2005 - 09 - 06	12.475	5.546	5.935	10.817	0.000	87.840	17.750	0.000	0.008	0.000
2005 - 05 - 31	13.293	6.057	5.932	13.999	0.000	36.600	10.650	2.646	0.557	1.763
2004 - 09 - 15	10.300	4.980	3.070	14.170	0.000	87.850	7.800	1.100	0.037	0.360
2004 - 06 - 20	14.420	5.870	4.850	18.650	0.000	106.900	15.090	0.029	0.007	0.015
2002 - 09 - 05	12.520	8.680	2.380	10.250	0.000	87.960	10.640	5.000	—	0.100
2002 - 07 - 10	14.030	6.080	7.540	0.270	0.000	73.220	6.750	0.500	—	0.300

表 3 - 54   地表水水质状况（二）

采样日期	水温/℃	pH	矿化度/ (mg/L)	CODcr/ (mg/L)	总氮/ (mg/L)	总磷/ (mg/L)
2015 - 10 - 19	15.00	6.75	167.00	37.190 0	3.415 0	0.048 0
2015 - 07 - 20	27.00	6.43	140.00	39.740 0	1.444 0	0.088 0
2014 - 10 - 20	16.00	6.71	66.00	9.590 0	9.233 0	0.077 0
2014 - 07 - 11	26.00	6.49	121.00	16.780 0	2.553 0	0.102 0
2013 - 10 - 09	15.00	6.57	88.00	42.220 0	1.955 0	0.142 0
2013 - 07 - 07	26.00	6.62	180.00	54.570 0	1.813 0	0.974 0
2012 - 10 - 09	9.80	6.18	71.00	56.090 0	1.398 0	0.263 0
2012 - 07 - 10	22.00	6.31	98.00	62.470 0	3.543 0	0.101 0
2011 - 10 - 04	10.50	6.89	113.00	41.700 0	2.550 0	0.090 0
2011 - 05 - 18	15.10	6.54	141.00	24.060 0	1.430 0	0.050 0
2010 - 10 - 02	12.90	7.34	71.00	39.510 0	2.115 0	0.210 0
2010 - 06 - 12	20.80	6.91	80.00	48.820 0	2.568 0	0.500 0
2009 - 09 - 29	15.50	7.33	156.00	31.220 0	1.993 0	0.082 0
2009 - 06 - 18	22.50	7.03	145.00	18.290 0	1.148 0	0.051 0
2008 - 09 - 06	16.50	7.22	234.00	287.840 0	1.740 0	0.140 0
2008 - 05 - 25	21.00	7.12	242.00	36.600 0	4.920 0	0.470 0
2007 - 08 - 29	16.50	7.4	156.00	0.843 0	0.080 0	27.750 0
2007 - 05 - 25	21.00	6.59	326.00	6.270 0	0.514 0	68.950 0
2006 - 09 - 25	2.10	7.27	169.00	26.340 0	1.249 0	0.063 0
2006 - 08 - 05	22.10	7.42	686.00	30.340 0	4.268 0	3.000 0
2005 - 09 - 06	19.00	7.23	140.00	39.970 0	24.640 0	0.030 0
2005 - 05 - 31	24.00	6.60	89.00	21.470 0	4.395 0	1.103 0
2004 - 09 - 15	19.00	7.3	129.00	4.260 0	1.100 0	0.094 0
2004 - 06 - 20	24.00	7.35	166.00	9.410 0	2.142 0	0.289 0
2002 - 09 - 05	16.50	7.74	—	12.240 0	6.160 0	0.110 0
2002 - 07 - 10	17.00	7.38	—	70.650 0	1.960 0	0.158 0

3.3.7 降水水质

（1）概述。本数据集包括了三江站气象场 1 个采样点雨水采集器采集的 2004—2015 年雨水水质数据。监测指标为 6 项，共 287 个数据。除了 pH 计量单位为无量纲，水温为℃，其他指标计量单位均为 mg/L。

（2）数据采集和处理方法。记录本上记录本次采样的日期及时间，本次所采集水样的降水场次，降水收集瓶中降水的容量，当时的天气条件以及其他补充的信息。每月将所收集雨水充分混合，采集水样。

（3）数据质量控制和评估。按照实验室质量控制方法，由研究所实验室进行分析。在本数据集中，2004—2006 年每年测定 2 次，指标为水温、pH、矿化度和 SO_4^{2-} 含量；2007—2012 年于 5—10 月每年测定 6 次，指标不变；2013—2015 年，每 3 个月向水分分中心寄送水样，指标为 pH、SO_4^{2-} 含量、非溶解性物质总量和电导率。

（4）数据。2004—2015 年降水水质数据见表 3 – 55。

表 3 – 55　降水水质状况

年	月	样地代码	水温/℃	pH	矿化度/ (mg/L)	SO_4^{2-} 含量/ (mg/L)	非溶解性物质总量/ (mg/L)	电导率/ (μs/cm)
2015	1	SJMQX01CYS_01	—	5.89	—	2.487 0	1 069.60	22.430
2015	2	SJMQX01CYS_01	—	6.19	—	7.758 0	489.00	74.000
2015	3	SJMQX01CYS_01	—	5.92	—	1.516 0	411.60	13.080
2015	4	SJMQX01CYS_01	—	5.87	—	4.038 0	489.00	21.010
2015	5	SJMQX01CYS_01	—	5.67	—	1.582 0	489.00	10.380
2015	6	SJMQX01CYS_01	—	5.60	—	1.566 0	23.60	12.730
2015	7	SJMQX01CYS_01	—	5.48	—	0.910 8	168.00	7.910
2015	8	SJMQX01CYS_01	—	5.51	—	1.358 0	45.60	10.860
2015	9	SJMQX01CYS_01	—	6.02	—	1.581 0	1 215.60	7.920
2015	10	SJMQX01CYS_01	—	5.90	—	1.102 0	274.00	5.910
2015	11	SJMQX01CYS_01	—	6.96	—	0.409 6	190.00	26.210
2015	12	SJMQX01CYS_01	—	6.50	—	0.904 9	82.00	10.790
2014	1	SJMQX01CYS_01	—	5.24	—	2.865 0	12.90	25.330
2014	2	SJMQX01CYS_01	—	5.65	—	1.987 0	49.90	17.460
2014	3	SJMQX01CYS_01	—	5.65	—	2.208 0	59.90	14.580
2014	4	SJMQX01CYS_01	—	6.16	—	13.910 0	30.39	95.200
2014	5	SJMQX01CYS_01	—	4.81	—	4.002 0	30.39	29.510
2014	6	SJMQX01CYS_01	—	5.76	—	0.949 2	129.90	8.120
2014	7	SJMQX01CYS_01	—	5.72	—	1.900 0	30.39	4.940
2014	8	SJMQX01CYS_01	—	5.14	—	1.724 0	30.39	12.520
2014	9	SJMQX01CYS_01	—	5.53	—	0.666 8	20.87	3.570
2013	4	SJMQX01CYS_01	—	5.74	16.23	4.248 0	49.86	24.860
2013	5	SJMQX01CYS_01	—	8.49	82.36	4.039 0	88.80	123.900
2013	6	SJMQX01CYS_01	—	8.03	38.28	6.767 0	142.80	58.030
2013	7	SJMQX01CYS_01	—	6.61	3.64	1.236 0	49.86	5.590

（续）

年	月	样地代码	水温/℃	pH	矿化度/(mg/L)	SO_4^{2-}含量/(mg/L)	非溶解性物质总量/(mg/L)	电导率/(μs/cm)
2013	8	SJMQX01CYS_01	—	6.56	4.01	1.158 0	199.80	6.140
2013	9	SJMQX01CYS_01	—	4.98	21.74	6.185 0	110.80	32.980
2013	10	SJMQX01CYS_01	—	6.85	160.20	3.284 0	49.86	241.100
2013	11	SJMQX01CYS_01	—	6.59	4.82	0.814 5	4.30	7.520
2013	12	SJMQX01CYS_01	—	6.35	15.29	1.359 0	49.86	23.940
2012	5	SJMQX01CYS_01	13.1	5.78	4.00	1.240 0	—	—
2012	6	SJMQX01CYS_01	17.3	5.37	10.00	0.520 0	—	—
2012	7	SJMQX01CYS_01	17.8	6.23	14.00	0.670 0	—	—
2012	8	SJMQX01CYS_01	18.3	6.44	4.00	0.660 0	—	—
2012	9	SJMQX01CYS_01	11.8	6.73	2.00	0.820 0	—	—
2012	10	SJMQX01CYS_01	13.1	5.78	4.00	1.240 0	—	—
2011	5	SJMQX01CYS_01	12.2	5.95	37.00	0.420 0	—	—
2011	6	SJMQX01CYS_01	18.1	5.84	29.00	0.110 0	—	—
2011	7	SJMQX01CYS_01	18.9	6.33	22.00	0.000 0	—	—
2011	8	SJMQX01CYS_01	18.6	6.27	36.00	0.000 0	—	—
2011	9	SJMQX01CYS_01	11.4	6.18	19.00	0.000 0	—	—
2011	10	SJMQX01CYS_01	12.8	5.95	37.00	0.420 0	—	—
2010	5	SJMQX01CYS_01	13.1	5.89	28.00	2.120 0	—	—
2010	6	SJMQX01CYS_01	17.8	5.87	25.00	2.570 0	—	—
2010	7	SJMQX01CYS_01	16.9	6.40	19.00	0.938 0	—	—
2010	8	SJMQX01CYS_01	18.5	6.47	6.00	1.755 0	—	—
2010	9	SJMQX01CYS_01	10.3	6.34	20.00	1.721 0	—	—
2010	10	SJMQX01CYS_01	9.3	6.36	3.00	1.835 0	—	—
2009	5	SJMQX01CYS_01	11.9	5.68	38.00	1.239 0	—	—
2009	6	SJMQX01CYS_01	13.6	5.89	24.00	4.450 0	—	—
2009	7	SJMQX01CYS_01	14.5	5.43	89.00	0.549 0	—	—
2009	8	SJMQX01CYS_01	15.3	5.57	102.00	1.453 0	—	—
2009	9	SJMQX01CYS_01	12.1	5.69	54.00	0.669 0	—	—
2009	10	SJMQX01CYS_01	9.8	5.83	49.00	1.537 0	—	—
2008	5	SJMQX01CYS_01	11.5	5.49	35.00	0.218 0	—	—
2008	6	SJMQX01CYS_01	14.5	5.45	30.00	0.000 0	—	—
2008	7	SJMQX01CYS_01	15.5	5.68	131.00	0.458 0	—	—
2008	8	SJMQX01CYS_01	15.5	5.69	72.00	3.252 0	—	—
2008	9	SJMQX01CYS_01	11.0	5.87	83.00	1.474 0	—	—
2008	10	SJMQX01CYS_01	9.5	5.96	78.00	1.286 0	—	—
2007	5	SJMQX01CYS_01	11.5	5.65	71.00	0.000 0	—	—
2007	6	SJMQX01CYS_01	14.6	6.26	94.00	0.0210	—	—
2007	7	SJMQX01CYS_01	24.5	6.67	112.00	1.631 0	—	—

（续）

年	月	样地代码	水温/℃	pH	矿化度/(mg/L)	SO_4^{2-}含量/(mg/L)	非溶解性物质总量/(mg/L)	电导率/(μs/cm)
2007	8	SJMQX01CYS_01	23.5	6.89	126.00	1.384 0	—	—
2007	9	SJMQX01CYS_01	18.6	7.05	146.00	0.000 0	—	—
2007	10	SJMQX01CYS_01	9.5	7.12	164.00	0.000 0	—	—
2006	5	SJMQX01CYS_01	21.5	5.39	44.02	1.346 0	0.09	—
2006	8	SJMQX01CYS_01	18.6	7.08	34.38	0.0280	0.03	—
2005	5	SJMQX01CYS_01	21.0	4.85	46.07	1.567 0	—	—
2005	8	SJMQX01CYS_01	18.0	7.05	38.62	0.031 0	—	—
2004	7	SJMQX01CYS_01	21.0	6.95	46.07	0.024 0	—	—
2004	9	SJMQX01CYS_01	18.0	7.05	38.62	0.031 0	—	—

3.4 气象观测数据

3.4.1 气温

（1）概述。本数据集为三江站气象观测场（SJMQX01，133°31′E，47°35′N）2007—2015 年自动气象站的月尺度气温观测数据。

（2）数据采集和处理方法。

a. 数据获取方法。主要依靠安装在 10 m 风杆上 1.5 m 处的 HMP45D 温度传感器获取数据。每 10 s 采集 1 个温度值，每分钟采集 6 个温度值，去除一个最大值和一个最小值后取平均值，作为每分钟的温度值存储。正点时采测 00 min 的温度值作为正点数据存储。

b. 数据处理方法。主要使用 CERN 报表处理程序对获取的 log 文件进行处理。将原始数据文件另保存，并且复制一份原始数据文件作为存档文件，不得改动原始数据。启动“生态气象工作站”数据处理功能，点击生成 M 报表，根据日志文件提示，对数据文件存在的错误或乱码数据进行手工修改或剔除，重新生成 M 报表并进行统计。将质控过的 M 报表转换为规范的 A 报表并进行统计。

（3）数据质量控制和评估。

a. 数据质量控制。根据当地多年中各月气温的历史观测数据极值，检查气温观测数据是否溢出。气温的日变化，在陆地上一天中气温的最低值出现在日出前后，夏季最高气温出现在 14—15 时，冬季最高气温出现在 13—14 时。日平均值缺测 6 次或者以上时，通过人工观测数据对缺失数据进行插补。

b. 数据质量评估。将处理完的数据与历史数据信息进行比较，评价数据的正确性、一致性、完整性、可比性和连续性，经过站长和数据管理员审核认定，批准上报。

c. 数据缺失说明。2013 年 2 月 11 日—18 日三江站气象观测场的供电线路出现故障，导致自动气象站气温观测数据缺失。

（4）数据。2007—2015 年气温观测数据见表 3-56。

表 3-56 自动观测气象要素——气温

年	月	气温/℃	有效数据/条	标注
2015	1	−19.3	31	0
2015	2	−15.2	28	0
2015	3	−3.7	31	0

（续）

年	月	气温/℃	有效数据/条	标注
2015	4	5.3	30	0
2015	5	11.8	31	0
2015	6	18.4	30	0
2015	7	21.0	31	0
2015	8	21.8	31	0
2015	9	14.1	30	0
2015	10	4.6	31	0
2015	11	−7.4	30	0
2015	12	−16.9	31	0
2014	1	−22.5	31	0
2014	2	−18.5	28	0
2014	3	−5.6	31	0
2014	4	7.5	30	0
2014	5	13.5	31	0
2014	6	21.0	30	0
2014	7	22.3	31	0
2014	8	20.9	31	0
2014	9	14.5	30	0
2014	10	3.9	31	0
2014	11	−6.8	30	0
2014	12	−21.0	31	0
2013	1	−23.7	31	0
2013	2	−18.6	20	1
2013	3	−9.2	31	0
2013	4	2.7	30	0
2013	5	14.6	31	0
2013	6	20.7	30	0
2013	7	22.3	31	0
2013	8	20.6	31	0
2013	9	14.2	30	0
2013	10	5.0	31	0
2013	11	−3.7	30	0
2013	12	−18.6	31	0
2012	1	−24.0	31	0
2012	2	−18.6	29	0
2012	3	−7.9	31	0
2012	4	4.9	30	0
2012	5	14.7	31	0

（续）

年	月	气温/℃	有效数据/条	标注
2012	6	20.7	30	0
2012	7	21.3	31	0
2012	8	20.5	31	0
2012	9	15.1	30	0
2012	10	5.2	31	0
2012	11	−5.4	30	0
2012	12	−21.3	31	0
2011	1	−22.5	31	0
2011	2	−15.4	28	0
2011	3	−8.8	31	0
2011	4	3.8	30	0
2011	5	12.1	31	0
2011	6	17.5	30	0
2011	7	23.9	31	0
2011	8	20.6	31	0
2011	9	12.0	30	0
2011	10	6.1	31	0
2011	11	−6.4	30	0
2011	12	−18.3	31	0
2010	1	−20.8	31	0
2010	2	−19.8	28	0
2010	3	−10.8	31	0
2010	4	2.8	30	0
2010	5	14.1	31	0
2010	6	22.7	30	0
2010	7	21.6	31	0
2010	8	21.0	31	0
2010	9	13.8	30	0
2010	10	4.8	31	0
2010	11	−5.9	30	0
2010	12	−19.0	31	0
2009	1	−19.9	31	0
2009	2	−17.6	28	0
2009	3	−8.2	31	0
2009	4	5.8	30	0
2009	5	14.8	31	0
2009	6	17.2	30	0
2009	7	20.7	31	0

（续）

年	月	气温/℃	有效数据/条	标注
2009	8	20.1	31	0
2009	9	13.1	30	0
2009	10	5.2	31	0
2009	11	−8.6	30	0
2009	12	−20.7	31	0
2008	1	−21.2	31	0
2008	2	−14.3	29	0
2008	3	0.1	31	0
2008	4	7.8	30	0
2008	5	11.7	31	0
2008	6	20.2	30	0
2008	7	23.0	31	0
2008	8	20.0	31	0
2008	9	13.7	30	0
2008	10	5.2	31	0
2008	11	−8.0	30	0
2008	12	−15.6	31	0
2007	1	−14.2	31	0
2007	2	−14.5	28	0
2007	3	−8.9	31	0
2007	4	4.3	30	0
2007	5	12.5	31	0
2007	6	19.8	30	0
2007	7	21.8	31	0
2007	8	20.9	31	0
2007	9	14.6	30	0
2007	10	4.9	31	0
2007	11	−6.5	30	0
2007	12	−14.3	31	0

注：标注中“0”表示观测数据，“1”表示插补数据。后同。

3.4.2　相对湿度

（1）概述。本数据集为三江站气象观测场（SJMQX01，133°31′E，47°35′N）2007—2015 年自动气象站的月尺度相对湿度观测数据，数据来源为气象规范报表 A 中的 RH 表。

（2）数据采集和处理方法。

a. 数据获取方法。主要依靠安装在 10 m 风杆上 1.5 m 处的 HMP45D 湿度传感器获取。每 10 秒采集 1 个湿度值，每分钟采集 6 个湿度值，去除一个最大值和一个最小值后取平均值，作为每分钟的湿度值存储。正点时采测 00 min 的湿度值作为正点数据存储。

b. 数据处理方法。主要使用 CERN 报表处理程序对获取的 log 文件进行处理。将原始数据文件另保存，并且复制一份原始数据文件作为存档文件，不得改动原始数据。启动"生态气象工作站"
数据处理功能，点击生成 M 报表，根据日志文件提示，对数据文件存在的错误或乱码数据进行手
工修改或剔除，重新生成 M 报表并进行统计。将质控过的 M 报表转换为规范的 A 报表并进行
统计。

（3）数据质量控制和评估。

a. 数据质量控制。湿度极值在软件中输入检验条件极大值100％，极小值根据当地、当月的条件
选择确定。影响相对湿度的因素一是湿度本身，二是温度。在相同湿度的情况下，湿度越大相对湿度
自然也会越大；但是在湿度相同的情况下，温度越高相对湿度则越小，温度越低则相对湿度越大。相
对湿度的日变化决定于温度，白天随着温度升高而变小，夜间随着温度降低而变大，所以 1 日内相对
湿度的极大值（或极小值）的出现时间，刚好与温度相反。

b. 数据质量评估。将处理完的数据与历史数据信息进行比较，评价数据的正确性、一致性、完
整性、可比性和连续性，经过站长和数据管理员审核认定，批准上报。

c. 数据缺失说明。2013 年 2 月 11 日—18 日三江站气象观测场的供电线路出现故障，导致自动
气象站相对湿度观测数据缺失。

（4）数据。2007—2015 年相对湿度数据见表 3-57。

表 3-57　自动观测气象要素——相对湿度

年	月	相对湿度/％	有效数据/条	标注
2015	1	72	31	0
2015	2	78	28	0
2015	3	76	31	0
2015	4	69	30	0
2015	5	71	31	0
2015	6	78	30	0
2015	7	83	31	0
2015	8	87	31	0
2015	9	83	30	0
2015	10	70	31	0
2015	11	69	30	0
2015	12	78	31	0
2014	1	70	31	0
2014	2	66	28	0
2014	3	70	31	0
2014	4	61	30	0
2014	5	72	31	0
2014	6	79	30	0
2014	7	84	31	0
2014	8	83	31	0
2014	9	81	30	0
2014	10	66	31	0

（续）

年	月	相对湿度/%	有效数据/条	标注
2014	11	73	30	0
2014	12	75	31	0
2013	1	71	31	0
2013	2	70	20	1
2013	3	70	31	0
2013	4	75	30	0
2013	5	71	31	0
2013	6	75	30	0
2013	7	84	31	0
2013	8	88	31	0
2013	9	79	30	0
2013	10	76	31	0
2013	11	85	30	0
2013	12	81	31	0
2012	1	68	31	0
2012	2	65	29	0
2012	3	64	31	0
2012	4	59	30	0
2012	5	69	31	0
2012	6	73	30	0
2012	7	82	31	0
2012	8	80	31	0
2012	9	87	30	0
2012	10	74	31	0
2012	11	82	30	0
2012	12	75	31	0
2011	1	73	31	0
2011	2	70	28	0
2011	3	68	31	0
2011	4	67	30	0
2011	5	66	31	0
2011	6	80	30	0
2011	7	82	31	0
2011	8	85	31	0
2011	9	81	30	0
2011	10	71	31	0
2011	11	75	30	0
2011	12	72	31	0

（续）

年	月	相对湿度/%	有效数据/条	标注
2010	1	75	31	0
2010	2	72	28	0
2010	3	70	31	0
2010	4	72	30	0
2010	5	71	31	0
2010	6	73	30	0
2010	7	83	31	0
2010	8	84	31	0
2010	9	76	30	0
2010	10	70	31	0
2010	11	77	30	0
2010	12	76	31	0
2009	1	78	31	0
2009	2	72	28	0
2009	3	72	31	0
2009	4	54	30	0
2009	5	57	31	0
2009	6	81	30	0
2009	7	85	31	0
2009	8	86	31	0
2009	9	80	30	0
2009	10	74	31	0
2009	11	68	30	0
2009	12	76	31	0
2008	1	67	31	0
2008	2	68	29	0
2008	3	70	31	0
2008	4	64	30	0
2008	5	69	31	0
2008	6	66	30	0
2008	7	79	31	0
2008	8	80	31	0
2008	9	72	30	0
2008	10	70	31	0
2008	11	76	30	0
2008	12	73	31	0
2007	1	72	31	0
2007	2	70	28	0

（续）

年	月	相对湿度/%	有效数据/条	标注
2007	3	76	31	0
2007	4	67	30	0
2007	5	71	31	0
2007	6	71	30	0
2007	7	73	31	0
2007	8	80	31	0
2007	9	78	30	0
2007	10	67	31	0
2007	11	62	30	0
2007	12	70	31	0

3.4.3　气压

（1）概述。本数据集为三江站气象观测场（SJMQX01，133°31′E，47°35′N）2007—2015 年自动气象站的月尺度气压观测数据，数据来源为气象规范报表 A 中的 P 表，气压的计量单位为百帕（hPa）。

（2）数据采集和处理方法。

a. 数据获取方法。DPA501 数字气压表观测，每 10 秒采集 1 个气压值，每分钟采集 6 个气压值，去除一个最大值和一个最小值后取平均值，作为每分钟的气压值。正点时采测 00 min 的气压值作为正点数据存储。

b. 数据处理方法。主要使用 CERN 报表处理程序对获取的 log 文件进行处理。将原始数据文件另保存，并且复制一份原始数据文件作为存档文件，不得改动原始数据。启动"生态气象工作站"数据处理功能，点击生成 M 报表，根据日志文件提示，对数据文件存在的错误或乱码数据进行手工修改或剔除，重新生成 M 报表并进行统计。将质控过的 M 报表转换为规范的 A 报表并进行统计。

（3）数据质量控制和评估。

a. 数据质量控制。各站所处地理位置和海拔高度决定了基本的气压值范围，在这个基础上检查气压测量数据。气压的日变化中，一天有两个高值和两个低值，最高和最低分别出现在 9—10 时和 15—16 时（地方时，以下同），次高和次低值分别出现在 21—22 时和 3—4 时。气压的日较差随纬度的增高而减小。在我国低纬地区，日较差可达 3~4 hPa；到了纬度 50°N 的地方，日较差小于 1 hPa；在中纬度地区，气压日较差为 1~2 hPa。在青藏高原东部边缘的山谷中有时可达 6.5 hPa。

b. 数据质量评估。将处理完的数据与历史数据信息进行比较，评价数据的正确性、一致性、完整性、可比性和连续性，经过站长和数据管理员审核认定，批准上报。

c. 数据缺失说明。2013 年 2 月 11 日—18 日三江站气象观测场的供电线路出现故障，导致自动气象站气压观测数据缺失。

（4）数据。2007—2015 年气压数据见表 3-58。

表 3-58　自动观测气象要素——气压

年	月	气压/hPa	有效数据/条	标注
2015	2	1 011.8	28	0
2015	1	1 013.0	31	0

（续）

年	月	气压/hPa	有效数据/条	标注
2015	3	1 007.4	31	0
2015	4	1 004.8	30	0
2015	5	997.0	31	0
2015	6	999.0	30	0
2015	7	998.7	31	0
2015	8	1 002.3	31	0
2015	9	1 006.4	30	0
2015	10	1 004.4	31	0
2015	11	1 020.0	30	0
2015	12	1 013.7	31	0
2014	1	1 013.1	31	0
2014	2	1 018.4	28	0
2014	3	1 008.9	31	0
2014	4	1 006.5	30	0
2014	5	998.2	31	0
2014	6	1 000.0	30	0
2014	7	996.7	31	0
2014	8	1 002.5	31	0
2014	9	1 005.8	30	0
2014	10	1 010.4	31	0
2014	11	1 009.4	30	0
2014	12	1 009.0	31	0
2013	1	1 015.8	31	0
2013	2	1 012.5	20	1
2013	3	1 003.4	31	0
2013	4	1 000.8	30	0
2013	5	1 000.6	31	0
2013	6	1 000.3	30	0
2013	7	996.9	31	0
2013	8	998.0	31	0
2013	9	1 006.1	30	0
2013	10	1 011.4	31	0
2013	11	1 005.1	30	0
2013	12	1 011.6	31	0
2012	1	1 017.7	31	0
2012	2	1 010.2	29	0
2012	3	1 008.3	31	0
2012	4	1 002.1	30	0

（续）

年	月	气压/hPa	有效数据/条	标注
2012	5	1 002.3	31	0
2012	6	1 001.3	30	0
2012	7	999.1	31	0
2012	8	1 002.1	31	0
2012	9	1 007.4	30	0
2012	10	1 008.0	31	0
2012	11	1 009.5	30	0
2012	12	1 012.9	31	0
2011	1	1 013.9	31	0
2011	2	1 012.4	28	0
2011	3	1 006.4	31	0
2011	4	1 001.8	30	0
2011	5	1 001.3	31	0
2011	6	996.3	30	0
2011	7	999.3	31	0
2011	8	1 001.2	31	0
2011	9	1 005.3	30	0
2011	10	1 007.4	31	0
2011	11	1 014.1	30	0
2011	12	1 015.7	31	0
2010	1	1 011.0	31	0
2010	2	1 012.7	28	0
2010	3	1 008.9	31	0
2010	4	1 005.9	30	0
2010	5	1 002.4	31	0
2010	6	1 000.1	30	0
2010	7	999.1	31	0
2010	8	1 001.4	31	0
2010	9	1 005.6	30	0
2010	10	1 010.8	31	0
2010	11	1 009.1	30	0
2010	12	1 006.2	31	0
2009	1	1 014.6	31	0
2009	2	1 010.1	28	0
2009	3	1 007.5	31	0
2009	4	1 004.2	30	0
2009	5	999.9	31	0
2009	6	996.3	30	0

（续）

年	月	气压/hPa	有效数据/条	标注
2009	7	997.6	31	0
2009	8	999.6	31	0
2009	9	1 005.0	30	0
2009	10	1 006.3	31	0
2009	11	1 014.9	30	0
2009	12	1 012.7	31	0
2008	1	1 015.0	31	0
2008	2	1 010.9	29	0
2008	3	1 008.3	31	0
2008	4	1 004.0	30	0
2008	5	1 002.1	31	0
2008	6	1 002.5	30	0
2008	7	998.6	31	0
2008	8	1 002.0	31	0
2008	9	1 002.8	30	0
2008	10	1 007.6	31	0
2008	11	1 009.9	30	0
2008	12	1 009.7	31	0
2007	1	1 014.7	31	0
2007	2	1 009.5	28	0
2007	3	1 006.9	31	0
2007	4	1 005.0	30	0
2007	5	997.2	31	0
2007	6	999.6	30	0
2007	7	997.5	31	0
2007	8	999.4	31	0
2007	9	1 006.8	30	0
2007	10	1 009.8	31	0
2007	11	1 011.3	30	0
2007	12	1 011.3	31	0

3.4.4　降水

（1）概述。本数据集为三江站气象观测场（SJMQX01，133°31′E，47°35′N）2007—2015 年人工气象观测的月尺度降水观测数据，数据来源为气象规范报表 A 中的 D22 表，降水量的计量单位为毫米（mm）。

（2）数据采集和处理方法。

a. 数据获取方法。利用雨（雪）量器每日 8 时和 20 时观测前 12 小时的累计降水量。观测液体降水时要换取储水瓶，将水倒入量杯，要倒净。将量杯保持垂直，使人的视线与水面齐平，以水凹面为准，读得刻度数即为降水量。降水量大时，应分数次量取，求其总和。观测冬季降雪时，须将承雨器取下，换上盛雪器，取走储水器，直接用盛雪器和外筒接收降水。观测时，将已有固体降水的外筒用备份的外筒换下，盖上筒盖后，取回室内，待固体降水融化后，用量杯量取。

b. 数据处理方法。降水量的日总量由该日降水量各时值累加获得。一日中定时记录缺测一次，另外一次定时记录未缺测时，按实有记录的做日合计，全天缺测时不做日合计。月累计降水量由日总量累加而得。一月中降水量缺测 7d 或以上时，该月不做月合计，按缺测处理。

（3）数据质量控制和评估。

a. 数据质量控制。无降水时，降水量栏空白不填。不足 0.05 mm 的降水量记 0.0。纯雾、露、霜、冰针、雾凇、吹雪的量，按无降水处理（吹雪量必须量取，供计算蒸发量用）。

b. 数据质量评估。将处理完的数据与历史数据信息进行比较，评价数据的正确性、一致性、完整性、可比性和连续性，经过站长和数据管理员审核认定，批准上报。

（4）数据。2007—2015 年降水数据见表 3-59。

表 3-59　自动观测气象要素——降水

年	月	降水量/mm	有效数据/条	标注
2015	1	6.1	31	0
2015	2	23.9	28	0
2015	3	17.8	31	0
2015	4	32.3	30	0
2015	5	59.3	31	0
2015	6	100.8	30	0
2015	7	107.4	31	0
2015	8	69.1	31	0
2015	9	25.9	30	0
2015	10	49.7	31	0
2015	11	3.4	30	0
2015	12	17.2	31	0
2014	1	5.6	31	0
2014	2	4.4	28	0
2014	3	0.6	31	0
2014	4	6.0	30	0
2014	5	101.6	31	0
2014	6	83.0	30	0
2014	7	201.1	31	0
2014	8	15.6	31	0
2014	9	131.3	30	0
2014	10	24.4	31	0
2014	11	25.3	30	0
2014	12	38.3	31	0
2013	1	6.6	31	0

（续）

年	月	降水量/mm	有效数据/条	标注
2013	2	5.3	28	0
2013	3	13.1	31	0
2013	4	25.1	30	0
2013	5	61.0	31	0
2013	6	43.0	30	0
2013	7	155.9	31	0
2013	8	184.2	31	0
2013	9	52.8	30	0
2013	10	81.7	31	0
2013	11	52.8	30	0
2013	12	6.8	31	0
2012	1	3.0	31	0
2012	2	4.3	29	0
2012	3	15.3	31	0
2012	4	46.9	30	0
2012	5	93.7	31	0
2012	6	46.3	30	0
2012	7	198.0	31	0
2012	8	79.0	31	0
2012	9	179.7	30	0
2012	10	61.9	31	0
2012	11	29.4	30	0
2012	12	22.1	31	0
2011	1	11.0	31	0
2011	2	1.8	28	0
2011	3	9.9	31	0
2011	4	24.4	30	0
2011	5	42.9	31	0
2011	6	67.4	30	0
2011	7	56.2	31	0
2011	8	151.2	31	0
2011	9	109.7	30	0
2011	10	18.5	31	0
2011	11	21.2	30	0
2011	12	6.3	31	0
2010	1	13.7	31	0
2010	2	10.8	28	0
2010	3	25.1	31	0

（续）

年	月	降水量/mm	有效数据/条	标注
2010	4	40.0	30	0
2010	5	89.4	31	0
2010	6	35.7	30	0
2010	7	197.1	31	0
2010	8	150.5	31	0
2010	9	31.4	30	0
2010	10	9.9	31	0
2010	11	27.4	30	0
2010	12	60.5	31	0
2009	1	20.5	31	0
2009	2	9.7	28	0
2009	3	18.6	31	0
2009	4	12.1	30	0
2009	5	19.5	31	0
2009	6	122.7	30	0
2009	7	153.8	31	0
2009	8	156.4	31	0
2009	9	76.5	30	0
2009	10	13.0	31	0
2009	11	3.3	30	0
2009	12	18.9	31	0
2008	1	0.5	31	0
2008	2	2.3	29	0
2008	3	44.7	31	0
2008	4	48.1	30	0
2008	5	70.2	31	0
2008	6	25.5	30	0
2008	7	113.0	31	0
2008	8	107.4	31	0
2008	9	56.1	30	0
2008	10	41.8	31	0
2008	11	9.8	30	0
2008	12	6.2	31	0
2007	1	6.4	31	0
2007	2	33.8	28	0
2007	3	33.4	31	0
2007	4	5.7	30	0
2007	5	86.0	31	0

（续）

年	月	降水量/mm	有效数据/条	标注
2007	6	62.3	30	0
2007	7	100.1	31	0
2007	8	219.3	31	0
2007	9	61.4	30	0
2007	10	42.1	31	0
2007	11	0.0	30	0
2007	12	13.4	31	0

3.4.5 平均风速

（1）概述。本数据集为三江站气象观测场（SJMQX01，133°31′E，47°35′N）2007—2015 年自动气象站的月尺度 2 min 和 10 min 平均风速观测数据，数据来源为气象规范报表 A 中的 W2A 表和 W10A 表，平均风速计量单位为米每秒（m/s）。

（2）数据采集和处理方法。

a. 数据获取方法。使用 WAA151 或者 WAV151 风速传感器观测，每秒采测 1 次风速数据，以 1 s为步长求 3 s 滑动平均值，以 3 s 为步长求 1 min 滑动平均风速，然后以 1 min 为步长求 2 min 和 10 min 滑动平均风速。正点时存储 00 min 的 2 min 和 10 min 平均风速值。

b. 数据处理方法。主要使用 CERN 报表处理程序对获取的 log 文件进行处理。将原始数据文件另保存，并且复制一份原始数据文件作为存档文件，不得改动原始数据。启动“生态气象工作站”数据处理功能，点击生成 M 报表，根据日志文件提示，对数据文件存在的错误或乱码数据进行手工修改或剔除，重新生成 M 报表并进行统计。将质控过的 M 报表转换为规范的 A 报表并进行统计。

（3）数据质量控制和评估。

a. 数据质量控制。应根据当地气象观测记录进行检验。超出气候学界限值域 0～75 m/s 的数据为错误数据，2 min 和 10 min 平均风速应小于最大风速。我国属季风国家，故大部分地区夏季多偏南风，冬季则偏北风，在非季风地区很难看到规律性的风向年变化。我国若干地区的平均风速，四季中以春季为最大；冬季受西伯利亚高压影响，平均风速仅次于春季；秋季稳定天气居多，9、10 月的平均风速在全年中属于最小。风速的年变化，无论在我国还是在世界其他地区，很难找出普遍的同一规律。风向检验中，风向的极大值为 360°，同时需检验传感器是否正常随风方向指示而随动。

b. 数据质量评估。将处理完的数据与历史数据信息进行比较，评价数据的正确性、一致性、完整性、可比性和连续性，经过站长和数据管理员审核认定，批准上报。

c. 数据缺失说明。2013 年 2 月 11 日—18 日三江站气象观测场的供电线路出现故障，导致自动气象站 2 min 和 10 min 平均风速观测数据缺失。

（4）数据。2007—2015 年 2 min 平均风速数据见表 3-60，10 min 平均风速数据见表 3-61。

表 3-60 自动观测气象要素——2 min 平均风速

年	月	2 min 平均风速/（m/s）	有效数据/条	标注
2015	1	2.0	31	0
2015	2	1.8	28	0
2015	3	2.1	31	0

（续）

年	月	2 min 平均风速/ (m/s)	有效数据/条	标注
2015	4	2.5	30	0
2015	5	2.2	31	0
2015	6	2.0	30	0
2015	7	1.6	31	0
2015	8	1.1	31	0
2015	9	1.7	30	0
2015	10	2.7	31	0
2015	11	2.0	30	0
2015	12	1.9	31	0
2014	1	1.9	31	0
2014	2	2.3	28	0
2014	3	2.1	31	0
2014	4	2.4	30	0
2014	5	2.2	31	0
2014	6	1.8	30	0
2014	7	1.7	31	0
2014	8	1.2	31	0
2014	9	1.7	30	0
2014	10	2.3	31	0
2014	11	2.4	30	0
2014	12	2.0	31	0
2013	1	1.7	31	0
2013	2	2.3	20	1
2013	3	2.7	31	0
2013	4	2.3	30	0
2013	5	2.3	31	0
2013	6	1.8	30	0
2013	7	1.7	31	0
2013	8	1.4	31	0
2013	9	2.1	30	0
2013	10	2.2	31	0
2013	11	2.5	30	0
2013	12	1.4	31	0
2012	1	1.7	31	0
2012	2	2.2	29	0
2012	3	2.4	31	0
2012	4	2.4	30	0
2012	5	1.7	31	0

（续）

年	月	2 min平均风速/（m/s）	有效数据/条	标注
2012	6	1.6	30	0
2012	7	1.4	31	0
2012	8	1.7	31	0
2012	9	1.7	30	0
2012	10	2.2	31	0
2012	11	2.3	30	0
2012	12	2.0	31	0
2011	1	1.8	31	0
2011	2	2.3	28	0
2011	3	2.3	31	0
2011	4	2.8	30	0
2011	5	2.2	31	0
2011	6	1.9	30	0
2011	7	1.1	31	0
2011	8	1.6	31	0
2011	9	2.1	30	0
2011	10	2.2	31	0
2011	11	2.2	30	0
2011	12	2.0	31	0
2010	1	2.1	31	0
2010	2	2.2	28	0
2010	3	2.6	31	0
2010	4	2.5	30	0
2010	5	2.3	31	0
2010	6	1.7	30	0
2010	7	1.5	31	0
2010	8	1.7	31	0
2010	9	2.1	30	0
2010	10	2.3	31	0
2010	11	2.3	30	0
2010	12	2.3	31	0
2009	1	1.8	31	0
2009	2	2.4	28	0
2009	3	2.7	31	0
2009	4	3.0	30	0
2009	5	2.6	31	0
2009	6	2.2	30	0
2009	7	1.5	31	0

（续）

年	月	2 min平均风速/（m/s）	有效数据/条	标注
2009	8	1.8	31	0
2009	9	1.9	30	0
2009	10	2.1	31	0
2009	11	2.8	30	0
2009	12	2.1	31	0
2008	1	2.4	31	0
2008	2	2.5	29	0
2008	3	2.2	31	0
2008	4	2.2	30	0
2008	5	2.2	31	0
2008	6	1.8	30	0
2008	7	1.5	31	0
2008	8	1.6	31	0
2008	9	2.5	30	0
2008	10	2.3	31	0
2008	11	2.3	30	0
2008	12	2.5	31	0
2007	1	2.4	31	0
2007	2	2.7	28	0
2007	3	2.6	31	0
2007	4	2.2	30	0
2007	5	2.3	31	0
2007	6	2.1	30	0
2007	7	1.7	31	0
2007	8	1.9	31	0
2007	9	1.8	30	0
2007	10	2.4	31	0
2007	11	2.8	30	0
2007	12	2.3	31	0

表3-61 自动观测气象要素——10 min平均风速

年	月	10 min平均风速/（m/s）	有效数据/条	标注
2015	1	2.0	31	0
2015	2	1.8	28	0
2015	3	2.1	31	0
2015	4	2.5	30	0
2015	5	2.3	31	0
2015	6	2.0	30	0

（续）

年	月	10 min平均风速/（m/s）	有效数据/条	标注
2015	7	1.6	31	0
2015	8	1.1	31	0
2015	9	1.6	30	0
2015	10	2.7	31	0
2015	11	2.0	30	0
2015	12	1.9	31	0
2014	1	2.0	31	0
2014	2	2.3	28	0
2014	3	2.1	31	0
2014	4	2.3	30	0
2014	5	2.2	31	0
2014	6	1.8	30	0
2014	7	1.7	31	0
2014	8	1.2	31	0
2014	9	1.7	30	0
2014	10	2.3	31	0
2014	11	2.4	30	0
2014	12	2.0	31	0
2013	1	1.7	31	0
2013	2	2.3	20	1
2013	3	2.7	31	0
2013	4	2.4	30	0
2013	5	2.3	31	0
2013	6	1.8	30	0
2013	7	1.7	31	0
2013	8	1.3	31	0
2013	9	2.1	30	0
2013	10	2.2	31	0
2013	11	2.5	30	0
2013	12	1.4	31	0
2012	1	1.7	31	0
2012	2	2.2	29	0
2012	3	2.4	31	0
2012	4	2.4	30	0
2012	5	1.8	31	0
2012	6	1.5	30	0
2012	7	1.4	31	0
2012	8	1.7	31	0

（续）

年	月	10 min平均风速/（m/s）	有效数据/条	标注
2012	9	1.7	30	0
2012	10	2.2	31	0
2012	11	2.3	30	0
2012	12	2.0	31	0
2011	1	1.8	31	0
2011	2	2.3	28	0
2011	3	2.3	31	0
2011	4	2.8	30	0
2011	5	2.2	31	0
2011	6	1.9	30	0
2011	7	1.1	31	0
2011	8	1.6	31	0
2011	9	2.1	30	0
2011	10	2.2	31	0
2011	11	2.2	30	0
2011	12	2.0	31	0
2010	1	2.1	31	0
2010	2	2.2	28	0
2010	3	2.6	31	0
2010	4	2.4	30	0
2010	5	2.3	31	0
2010	6	1.7	30	0
2010	7	1.5	31	0
2010	8	1.7	31	0
2010	9	2.1	30	0
2010	10	2.3	31	0
2010	11	2.4	30	0
2010	12	2.3	31	0
2009	1	1.8	31	0
2009	2	2.4	28	0
2009	3	2.7	31	0
2009	4	3.0	30	0
2009	5	2.6	31	0
2009	6	2.2	30	0
2009	7	1.5	31	0
2009	8	1.8	31	0
2009	9	1.9	30	0
2009	10	2.1	31	0

（续）

年	月	10 min 平均风速/（m/s）	有效数据/条	标注
2009	11	2.8	30	0
2009	12	2.1	31	0
2008	1	2.4	31	0
2008	2	2.5	29	0
2008	3	2.2	31	0
2008	4	2.2	30	0
2008	5	2.2	31	0
2008	6	1.8	30	0
2008	7	1.5	31	0
2008	8	1.7	31	0
2008	9	2.5	30	0
2008	10	2.3	31	0
2008	11	2.4	30	0
2008	12	2.5	31	0
2007	1	2.4	31	0
2007	2	2.7	28	0
2007	3	2.6	31	0
2007	4	2.2	30	0
2007	5	2.3	31	0
2007	6	2.1	30	0
2007	7	1.7	31	0
2007	8	1.9	31	0
2007	9	1.8	30	0
2007	10	2.4	31	0
2007	11	2.8	30	0
2007	12	2.3	31	0

3.4.6　地表温度

（1）概述。本数据集为三江站气象观测场（SJMQX01，$133°31'E$，$47°35'N$）2007—2015 年自动气象站的月尺度地表温度观测数据，数据来源为气象规范报表 A 中的 Tg0 表，地表温度的计量单位为摄氏度（℃）。

（2）数据采集和处理方法。

a. 数据获取方法。使用 QMT110 地温传感器进行测定。每 10 s 采测 1 次地表温度值，每分钟采测 6 次，去除 1 个最大值和 1 个最小值后取平均值，作为每分钟的地表温度值存储。正点时采测 00 min 的地表温度值作为正点数据存储。

b. 数据处理方法。主要使用 CERN 报表处理程序对获取的 log 文件进行处理。将原始数据文件另保存，并且复制一份原始数据文件作为存档文件，不得改动原始数据。启动"生态气象工作站"数据处理功能，点击生成 M 报表，根据日志文件提示，对数据文件存在的错误或乱码数据进行手工修改或剔除，重新生成 M 报表并进行统计。将质控过的 M 报表转换为规范的 A 报表并进行统计。日平均值缺测 6 次或者以上时，通过人工观测数据对缺失数据进行插补。

（3）数据质量控制和评估。

a. 数据质量控制。地表温度极值一般高于气温极值，并且因地表面的状态和土壤性质不同而有不同特征，需根据历史观测数据确定本站各月地表温度极值进行检验。地表温度最高值出现在 13 时左右，最低温度出现在将近日出时。在北半球的中高纬度地区，地表月平均最高温度出现在 7—8 月，月平均最低温度出现在 1—2 月。纬度越高的地方，地表温度的年较差越大。

b. 数据质量评估。将处理完的数据与历史数据信息进行比较，评价数据的正确性、一致性、完整性、可比性和连续性，经过站长和数据管理员审核认定，批准上报。

c. 数据缺失说明。2013 年 2 月 11 日—18 日三江站气象观测场的供电线路出现故障，导致自动气象站地表温度观测数据缺失。

（4）数据。2007—2015 年地表温度数据见表 3 - 62。

表 3 - 62　自动观测气象要素——地表温度

年	月	地表温度/℃	有效数据/条	标注
2015	1	−0.2	31	0
2015	2	−0.3	28	0
2015	3	−0.1	31	0
2015	4	5.4	30	0
2015	5	11.8	31	0
2015	6	17.5	30	0
2015	7	23.3	31	0
2015	8	24.3	31	0
2015	9	16.4	30	0
2015	10	5.8	31	0
2015	11	−2.8	30	0
2015	12	−2.3	31	0
2014	1	−0.4	31	0
2014	2	−0.5	28	0
2014	3	−0.3	31	0
2014	4	5.9	30	0
2014	5	13.5	31	0
2014	6	20.4	30	0
2014	7	22.3	31	0
2014	8	20.7	31	0
2014	9	14.6	30	0
2014	10	4.3	31	0
2014	11	0.3	30	0
2014	12	−0.1	31	0
2013	1	−2.7	31	0
2013	2	−2.8	20	1

（续）

年	月	地表温度/℃	有效数据/条	标注
2013	3	−1.9	31	0
2013	4	2.2	30	0
2013	5	12.7	31	0
2013	6	19.7	30	0
2013	7	21.4	31	0
2013	8	21.4	31	0
2013	9	14.8	30	0
2013	10	5.9	31	0
2013	11	0.9	30	0
2013	12	−0.1	31	0
2012	1	−5.8	31	0
2012	2	−6.1	29	0
2012	3	−3.5	31	0
2012	4	2.3	30	0
2012	5	11.9	31	0
2012	6	19.4	30	0
2012	7	20.9	31	0
2012	8	19.8	31	0
2012	9	15.7	30	0
2012	10	7.4	31	0
2012	11	−0.6	30	0
2012	12	−1.8	31	0
2011	1	−1.7	31	0
2011	2	−1.8	28	0
2011	3	−2.1	31	0
2011	4	2.5	30	0
2011	5	11.4	31	0
2011	6	18.3	30	0
2011	7	23.7	31	0
2011	8	20.8	31	0
2011	9	13.3	30	0
2011	10	5.8	31	0
2011	11	0.4	30	0
2011	12	−2.7	31	0
2010	1	−4.5	31	0
2010	2	−6.3	28	0

（续）

年	月	地表温度/℃	有效数据/条	标注
2010	3	−3.5	31	0
2010	4	3.3	30	0
2010	5	12.7	31	0
2010	6	20.8	30	0
2010	7	21.8	31	0
2010	8	21.1	31	0
2010	9	14.5	30	0
2010	10	5.2	31	0
2010	11	−1.8	30	0
2010	12	−4.5	31	0
2009	1	−6.0	31	0
2009	2	−5.2	28	0
2009	3	−3.4	31	0
2009	4	2.8	30	0
2009	5	10.5	31	0
2009	6	16.7	30	0
2009	7	21.6	31	0
2009	8	20.4	31	0
2009	9	13.6	30	0
2009	10	6.2	31	0
2009	11	−2.1	30	0
2009	12	−4.0	31	0
2008	1	−8.4	31	0
2008	2	−8.3	29	0
2008	3	−1.1	31	0
2008	4	3.7	30	0
2008	5	9.1	31	0
2008	6	16.5	30	0
2008	7	21.1	31	0
2008	8	20.1	31	0
2008	9	14.0	30	0
2008	10	5.6	31	0
2008	11	−1.3	30	0
2008	12	−6.0	31	0
2007	1	−9.2	31	0
2007	2	−5.2	28	0

（续）

年	月	地表温度/℃	有效数据/条	标注
2007	3	−2.8	31	0
2007	4	4.9	30	0
2007	5	10.9	31	0
2007	6	18.4	30	0
2007	7	23.1	31	0
2007	8	20.4	31	0
2007	9	15.2	30	0
2007	10	5.8	31	0
2007	11	−1.5	30	0
2007	12	−7.6	31	0

3.4.7 土壤温度

（1）概述。本数据集为三江站气象观测场（SJMQX01，133°31′E，47°35′N）2007—2015年自动气象站的月尺度土壤5～100 cm深度的温度观测数据，数据来源为气象规范报表A中的Tg5表、Tg10表、Tg15表、Tg20表、Tg40表、Tg60表和Tg100表，土壤单位的计量单位为摄氏度（℃）。

（2）数据采集和处理方法。

a. 数据获取方法。使用QMT110地温传感器进行测定。每10 s采测1次地温值，每分钟采测6次，去除1个最大值和1个最小值后取平均值，作为每分钟的地温值存储。正点时采测00 min的各层深度地温值作为正点数据存储。

b. 数据处理方法。主要使用CERN报表处理程序对获取的log文件进行处理。将原始数据文件另保存，并且复制一份原始数据文件作为存档文件，不得改动原始数据。启动"生态气象工作站"数据处理功能，点击生成M报表，根据日志文件提示，对数据文件存在的错误或乱码数据进行手工修改或剔除，重新生成M报表并进行统计。将质控过的M报表转换为规范的A报表并进行统计。日平均值缺测6次或者以上时，通过人工观测数据对缺失数据进行插补。

（3）数据质量控制和评估。

a. 数据质量控制。超出气候学界定值域−80～80 ℃的数据为错误数据。1 min内允许的最大变化值为1 ℃，2 h内变化幅度的最小值为0.1 ℃。各层地温24小时变化范围应小于40 ℃。不同深度的土壤温度（5 cm、10 cm、15 cm、20 cm、40 cm、60 cm、100 cm）缺测时，用前、后两个定时数据内插求得，按正常数据统计；若连续两个或以上定时数据缺测时，不能内插，仍按缺测处理。一日中若24次定时观测记录有缺测时，该日按照2、8、14、20时4次定时记录做日平均；若4次定时记录缺测1次或以上，但该日各定时记录缺测5次或以下时，按实有记录做日统计；缺测6次或以上时，不做日平均统计。

b. 数据质量评估。将处理完的数据与历史数据信息进行比较，评价数据的正确性、一致性、完整性、可比性和连续性，经过站长和数据管理员审核认定，批准上报。

c. 数据缺失说明。2013年2月11日—18日三江站气象观测场的供电线路出现故障，导致自动气象站各层土壤温度观测数据缺失。

（4）数据。2007—2015年5～100 cm土壤温度数据见表3-63至表3-69。

表 3 - 63　自动观测气象要素——土壤温度（5 cm）

年	月	土壤温度（5 cm）/℃	有效数据/条	标注
2015	1	0.1	31	0
2015	2	0.1	28	0
2015	3	0.1	31	0
2015	4	4.6	30	0
2015	5	11.2	31	0
2015	6	16.9	30	0
2015	7	22.6	31	0
2015	8	23.8	31	0
2015	9	16.8	30	0
2015	10	6.8	31	0
2015	11	−1.2	30	0
2015	12	−1.9	31	0
2014	1	0.0	31	0
2014	2	−0.1	28	0
2014	3	−0.2	31	0
2014	4	5.4	30	0
2014	5	12.8	31	0
2014	6	19.4	30	0
2014	7	21.6	31	0
2014	8	20.5	31	0
2014	9	15.0	30	0
2014	10	5.3	31	0
2014	11	1.0	30	0
2014	12	0.2	31	0
2013	1	−2.1	31	0
2013	2	−2.4	20	1
2013	3	−1.6	31	0
2013	4	0.6	30	0
2013	5	10.9	31	0
2013	6	18.7	30	0
2013	7	20.6	31	0
2013	8	21.3	31	0
2013	9	15.2	30	0
2013	10	6.8	31	0
2013	11	1.7	30	0
2013	12	0.4	31	0
2012	1	−4.3	31	0

（续）

年	月	土壤温度（5 cm）/℃	有效数据/条	标注
2012	2	−4.9	29	0
2012	3	−2.8	31	0
2012	4	0.9	30	0
2012	5	10.4	31	0
2012	6	18.1	30	0
2012	7	19.9	31	0
2012	8	19.3	31	0
2012	9	15.8	30	0
2012	10	8.1	31	0
2012	11	0.6	30	0
2012	12	−1.1	31	0
2011	1	−0.9	31	0
2011	2	−1.0	28	0
2011	3	−1.0	31	0
2011	4	2.3	30	0
2011	5	11.7	31	0
2011	6	17.2	30	0
2011	7	22.1	31	0
2011	8	20.2	31	0
2011	9	14.1	30	0
2011	10	6.8	31	0
2011	11	1.4	30	0
2011	12	−1.8	31	0
2010	1	−2.9	31	0
2010	2	−3.9	28	0
2010	3	−2.5	31	0
2010	4	1.6	30	0
2010	5	12.2	31	0
2010	6	19.9	30	0
2010	7	21.9	31	0
2010	8	21.3	31	0
2010	9	15.5	30	0
2010	10	6.7	31	0
2010	11	0.6	30	0
2010	12	−1.4	31	0
2009	1	−4.7	31	0
2009	2	−4.1	28	0
2009	3	−2.8	31	0

（续）

年	月	土壤温度（5 cm）/℃	有效数据/条	标注
2009	4	1.4	30	0
2009	5	8.5	31	0
2009	6	15.1	30	0
2009	7	20.3	31	0
2009	8	20.2	31	0
2009	9	14.0	30	0
2009	10	6.8	31	0
2009	11	−0.8	30	0
2009	12	−2.6	31	0
2008	1	−6.3	31	0
2008	2	−6.2	29	0
2008	3	−1.2	31	0
2008	4	2.4	30	0
2008	5	8.4	31	0
2008	6	15.9	30	0
2008	7	20.4	31	0
2008	8	19.7	31	0
2008	9	14.4	30	0
2008	10	6.6	31	0
2008	11	0.2	30	0
2008	12	−4.3	31	0
2007	1	−7.6	31	0
2007	2	−4.6	28	0
2007	3	−2.5	31	0
2007	4	2.7	30	0
2007	5	9.8	31	0
2007	6	17.5	30	0
2007	7	19.6	31	0
2007	8	19.7	31	0
2007	9	15.4	30	0
2007	10	6.5	31	0
2007	11	−0.3	30	0
2007	12	−5.9	31	0

表 3 - 64　自动观测气象要素——土壤温度（10 cm）

年	月	土壤温度（10 cm）/℃	有效数据/条	标注
2015	1	0.3	31	0
2015	2	0.3	28	0

（续）

年	月	土壤温度（10 cm）/℃	有效数据/条	标注
2015	3	0.2	31	0
2015	4	4.2	30	0
2015	5	10.8	31	0
2015	6	16.4	30	0
2015	7	22.2	31	0
2015	8	23.5	31	0
2015	9	17.0	30	0
2015	10	7.3	31	0
2015	11	−0.3	30	0
2015	12	−1.5	31	0
2014	1	0.3	31	0
2014	2	0.1	28	0
2014	3	0.0	31	0
2014	4	4.8	30	0
2014	5	12.2	31	0
2014	6	18.7	30	0
2014	7	21.1	31	0
2014	8	20.3	31	0
2014	9	15.2	30	0
2014	10	5.9	31	0
2014	11	1.5	30	0
2014	12	0.6	31	0
2013	1	−1.5	31	0
2013	2	−2.0	20	1
2013	3	−1.5	31	0
2013	4	−0.1	30	0
2013	5	9.5	31	0
2013	6	17.9	30	0
2013	7	20.0	31	0
2013	8	20.9	31	0
2013	9	15.2	30	0
2013	10	7.2	31	0
2013	11	2.2	30	0
2013	12	0.8	31	0
2012	1	−3.6	31	0
2012	2	−4.4	29	0
2012	3	−2.7	31	0
2012	4	0.3	30	0

（续）

年	月	土壤温度（10 cm）/℃	有效数据/条	标注
2012	5	9.1	31	0
2012	6	17.2	30	0
2012	7	19.3	31	0
2012	8	19.0	31	0
2012	9	15.7	30	0
2012	10	8.5	31	0
2012	11	1.4	30	0
2012	12	−0.5	31	0
2011	1	−0.6	31	0
2011	2	−0.7	28	0
2011	3	−0.8	31	0
2011	4	1.6	30	0
2011	5	10.9	31	0
2011	6	16.4	30	0
2011	7	21.3	31	0
2011	8	19.8	31	0
2011	9	14.3	30	0
2011	10	7.3	31	0
2011	11	1.9	30	0
2011	12	−0.9	31	0
2010	1	−2.4	31	0
2010	2	−3.4	28	0
2010	3	−2.2	31	0
2010	4	0.8	30	0
2010	5	11.0	31	0
2010	6	19.0	30	0
2010	7	21.1	31	0
2010	8	20.8	31	0
2010	9	15.8	30	0
2010	10	7.4	31	0
2010	11	1.2	30	0
2010	12	−0.6	31	0
2009	1	−4.2	31	0
2009	2	−3.7	28	0
2009	3	−2.6	31	0
2009	4	0.7	30	0
2009	5	7.5	31	0
2009	6	14.4	30	0

（续）

年	月	土壤温度（10 cm）/℃	有效数据/条	标注
2009	7	19.6	31	0
2009	8	19.9	31	0
2009	9	14.1	30	0
2009	10	7.3	31	0
2009	11	0.2	30	0
2009	12	−1.8	31	0
2008	1	−5.7	31	0
2008	2	−5.8	29	0
2008	3	−1.2	31	0
2008	4	1.5	30	0
2008	5	7.6	31	0
2008	6	15.0	30	0
2008	7	19.6	31	0
2008	8	19.3	31	0
2008	9	14.5	30	0
2008	10	7.1	31	0
2008	11	0.9	30	0
2008	12	−3.4	31	0
2007	1	−6.7	31	0
2007	2	−4.3	28	0
2007	3	−2.4	31	0
2007	4	1.7	30	0
2007	5	8.9	31	0
2007	6	16.8	30	0
2007	7	18.9	31	0
2007	8	19.4	31	0
2007	9	15.4	30	0
2007	10	7.0	31	0
2007	11	0.6	30	0
2007	12	−4.9	31	0

表 3-65　自动观测气象要素——土壤温度（15 cm）

年	月	土壤温度（15 cm）/℃	有效数据/条	标注
2015	1	0.5	31	0
2015	2	0.4	28	0
2015	3	0.3	31	0
2015	4	3.9	30	0
2015	5	10.4	31	0

（续）

年	月	土壤温度（15 cm）/℃	有效数据/条	标注
2015	6	15.8	30	0
2015	7	22.0	31	0
2015	8	23.4	31	0
2015	9	17.0	30	0
2015	10	7.5	31	0
2015	11	0.1	30	0
2015	12	−1.3	31	0
2014	1	0.4	31	0
2014	2	0.2	28	0
2014	3	0.1	31	0
2014	4	4.4	30	0
2014	5	11.6	31	0
2014	6	18.1	30	0
2014	7	20.5	31	0
2014	8	20.0	31	0
2014	9	15.3	30	0
2014	10	6.3	31	0
2014	11	1.9	30	0
2014	12	0.8	31	0
2013	1	−0.9	31	0
2013	2	−1.7	20	1
2013	3	−1.4	31	0
2013	4	−0.4	30	0
2013	5	8.4	31	0
2013	6	17.2	30	0
2013	7	19.3	31	0
2013	8	20.5	31	0
2013	9	15.2	30	0
2013	10	7.5	31	0
2013	11	2.5	30	0
2013	12	0.9	31	0
2012	1	−3.0	31	0
2012	2	−4.0	29	0
2012	3	−2.6	31	0
2012	4	−0.1	30	0
2012	5	7.9	31	0
2012	6	16.2	30	0
2012	7	18.6	31	0

（续）

年	月	土壤温度（15 cm）/℃	有效数据/条	标注
2012	8	18.5	31	0
2012	9	15.6	30	0
2012	10	8.9	31	0
2012	11	1.9	30	0
2012	12	0.0	31	0
2011	1	−0.4	31	0
2011	2	−0.5	28	0
2011	3	−0.6	31	0
2011	4	1.1	30	0
2011	5	10.1	31	0
2011	6	15.7	30	0
2011	7	20.4	31	0
2011	8	19.3	31	0
2011	9	14.4	30	0
2011	10	7.7	31	0
2011	11	2.4	30	0
2011	12	−0.4	31	0
2010	1	−2.1	31	0
2010	2	−3.1	28	0
2010	3	−2.1	31	0
2010	4	0.1	30	0
2010	5	9.8	31	0
2010	6	17.9	30	0
2010	7	20.2	31	0
2010	8	20.3	31	0
2010	9	15.9	30	0
2010	10	7.9	31	0
2010	11	1.8	30	0
2010	12	−0.1	31	0
2009	1	−3.7	31	0
2009	2	−3.4	28	0
2009	3	−2.5	31	0
2009	4	0.1	30	0
2009	5	6.3	31	0
2009	6	13.4	30	0
2009	7	18.7	31	0
2009	8	19.3	31	0
2009	9	14.0	30	0

（续）

年	月	土壤温度（15 cm）/℃	有效数据/条	标注
2009	10	7.7	31	0
2009	11	0.9	30	0
2009	12	−1.3	31	0
2008	1	−5.2	31	0
2008	2	−5.4	29	0
2008	3	−1.3	31	0
2008	4	0.7	30	0
2008	5	6.7	31	0
2008	6	14.0	30	0
2008	7	18.7	31	0
2008	8	18.7	31	0
2008	9	14.5	30	0
2008	10	7.5	31	0
2008	11	1.6	30	0
2008	12	−2.6	31	0
2007	1	−5.9	31	0
2007	2	−4.1	28	0
2007	3	−2.4	31	0
2007	4	0.8	30	0
2007	5	7.8	31	0
2007	6	15.7	30	0
2007	7	17.9	31	0
2007	8	18.9	31	0
2007	9	15.4	30	0
2007	10	7.5	31	0
2007	11	1.3	30	0
2007	12	−3.9	31	0

表 3 - 66　自动观测气象要素——土壤温度（20 cm）

年	月	土壤温度（20 cm）/℃	有效数据/条	标注
2015	1	0.6	31	0
2015	2	0.5	28	0
2015	3	0.4	31	0
2015	4	3.6	30	0
2015	5	10.0	31	0
2015	6	15.3	30	0
2015	7	21.4	31	0
2015	8	22.9	31	0

（续）

年	月	土壤温度（20 cm）/℃	有效数据/条	标注
2015	9	17.1	30	0
2015	10	8.1	31	0
2015	11	1.0	30	0
2015	12	−0.9	31	0
2014	1	0.6	31	0
2014	2	0.3	28	0
2014	3	0.2	31	0
2014	4	4.1	30	0
2014	5	11.2	31	0
2014	6	17.5	30	0
2014	7	20.1	31	0
2014	8	19.7	31	0
2014	9	15.4	30	0
2014	10	6.8	31	0
2014	11	2.2	30	0
2014	12	1.0	31	0
2013	1	−0.6	31	0
2013	2	−1.4	20	1
2013	3	−1.3	31	0
2013	4	−0.4	30	0
2013	5	7.5	31	0
2013	6	16.5	30	0
2013	7	18.8	31	0
2013	8	20.1	31	0
2013	9	15.2	30	0
2013	10	7.8	31	0
2013	11	2.9	30	0
2013	12	1.1	31	0
2012	1	−2.5	31	0
2012	2	−3.7	29	0
2012	3	−2.4	31	0
2012	4	−0.3	30	0
2012	5	7.1	31	0
2012	6	15.6	30	0
2012	7	18.1	31	0
2012	8	18.2	31	0
2012	9	15.6	30	0
2012	10	9.1	31	0

（续）

年	月	土壤温度（20 cm）/℃	有效数据/条	标注
2012	11	2.2	30	0
2012	12	0.2	31	0
2011	1	−0.1	31	0
2011	2	−0.3	28	0
2011	3	−0.4	31	0
2011	4	0.9	30	0
2011	5	9.6	31	0
2011	6	15.2	30	0
2011	7	19.8	31	0
2011	8	19.0	31	0
2011	9	14.4	30	0
2011	10	7.9	31	0
2011	11	2.8	30	0
2011	12	0.1	31	0
2010	1	−1.7	31	0
2010	2	−2.7	28	0
2010	3	−1.9	31	0
2010	4	−0.2	30	0
2010	5	8.9	31	0
2010	6	17.2	30	0
2010	7	19.6	31	0
2010	8	19.9	31	0
2010	9	16.0	30	0
2010	10	8.2	31	0
2010	11	2.2	30	0
2010	12	0.3	31	0
2009	1	−3.3	31	0
2009	2	−3.2	28	0
2009	3	−2.4	31	0
2009	4	−0.1	30	0
2009	5	5.5	31	0
2009	6	12.8	30	0
2009	7	18.1	31	0
2009	8	19.0	31	0
2009	9	14.0	30	0
2009	10	7.9	31	0
2009	11	1.4	30	0
2009	12	−0.8	31	0

（续）

年	月	土壤温度（20 cm）/℃	有效数据/条	标注
2008	1	−4.6	31	0
2008	2	−5.0	29	0
2008	3	−1.4	31	0
2008	4	0.3	30	0
2008	5	6.1	31	0
2008	6	13.3	30	0
2008	7	18.1	31	0
2008	8	18.4	31	0
2008	9	14.6	30	0
2008	10	7.8	31	0
2008	11	2.0	30	0
2008	12	−1.9	31	0
2007	1	−5.3	31	0
2007	2	−3.9	28	0
2007	3	−2.3	31	0
2007	4	0.3	30	0
2007	5	7.0	31	0
2007	6	15.0	30	0
2007	7	17.4	31	0
2007	8	18.5	31	0
2007	9	15.3	30	0
2007	10	7.9	31	0
2007	11	1.8	30	0
2007	12	−2.9	31	0

表 3 - 67　自动观测气象要素——土壤温度（40 cm）

年	月	土壤温度（40 cm）/℃	有效数据/条	标注
2015	1	1.7	31	0
2015	2	1.4	28	0
2015	3	1.1	31	0
2015	4	2.7	30	0
2015	5	8.2	31	0
2015	6	12.8	30	0
2015	7	17.8	31	0
2015	8	20.2	31	0
2015	9	17.1	30	0
2015	10	10.9	31	0
2015	11	4.6	30	0

（续）

年	月	土壤温度（40 cm）/℃	有效数据/条	标注
2015	12	1.8	31	0
2014	1	1.7	31	0
2014	2	1.2	28	0
2014	3	0.9	31	0
2014	4	2.9	30	0
2014	5	8.8	31	0
2014	6	14.4	30	0
2014	7	17.6	31	0
2014	8	18.1	31	0
2014	9	15.6	30	0
2014	10	9.0	31	0
2014	11	4.3	30	0
2014	12	2.5	31	0
2013	1	1.0	31	0
2013	2	−0.7	20	1
2013	3	−0.4	31	0
2013	4	−0.2	30	0
2013	5	4.4	31	0
2013	6	13.0	30	0
2013	7	16.1	31	0
2013	8	18.1	31	0
2013	9	15.1	30	0
2013	10	9.4	31	0
2013	11	4.8	30	0
2013	12	2.5	31	0
2012	1	0.2	31	0
2012	2	−1.4	29	0
2012	3	−1.4	31	0
2012	4	−0.4	30	0
2012	5	3.4	31	0
2012	6	11.9	30	0
2012	7	15.4	31	0
2012	8	16.3	31	0
2012	9	15.1	30	0
2012	10	10.5	31	0
2012	11	4.4	30	0
2012	12	1.8	31	0
2011	1	1.3	31	0

（续）

年	月	土壤温度（40 cm）/℃	有效数据/条	标注
2011	2	0.8	28	0
2011	3	0.5	31	0
2011	4	0.9	30	0
2011	5	6.8	31	0
2011	6	12.2	30	0
2011	7	16.4	31	0
2011	8	17.2	31	0
2011	9	14.7	30	0
2011	10	9.5	31	0
2011	11	5.0	30	0
2011	12	2.1	31	0
2010	1	0.1	31	0
2010	2	−0.8	28	0
2010	3	−0.9	31	0
2010	4	−0.4	30	0
2010	5	4.9	31	0
2010	6	13.5	30	0
2010	7	16.5	31	0
2010	8	17.6	31	0
2010	9	15.6	30	0
2010	10	9.9	31	0
2010	11	4.5	30	0
2010	12	2.2	31	0
2009	1	−1.0	31	0
2009	2	−1.6	28	0
2009	3	−1.5	31	0
2009	4	−0.4	30	0
2009	5	2.1	31	0
2009	6	9.7	30	0
2009	7	14.9	31	0
2009	8	16.9	31	0
2009	9	13.9	30	0
2009	10	9.5	31	0
2009	11	3.9	30	0
2009	12	1.3	31	0
2008	1	−1.8	31	0
2008	2	−2.9	29	0
2008	3	−1.4	31	0

（续）

年	月	土壤温度（40 cm）/℃	有效数据/条	标注
2008	4	−0.4	30	0
2008	5	2.7	31	0
2008	6	9.9	30	0
2008	7	14.9	31	0
2008	8	16.4	31	0
2008	9	14.5	30	0
2008	10	9.3	31	0
2008	11	4.3	30	0
2008	12	1.0	31	0
2007	1	−1.8	31	0
2007	2	−2.4	28	0
2007	3	−1.7	31	0
2007	4	−0.5	30	0
2007	5	3.2	31	0
2007	6	11.4	30	0
2007	7	14.6	31	0
2007	8	16.4	31	0
2007	9	15.0	30	0
2007	10	9.7	31	0
2007	11	4.1	30	0
2007	12	0.7	31	0

表 3 - 68　自动观测气象要素——土壤温度（60 cm）

年	月	土壤温度（60 cm）/℃	有效数据/条	标注
2015	1	1.7	31	0
2015	2	1.4	28	0
2015	3	1.1	31	0
2015	4	2.7	30	0
2015	5	8.2	31	0
2015	6	12.8	30	0
2015	7	17.8	31	0
2015	8	20.2	31	0
2015	9	17.1	30	0
2015	10	10.9	31	0
2015	11	4.6	30	0
2015	12	1.8	31	0
2014	1	1.7	31	0
2014	2	1.2	28	0

（续）

年	月	土壤温度（60 cm）/℃	有效数据/条	标注
2014	3	0.9	31	0
2014	4	2.9	30	0
2014	5	8.8	31	0
2014	6	14.4	30	0
2014	7	17.6	31	0
2014	8	18.1	31	0
2014	9	15.6	30	0
2014	10	9.0	31	0
2014	11	4.3	30	0
2014	12	2.5	31	0
2013	1	1.0	31	0
2013	2	−0.1	20	1
2013	3	−0.4	31	0
2013	4	−0.2	30	0
2013	5	4.4	31	0
2013	6	13.0	30	0
2013	7	16.1	31	0
2013	8	18.1	31	0
2013	9	15.1	30	0
2013	10	9.4	31	0
2013	11	4.8	30	0
2013	12	2.5	31	0
2012	1	0.2	31	0
2012	2	−1.4	29	0
2012	3	−1.4	31	0
2012	4	−0.4	30	0
2012	5	3.4	31	0
2012	6	11.9	30	0
2012	7	15.4	31	0
2012	8	16.3	31	0
2012	9	15.1	30	0
2012	10	10.5	31	0
2012	11	4.4	30	0
2012	12	1.8	31	0
2011	1	1.3	31	0
2011	2	0.8	28	0
2011	3	0.5	31	0
2011	4	0.9	30	0

（续）

年	月	土壤温度（60 cm）/℃	有效数据/条	标注
2011	5	6.8	31	0
2011	6	12.2	30	0
2011	7	16.4	31	0
2011	8	17.2	31	0
2011	9	14.7	30	0
2011	10	9.5	31	0
2011	11	5.0	30	0
2011	12	2.1	31	0
2010	1	0.1	31	0
2010	2	−0.8	28	0
2010	3	−0.9	31	0
2010	4	−0.4	30	0
2010	5	4.9	31	0
2010	6	13.5	30	0
2010	7	16.5	31	0
2010	8	17.6	31	0
2010	9	15.6	30	0
2010	10	9.9	31	0
2010	11	4.5	30	0
2010	12	2.2	31	0
2009	1	−1.0	31	0
2009	2	−1.6	28	0
2009	3	−1.5	31	0
2009	4	−0.4	30	0
2009	5	2.1	31	0
2009	6	9.7	30	0
2009	7	14.9	31	0
2009	8	16.9	31	0
2009	9	13.9	30	0
2009	10	9.5	31	0
2009	11	3.9	30	0
2009	12	1.3	31	0
2008	1	−1.8	31	0
2008	2	−2.9	29	0
2008	3	−1.4	31	0
2008	4	−0.4	30	0
2008	5	2.7	31	0
2008	6	9.9	30	0

（续）

年	月	土壤温度（60 cm）/℃	有效数据/条	标注
2008	7	14.9	31	0
2008	8	16.4	31	0
2008	9	14.5	30	0
2008	10	9.3	31	0
2008	11	4.3	30	0
2008	12	1.0	31	0
2007	1	−1.8	31	0
2007	2	−2.4	28	0
2007	3	−1.7	31	0
2007	4	−0.5	30	0
2007	5	3.2	31	0
2007	6	11.4	30	0
2007	7	14.6	31	0
2007	8	16.4	31	0
2007	9	15.0	30	0
2007	10	9.7	31	0
2007	11	4.1	30	0
2007	12	0.7	31	0

表 3 - 69   自动观测气象要素——土壤温度（100 cm）

年	月	土壤温度（100 cm）/℃	有效数据/条	标注
2015	1	3.0	31	0
2015	2	2.4	28	0
2015	3	2.0	31	0
2015	4	2.6	30	0
2015	5	6.6	31	0
2015	6	10.4	30	0
2015	7	15.0	31	0
2015	8	17.6	31	0
2015	9	16.3	30	0
2015	10	12.2	31	0
2015	11	6.9	30	0
2015	12	3.7	31	0
2014	1	2.8	31	0
2014	2	2.2	28	0
2014	3	1.8	31	0
2014	4	2.5	30	0
2014	5	6.7	31	0

（续）

年	月	土壤温度（100 cm）/℃	有效数据/条	标注
2014	6	11.5	30	0
2014	7	14.8	31	0
2014	8	16.2	31	0
2014	9	15.1	30	0
2014	10	10.6	31	0
2014	11	6.3	30	0
2014	12	4.0	31	0
2013	1	2.3	31	0
2013	2	1.3	20	1
2013	3	0.7	31	0
2013	4	0.5	30	0
2013	5	2.9	31	0
2013	6	9.8	30	0
2013	7	13.4	31	0
2013	8	15.7	31	0
2013	9	14.6	30	0
2013	10	10.5	31	0
2013	11	6.5	30	0
2013	12	4.0	31	0
2012	1	2.0	31	0
2012	2	0.5	29	0
2012	3	−0.1	31	0
2012	4	0.0	30	0
2012	5	1.9	31	0
2012	6	8.8	30	0
2012	7	12.7	31	0
2012	8	14.3	31	0
2012	9	14.2	30	0
2012	10	11.2	31	0
2012	11	6.3	30	0
2012	12	3.5	31	0
2011	1	2.6	31	0
2011	2	1.9	28	0
2011	3	1.5	31	0
2011	4	1.4	30	0
2011	5	4.9	31	0
2011	6	9.6	30	0
2011	7	13.5	31	0

（续）

年	月	土壤温度（100 cm）/℃	有效数据/条	标注
2011	8	15.3	31	0
2011	9	14.2	30	0
2011	10	10.6	31	0
2011	11	6.8	30	0
2011	12	3.9	31	0
2010	1	1.6	31	0
2010	2	0.7	28	0
2010	3	0.3	31	0
2010	4	0.2	30	0
2010	5	3.0	31	0
2010	6	10.3	30	0
2010	7	13.7	31	0
2010	8	15.3	31	0
2010	9	14.5	30	0
2010	10	10.9	31	0
2010	11	6.4	30	0
2010	12	3.9	31	0
2009	1	0.9	31	0
2009	2	0.1	28	0
2009	3	−0.3	31	0
2009	4	−0.2	30	0
2009	5	0.9	31	0
2009	6	7.1	30	0
2009	7	11.9	31	0
2009	8	14.6	31	0
2009	9	13.4	30	0
2009	10	10.3	31	0
2009	11	5.9	30	0
2009	12	3.0	31	0
2008	1	0.6	31	0
2008	2	−0.7	29	0
2008	3	−0.7	31	0
2008	4	−0.3	30	0
2008	5	1.0	31	0
2008	6	7.1	30	0
2008	7	12.1	31	0
2008	8	14.3	31	0
2008	9	13.7	30	0

（续）

年	月	土壤温度（100 cm）/℃	有效数据/条	标注
2008	10	10.2	31	0
2008	11	6.2	30	0
2008	12	3.0	31	0
2007	1	0.3	31	0
2007	2	−1.4	28	0
2007	3	−1.5	31	0
2007	4	−0.4	30	0
2007	5	0.8	31	0
2007	6	7.6	30	0
2007	7	12.5	31	0
2007	8	15.2	31	0
2007	9	14.7	30	0
2007	10	9.6	31	0
2007	11	5.7	30	0
2007	12	3.0	31	0

3.4.8　太阳辐射

（1）概述。本数据集为三江站气象观测场（SJMQX01，133°31′E，47°35′N）2007—2015 年自动气象站的月尺度太阳辐射总量观测数据，数据来源为气象规范报表 A 中的 D3 表，计量单位为兆焦每平方米（MJ/m²），其中，光合有效辐射的计量单位为 mol/（m²·s）。

（2）数据采集和处理方法。

a. 数据获取方法。使用总辐射表、反射辐射表、净辐射表、光合有效辐射表进行观测。每 10 s 采测 1 次，每分钟采测 6 次辐照度（瞬时值），去除 1 个最大值和 1 个最小值后取平均值，正点（地方评价太阳时）00 min 采集存储辐照度，同时计算存储曝辐量（累计值）。

b. 数据处理方法。主要使用 CERN 报表处理程序对获取的 log 文件进行处理。将原始数据文件另保存，并且复制一份原始数据文件作为存档文件，不得改动原始数据。启动"生态气象工作站"数据处理功能，点击生成 M 报表，根据日志文件提示，对数据文件存在的错误或乱码数据进行手工修改或剔除，重新生成 M 报表并进行统计。将质控过的 M 报表转换为规范的 A 报表并进行统计。一月中辐射曝辐量日总量缺测 9 d 或以下，月平均值日合计等于实有记录之和除以实有记录天数；缺测 10 d 或以上时，该月不做月统计，按缺测处理。

（3）数据质量控制和评估。

a. 数据质量控制。总辐射各时次的辐照度不应超过太阳常数，即 1 367 W/m²，总辐射辐照度极大值一般应小于 1 500 W/m²。反射辐射的检查是通过地表反射率实现数据质量控制的，地表反照率的日变化呈浅"U"字形；净全辐射值与太阳高度、大气透明度、气温和地温、云量和云状以及地面反照率等有关。净全辐射的时曝辐量随着太阳高度角的增大而平缓地增大，中午时分达到最大；净全辐射日曝辐量月平均值的最大值应出现在春季或夏季，最小值则出现在冬季。观测中使用光量子测量表测定光量子通量密度，瞬时光量子通量密度与总辐射相关。通常情况下光量子测量显示的瞬时光量子通量的数字量值是总辐射观测辐照度量的 2.0～2.5 倍（不考虑量纲），在数据质量检查中主要与总辐射进行相关性检查作为一方面的判断标准。

　　b. 数据质量评估。将处理完的数据与历史数据信息进行比较，评价数据的正确性、一致性、完整性、可比性和连续性，经过站长和数据管理员审核认定，批准上报。

　　c. 数据缺失说明。2013年2月10—18日三江站气象观测场的供电线路出现故障，导致自动气象站太阳辐射观测数据缺失。

　　（4）数据。2007—2015年太阳辐射总量数据见表3-70。

表3-70　自动观测气象要素——太阳辐射总量

年	月	日累计总辐射/ (MJ/m²)	日累计反射辐射/ (MJ/m²)	日累计净辐射/ (MJ/m²)	日累计光合有效辐射/ [mol/ (m²·s)]	有效数据/条	标注
2015	1	199.319	104.146	−42.065	376.047	31	0
2015	2	226.906	148.430	−34.051	480.959	28	0
2015	3	443.795	217.657	30.280	840.440	31	0
2015	4	471.340	79.358	200.430	850.497	30	0
2015	5	542.420	69.867	260.241	1 045.589	31	0
2015	6	609.238	86.818	314.420	1 202.660	30	0
2015	7	659.329	122.225	363.886	1 334.109	31	0
2015	8	486.173	93.667	260.556	951.681	31	0
2015	9	405.944	78.154	183.569	753.609	30	0
2015	10	275.833	54.984	64.025	478.125	31	0
2015	11	194.134	54.575	−8.982	315.010	30	0
2015	12	149.736	119.490	−44.477	241.079	31	0
2014	1	214.633	160.151	−60.040	431.859	31	0
2014	2	300.022	234.958	−48.667	619.760	28	0
2014	3	528.120	274.861	77.249	997.177	31	0
2014	4	579.783	101.045	261.554	1 088.906	30	0
2014	5	540.973	101.358	257.140	1 042.548	31	0
2014	6	589.596	112.630	314.430	1 150.760	30	0
2014	7	546.272	118.049	311.323	1 098.186	31	0
2014	8	562.651	99.586	300.511	1 079.697	31	0
2014	9	403.591	65.037	177.894	773.185	30	0
2014	10	297.574	42.489	74.162	547.065	31	0
2014	11	191.653	68.966	−15.006	338.152	30	0
2014	12	164.360	81.683	−43.926	289.437	31	0
2013	1	211.575	159.159	−65.019	423.122	31	0
2013	2	305.306	231.473	−42.750	616.578	20	1
2013	3	510.404	395.958	−8.344	946.324	31	0
2013	4	501.327	121.696	218.899	946.279	30	0
2013	5	571.148	85.027	310.435	1 072.851	31	0
2013	6	610.998	125.822	330.841	1 161.581	30	0
2013	7	548.329	114.146	295.196	1 060.237	31	0
2013	8	414.440	79.624	208.842	776.764	31	0

（续）

年	月	日累计总辐射/ （MJ/m²）	日累计反射辐射/ （MJ/m²）	日累计净辐射/ （MJ/m²）	日累计光合有效辐射/ [mol/（m²·s）]	有效数据/条	标注
2013	9	449.071	79.603	192.292	838.902	30	0
2013	10	285.597	62.099	62.135	514.327	31	0
2013	11	173.022	95.849	−29.508	331.211	30	0
2013	12	135.153	131.008	−51.595	279.924	31	0
2012	1	219.033	146.554	−77.978	337.143	31	0
2012	2	319.538	203.749	−39.966	507.080	29	0
2012	3	478.513	279.077	13.084	796.130	31	0
2012	4	488.576	82.678	196.531	806.157	30	0
2012	5	657.989	104.086	308.265	989.435	31	0
2012	6	663.248	107.864	346.222	1 092.768	30	0
2012	7	526.552	90.371	274.355	785.073	31	0
2012	8	539.315	87.889	260.737	778.070	31	0
2012	9	311.215	56.332	123.917	523.204	30	0
2012	10	289.647	54.015	70.216	499.847	31	0
2012	11	168.942	77.139	−27.371	310.911	30	0
2012	12	135.301	122.389	−67.053	297.669	31	0
2011	1	205.433	151.544	−62.151	365.001	31	0
2011	2	313.709	205.612	−46.446	525.191	28	0
2011	3	550.226	344.576	−6.295	918.632	31	0
2011	4	458.655	82.520	186.732	773.344	30	0
2011	5	596.557	102.104	275.279	1 064.453	31	0
2011	6	544.716	110.417	256.507	1 001.118	30	0
2011	7	629.777	117.602	335.533	1 144.157	31	0
2011	8	537.306	95.403	264.396	960.774	31	0
2011	9	414.643	70.143	164.417	724.645	30	0
2011	10	311.529	59.698	66.316	505.114	31	0
2011	11	211.692	88.447	−33.850	324.336	30	0
2011	12	184.706	111.285	−74.810	271.043	31	0
2010	1	170.611	160.987	−42.368	311.162	31	0
2010	2	282.743	231.091	−44.552	457.761	28	0
2010	3	508.615	406.407	−8.344	876.737	31	0
2010	4	520.132	182.683	185.294	925.670	30	0
2010	5	626.346	120.988	323.962	1 158.666	31	0
2010	6	714.836	155.009	388.522	1 020.789	30	0
2010	7	588.360	111.792	324.725	1 123.103	31	0
2010	8	533.579	110.768	280.973	1 020.622	31	0
2010	9	485.583	92.192	207.869	897.694	30	0
2010	10	318.803	63.924	71.670	542.851	31	0

（续）

年	月	日累计总辐射/ （MJ/m²）	日累计反射辐射/ （MJ/m²）	日累计净辐射/ （MJ/m²）	日累计光合有效辐射/ [mol/（m²·s）]	有效数据/条	标注
2010	11	181.893	90.049	−35.065	300.866	30	0
2010	12	141.207	104.740	−55.106	234.344	31	0
2009	1	173.601	158.046	−71.779	287.802	31	0
2009	2	301.081	247.497	−35.467	501.930	28	0
2009	3	506.307	353.348	27.272	848.275	31	0
2009	4	594.989	120.916	261.937	1 016.314	30	0
2009	5	629.667	125.607	285.748	1 152.285	31	0
2009	6	499.658	98.809	255.016	1 008.425	30	0
2009	7	608.229	126.536	320.416	1 103.521	31	0
2009	8	511.657	111.258	256.847	1 018.562	31	0
2009	9	449.936	94.663	188.646	811.002	30	0
2009	10	306.564	66.132	69.503	541.332	31	0
2009	11	207.707	68.259	−11.457	340.317	30	0
2009	12	162.836	128.011	−59.310	259.533	31	0
2008	1	220.130	172.555	−57.170	368.221	31	0
2008	2	318.351	213.419	−10.927	533.119	29	0
2008	3	367.463	100.898	107.132	632.789	31	0
2008	4	464.251	95.911	191.792	788.278	30	0
2008	5	552.419	121.201	239.471	1 013.328	31	0
2008	6	726.921	165.682	350.426	1 351.716	30	0
2008	7	622.133	150.684	306.399	1 156.410	31	0
2008	8	566.536	130.383	269.923	1 044.035	31	0
2008	9	439.915	94.345	168.861	797.494	30	0
2008	10	299.702	72.577	63.952	515.198	31	0
2008	11	204.196	104.010	−33.313	320.366	30	0
2008	12	153.897	100.445	−64.295	235.740	31	0
2007	1	201.266	106.226	−42.488	339.782	31	0
2007	2	283.538	218.683	−26.954	529.806	28	0
2007	3	481.755	317.023	49.315	942.040	31	0
2007	4	624.331	114.382	295.239	1 183.310	30	0
2007	5	576.246	109.614	273.465	1 121.188	31	0
2007	6	712.928	151.907	370.018	1 404.738	30	0
2007	7	777.744	185.590	400.354	1 450.571	31	0
2007	8	592.304	140.494	283.885	1 104.766	31	0
2007	9	402.712	89.224	153.263	747.803	30	0
2007	10	314.854	77.383	67.580	548.905	31	0
2007	11	214.355	61.183	−13.480	353.276	30	0
2007	12	165.315	55.982	−34.622	254.928	31	0

第4章

台站特色研究数据

4.1 湿地植被变化数据

洪河保护区沼泽植物群落结构观测样带数据集

（1）引言。生物多样性沿环境梯度的变化规律是生物多样性研究的一个中心议题。湿地生态系统由于包含了水分、土壤养分、微地形起伏等梯度变化使得其植被梯度变化现象比其他生态系统更明显，已越来越受到生态学家的关注。

三江平原是我国最大的湿地集中分布区和湿地生物多样性保护的关键地区之一，同时，又主要发育了碟形洼地湿地和河漫滩湿地两类植被梯度带明显的湿地类型，因此，是进行湿地植物物种多样性研究的理想区域。洪河自然保护区保留了三江平原原始湿地生态系统的完整性，是三江平原的缩影。

本数据集整理了 2012—2015 年三江平原沼泽湿地生态试验站在洪河国家级自然保护区内设置的固定植物观测样带数据。该数据集可以为研究湿地植物群落对水文过程的响应提供本地资料，深化对湿地生态系统结构和功能的认识，为本区湿地的恢复与重建、湿地的生物多样性保护等提供科学依据。

（2）数据采集和处理方法。

a. 数据来源。数据来自黑龙江洪河国家级自然保护区的固定植物观测样带的野外调查。该样带设置了 7 个水位梯度的观测点，每个观测点有 5 个重复的固定观测样方，年度间的观测数据来自同一空间位置。样带中心点坐标为 $133°38'37''E$，$47°49'13''N$，海拔高度为 50 m。各观测点常年平均水位从无积水到 45 cm 均匀设置。于每年 7 月进行观测，记录个样方的植物物种名、高度、盖度等。

b. 数据处理。本数据集中的频数为同一观测点中存在某一植物物种的样方数，某一物种的平均高度为高度之和/频数，某一物种平均盖度为盖度之和/样方数。

（3）数据质量控制和评估。本数据集来源于野外样地的实测调查。从调查前期准备、调查过程中到调查完成后，对整个过程中的数据质量进行控制。同时，采用专家审核验证的方法，以确保数据相对准确可靠。

a. 调查前的数据质量控制。根据统一的调查规范方案，对所有参与调查的人员集中进行技术培训，尽可能地减少人为误差。

b. 调查过程中的数据质量控制。调查开始时，在观测样带设置固定观测样方，保证年度间对同一空间位置进行调查；植物种名参照《中国植物志（电子版）》（http://www.iplant.cn/frps）进行校订，对于不能当场确定的植物名称，采集相关凭证标本并在室内进行鉴定；调查人和记录人完成小样方调查时，当即对原始记录表进行核查，发现有误的数据及时纠正。

c. 调查完成后的数据质量控制。调查完成后，调查人和记录人完成对样方数据的进一步核查，并补充相关信息；纸质版数据录入电脑过程中，采用 2 人同时输入数据的方式，自查并相互检查，以确保数据输入的准确性；最后形成的物种组成数据集由专家进行最终审核和修订，确保数据集的真实、可靠；野外纸质原始数据集妥善保存并备份，放置于不同地方，以备将来核查。

（4）数据。2012—2015年洪河保护区沼泽植物群落结构观测样带数据见表4-1。

表4-1　洪河保护区长期观测样带沼泽植物群落结构观测样带观测数据

年	月	样地代码	样带号	样方数	样方面积/m²	物种名	频数	平均高度/cm	平均盖度/%
2012	7	SJMZQ01ADC_01	1	5	1	柴桦	2	113.5	21.0
2012	7	SJMZQ01ADC_01	1	5	1	北方拉拉藤	1	25.0	0.6
2012	7	SJMZQ01ADC_01	1	5	1	二歧银莲花	5	62.6	43.0
2012	7	SJMZQ01ADC_01	1	5	1	灰脉薹草	4	59.0	18.0
2012	7	SJMZQ01ADC_01	1	5	1	箭头叶唐松草	1	95.0	1.6
2012	7	SJMZQ01ADC_01	1	5	1	堇菜	2	13.0	0.4
2012	7	SJMZQ01ADC_01	1	5	1	绣线菊	5	60.4	5.0
2012	7	SJMZQ01ADC_01	1	5	1	细叶沼柳	5	68.0	22.2
2012	7	SJMZQ01ADC_01	1	5	1	小白花地榆	2	20.0	0.8
2012	7	SJMZQ01ADC_01	1	5	1	小叶章	5	71.2	39.0
2012	7	SJMZQ01ADC_01	2	5	1	二歧银莲花	5	52.4	31.6
2012	7	SJMZQ01ADC_01	2	5	1	灰脉薹草	5	47.0	11.8
2012	7	SJMZQ01ADC_01	2	5	1	绣线菊	2	49.5	1.0
2012	7	SJMZQ01ADC_01	2	5	1	毛山黧豆	1	46.0	0.2
2012	7	SJMZQ01ADC_01	2	5	1	球尾花	2	25.0	1.2
2012	7	SJMZQ01ADC_01	2	5	1	细叶沼柳	1	67.0	0.6
2012	7	SJMZQ01ADC_01	2	5	1	小叶章	5	82.5	73.0
2012	7	SJMZQ01ADC_01	3	5	1	二歧银莲花	5	44.6	19.4
2012	7	SJMZQ01ADC_01	3	5	1	黄连花	1	50.0	0.4
2012	7	SJMZQ01ADC_01	3	5	1	灰脉薹草	5	68.6	21.6
2012	7	SJMZQ01ADC_01	3	5	1	绣线菊	5	71.8	5.4
2012	7	SJMZQ01ADC_01	3	5	1	毛山黧豆	1	41.0	0.2
2012	7	SJMZQ01ADC_01	3	5	1	细叶沼柳	3	61.3	5.6
2012	7	SJMZQ01ADC_01	3	5	1	小白花地榆	2	45.0	1.0
2012	7	SJMZQ01ADC_01	3	5	1	小叶章	5	79.4	70.6
2012	7	SJMZQ01ADC_01	4	5	1	地榆	1	8.0	0.2
2012	7	SJMZQ01ADC_01	4	5	1	二歧银莲花	4	45.0	15.2
2012	7	SJMZQ01ADC_01	4	5	1	灰脉薹草	5	65.6	20.0
2012	7	SJMZQ01ADC_01	4	5	1	绣线菊	3	19.7	3.4
2012	7	SJMZQ01ADC_01	4	5	1	球尾花	1	30.0	0.2
2012	7	SJMZQ01ADC_01	4	5	1	小叶章	5	94.2	88.0
2012	7	SJMZQ01ADC_01	5	5	1	灰脉薹草	2	60.5	5.2
2012	7	SJMZQ01ADC_01	5	5	1	毛薹草	5	62.4	19.0
2012	7	SJMZQ01ADC_01	5	5	1	球尾花	4	25.3	2.0
2012	7	SJMZQ01ADC_01	5	5	1	小叶章	5	79.2	91.2
2012	7	SJMZQ01ADC_01	6	5	1	大穗薹草	2	85.0	16.0

（续）

年	月	样地代码	样带号	样方数	样方面积/m²	物种名	频数	平均高度/cm	平均盖度/%
2012	7	SJMZQ01ADC_01	6	5	1	毛薹草	5	90.0	22.8
2012	7	SJMZQ01ADC_01	6	5	1	漂筏薹草	2	52.5	9.6
2012	7	SJMZQ01ADC_01	6	5	1	溪木贼	2	45.5	1.0
2012	7	SJMZQ01ADC_01	6	5	1	狭叶甜茅	2	75.0	11.0
2012	7	SJMZQ01ADC_01	6	5	1	小叶章	5	66.8	34.6
2012	7	SJMZQ01ADC_01	7	5	1	大穗薹草	1	82.0	0.6
2012	7	SJMZQ01ADC_01	7	5	1	毛薹草	4	105.0	18.8
2012	7	SJMZQ01ADC_01	7	5	1	漂筏薹草	5	53.0	76.6
2012	7	SJMZQ01ADC_01	7	5	1	睡菜	1	40.0	1.6
2012	7	SJMZQ01ADC_01	7	5	1	狭叶甜茅	4	59.3	13.6
2012	7	SJMZQ01ADC_01	7	5	1	沼委陵菜	1	24.0	0.4
2013	7	SJMZQ01ADC_01	1	5	1	柴桦	2	110.5	20.0
2013	7	SJMZQ01ADC_01	1	5	1	北方拉拉藤	1	10.0	0.2
2013	7	SJMZQ01ADC_01	1	5	1	二歧银莲花	5	55.2	16.6
2013	7	SJMZQ01ADC_01	1	5	1	灰脉薹草	4	61.3	10.4
2013	7	SJMZQ01ADC_01	1	5	1	箭头叶唐松草	1	17.0	0.6
2013	7	SJMZQ01ADC_01	1	5	1	绣线菊	5	68.0	5.4
2013	7	SJMZQ01ADC_01	1	5	1	细叶沼柳	5	81.6	35.4
2013	7	SJMZQ01ADC_01	1	5	1	小白花地榆	1	25.0	0.4
2013	7	SJMZQ01ADC_01	1	5	1	小叶章	5	78.8	7.6
2013	7	SJMZQ01ADC_01	2	5	1	二歧银莲花	4	35.8	7.6
2013	7	SJMZQ01ADC_01	2	5	1	灰脉薹草	4	55.5	8.6
2013	7	SJMZQ01ADC_01	2	5	1	绣线菊	4	74.0	2.6
2013	7	SJMZQ01ADC_01	2	5	1	球尾花	3	44.3	1.8
2013	7	SJMZQ01ADC_01	2	5	1	细叶沼柳	1	60.0	0.2
2013	7	SJMZQ01ADC_01	2	5	1	崖柳	1	60.0	0.6
2013	7	SJMZQ01ADC_01	2	5	1	小叶章	5	89.0	71.0
2013	7	SJMZQ01ADC_01	3	5	1	二歧银莲花	5	25.0	6.6
2013	7	SJMZQ01ADC_01	3	5	1	黄连花	1	50.0	0.4
2013	7	SJMZQ01ADC_01	3	5	1	灰脉薹草	5	57.4	6.8
2013	7	SJMZQ01ADC_01	3	5	1	绣线菊	5	71.8	8.2
2013	7	SJMZQ01ADC_01	3	5	1	毛山黧豆	1	35.0	0.2
2013	7	SJMZQ01ADC_01	3	5	1	球尾花	1	40.0	1.0
2013	7	SJMZQ01ADC_01	3	5	1	细叶沼柳	3	62.0	8.0
2013	7	SJMZQ01ADC_01	3	5	1	小白花地榆	2	25.0	0.6
2013	7	SJMZQ01ADC_01	3	5	1	小叶章	5	85.0	81.0
2013	7	SJMZQ01ADC_01	4	5	1	二歧银莲花	2	25.0	0.4
2013	7	SJMZQ01ADC_01	4	5	1	灰脉薹草	5	62.8	19.2

（续）

年	月	样地代码	样带号	样方数	样方面积/m²	物种名	频数	平均高度/cm	平均盖度/%
2013	7	SJMZQ01ADC_01	4	5	1	绣线菊	1	10.0	0.2
2013	7	SJMZQ01ADC_01	4	5	1	球尾花	2	32.5	0.8
2013	7	SJMZQ01ADC_01	4	5	1	小叶章	5	99.0	83.0
2013	7	SJMZQ01ADC_01	5	5	1	灰脉薹草	2	61.5	10.0
2013	7	SJMZQ01ADC_01	5	5	1	毛薹草	5	70.0	32.0
2013	7	SJMZQ01ADC_01	5	5	1	球尾花	4	32.3	1.2
2013	7	SJMZQ01ADC_01	5	5	1	小叶章	5	52.6	73.0
2013	7	SJMZQ01ADC_01	6	5	1	北方拉拉藤	1	20.0	0.2
2013	7	SJMZQ01ADC_01	6	5	1	大穗薹草	2	85.0	20.0
2013	7	SJMZQ01ADC_01	6	5	1	毛薹草	5	79.6	22.0
2013	7	SJMZQ01ADC_01	6	5	1	漂筏薹草	4	43.3	24.0
2013	7	SJMZQ01ADC_01	6	5	1	溪木贼	3	38.3	0.8
2013	7	SJMZQ01ADC_01	6	5	1	狭叶甜茅	5	65.4	15.0
2013	7	SJMZQ01ADC_01	6	5	1	小叶章	4	48.8	16.0
2013	7	SJMZQ01ADC_01	7	5	1	北方拉拉藤	1	30.0	0.4
2013	7	SJMZQ01ADC_01	7	5	1	毛薹草	4	63.8	11.0
2013	7	SJMZQ01ADC_01	7	5	1	漂筏薹草	5	46.8	78.6
2013	7	SJMZQ01ADC_01	7	5	1	狭叶甜茅	4	59.3	17.0
2013	7	SJMZQ01ADC_01	7	5	1	沼委陵菜	1	10.0	0.2
2014	7	SJMZQ01ADC_01	1	5	1	柴桦	2	180.0	21.0
2014	7	SJMZQ01ADC_01	1	5	1	北方拉拉藤	1	35.0	0.4
2014	7	SJMZQ01ADC_01	1	5	1	二歧银莲花	5	61.6	22.6
2014	7	SJMZQ01ADC_01	1	5	1	广布野豌豆	1	12.0	0.2
2014	7	SJMZQ01ADC_01	1	5	1	黄连花	1	80.0	0.2
2014	7	SJMZQ01ADC_01	1	5	1	灰脉薹草	4	56.0	8.6
2014	7	SJMZQ01ADC_01	1	5	1	箭头叶唐松草	1	25.0	0.2
2014	7	SJMZQ01ADC_01	1	5	1	绣线菊	4	84.3	2.0
2014	7	SJMZQ01ADC_01	1	5	1	问荆	2	45.5	0.4
2014	7	SJMZQ01ADC_01	1	5	1	细叶沼柳	5	81.4	51.0
2014	7	SJMZQ01ADC_01	1	5	1	小白花地榆	1	25.0	0.6
2014	7	SJMZQ01ADC_01	1	5	1	小叶章	5	77.6	44.0
2014	7	SJMZQ01ADC_01	2	5	1	二歧银莲花	5	41.8	4.6
2014	7	SJMZQ01ADC_01	2	5	1	灰脉薹草	3	46.0	9.0
2014	7	SJMZQ01ADC_01	2	5	1	绣线菊	1	100.0	1.0
2014	7	SJMZQ01ADC_01	2	5	1	毛山黧豆	1	70.0	0.2
2014	7	SJMZQ01ADC_01	2	5	1	球尾花	4	40.0	3.8
2014	7	SJMZQ01ADC_01	2	5	1	细叶沼柳	3	52.7	3.2
2014	7	SJMZQ01ADC_01	2	5	1	小叶章	5	98.0	95.4

（续）

年	月	样地代码	样带号	样方数	样方面积/m²	物种名	频数	平均高度/cm	平均盖度/%
2014	7	SJMZQ01ADC_01	3	5	1	二歧银莲花	5	33.0	3.6
2014	7	SJMZQ01ADC_01	3	5	1	黄连花	4	41.5	1.2
2014	7	SJMZQ01ADC_01	3	5	1	灰脉薹草	4	50.5	10.0
2014	7	SJMZQ01ADC_01	3	5	1	绣线菊	5	71.8	10.4
2014	7	SJMZQ01ADC_01	3	5	1	毛山黧豆	1	48.0	0.2
2014	7	SJMZQ01ADC_01	3	5	1	球尾花	1	15.0	0.2
2014	7	SJMZQ01ADC_01	3	5	1	细叶沼柳	2	80.0	12.0
2014	7	SJMZQ01ADC_01	3	5	1	小白花地榆	1	39.0	0.2
2014	7	SJMZQ01ADC_01	3	5	1	小叶章	5	96.4	93.8
2014	7	SJMZQ01ADC_01	4	5	1	灰脉薹草	5	65.2	11.6
2014	7	SJMZQ01ADC_01	4	5	1	球尾花	1	40.0	0.4
2014	7	SJMZQ01ADC_01	4	5	1	小叶章	5	103.6	96.2
2014	7	SJMZQ01ADC_01	5	5	1	大穗薹草	1	40.0	0.6
2014	7	SJMZQ01ADC_01	5	5	1	灰脉薹草	4	70.0	13.2
2014	7	SJMZQ01ADC_01	5	5	1	水湿蓼	3	35.7	0.8
2014	7	SJMZQ01ADC_01	5	5	1	毛薹草	5	86.4	22.2
2014	7	SJMZQ01ADC_01	5	5	1	球尾花	3	32.3	1.4
2014	7	SJMZQ01ADC_01	5	5	1	小叶章	5	66.6	67.0
2014	7	SJMZQ01ADC_01	6	5	1	大穗薹草	4	62.5	20.6
2014	7	SJMZQ01ADC_01	6	5	1	灰脉薹草	3	59.3	7.2
2014	7	SJMZQ01ADC_01	6	5	1	毛薹草	5	91.2	23.6
2014	7	SJMZQ01ADC_01	6	5	1	漂筏薹草	3	47.0	26.0
2014	7	SJMZQ01ADC_01	6	5	1	狭叶甜茅	5	73.0	40.2
2014	7	SJMZQ01ADC_01	6	5	1	小叶章	4	62.3	8.0
2014	7	SJMZQ01ADC_01	7	5	1	毛薹草	5	83.2	24.0
2014	7	SJMZQ01ADC_01	7	5	1	漂筏薹草	5	59.4	77.0
2014	7	SJMZQ01ADC_01	7	5	1	狭叶甜茅	5	68.8	17.0
2015	9	SJMZQ01ADC_01	1	5	1	柴桦	2	213.5	18.4
2015	9	SJMZQ01ADC_01	1	5	1	北方拉拉藤	1	40.0	0.8
2015	9	SJMZQ01ADC_01	1	5	1	二歧银莲花	5	69.4	19.0
2015	9	SJMZQ01ADC_01	1	5	1	绣线菊	4	73.5	3.6
2015	9	SJMZQ01ADC_01	1	5	1	毛山黧豆	3	53.3	1.0
2015	9	SJMZQ01ADC_01	1	5	1	球尾花	1	33.0	0.4
2015	9	SJMZQ01ADC_01	1	5	1	湿薹草	3	59.0	9.6
2015	9	SJMZQ01ADC_01	1	5	1	细叶沼柳	5	99.2	46.0
2015	9	SJMZQ01ADC_01	1	5	1	小叶章	5	95.6	41.0
2015	9	SJMZQ01ADC_01	2	5	1	臌囊薹草	2	60.0	15.4
2015	9	SJMZQ01ADC_01	2	5	1	绣线菊	2	60.0	2.0

（续）

年	月	样地代码	样带号	样方数	样方面积/m²	物种名	频数	平均高度/cm	平均盖度/%
2015	9	SJMZQ01ADC＿01	2	5	1	毛山黧豆	1	30.0	0.2
2015	9	SJMZQ01ADC＿01	2	5	1	球尾花	3	36.7	1.6
2015	9	SJMZQ01ADC＿01	2	5	1	湿薹草	5	69.0	10.0
2015	9	SJMZQ01ADC＿01	2	5	1	细叶沼柳	2	70.0	2.2
2015	9	SJMZQ01ADC＿01	2	5	1	小叶章	5	139.4	88.0
2015	9	SJMZQ01ADC＿01	3	5	1	黄连花	3	50.0	0.8
2015	9	SJMZQ01ADC＿01	3	5	1	灰脉薹草	1	70.0	2.0
2015	9	SJMZQ01ADC＿01	3	5	1	绣线菊	5	84.0	12.2
2015	9	SJMZQ01ADC＿01	3	5	1	毛山黧豆	1	40.0	0.4
2015	9	SJMZQ01ADC＿01	3	5	1	湿薹草	5	64.0	6.0
2015	9	SJMZQ01ADC＿01	3	5	1	细叶沼柳	2	68.5	4.0
2015	9	SJMZQ01ADC＿01	3	5	1	小叶章	5	123.0	89.8
2015	9	SJMZQ01ADC＿01	4	5	1	臌囊薹草	1	80.0	9.0
2015	9	SJMZQ01ADC＿01	4	5	1	芦苇	1	100.0	1.0
2015	9	SJMZQ01ADC＿01	4	5	1	漂筏薹草	1	70.0	1.2
2015	9	SJMZQ01ADC＿01	4	5	1	湿薹草	5	65.6	9.6
2015	9	SJMZQ01ADC＿01	4	5	1	狭叶甜茅	1	100.0	2.0
2015	9	SJMZQ01ADC＿01	4	5	1	小叶章	5	114.0	77.8
2015	9	SJMZQ01ADC＿01	5	5	1	灰株薹草	5	95.0	13.6
2015	9	SJMZQ01ADC＿01	5	5	1	毛薹草	5	116.0	46.0
2015	9	SJMZQ01ADC＿01	5	5	1	狭叶甜茅	5	79.8	27.4
2015	9	SJMZQ01ADC＿01	5	5	1	小叶章	4	63.5	15.4
2015	9	SJMZQ01ADC＿01	6	5	1	灰株薹草	4	101.5	19.6
2015	9	SJMZQ01ADC＿01	6	5	1	毛薹草	4	104.0	4.6
2015	9	SJMZQ01ADC＿01	6	5	1	漂筏薹草	5	70.8	25.0
2015	9	SJMZQ01ADC＿01	6	5	1	狭叶甜茅	5	95.0	64.0
2015	9	SJMZQ01ADC＿01	7	5	1	毛薹草	5	97.6	23.6
2015	9	SJMZQ01ADC＿01	7	5	1	漂筏薹草	5	66.2	79.8
2015	9	SJMZQ01ADC＿01	7	5	1	狭叶甜茅	5	75.2	16.0

4.2　湿地土壤性状变化数据

湿地垦殖与弃耕对土壤性状影响数据集

（1）引言。土壤碳循环是陆地生态系统碳循环的重要组成部分，全球土壤有机碳储量约为 1 500 Pg（0～1 m），是大气碳库储量的 2 倍，约为陆地生物碳储量的 2.5 倍。土壤有机碳储量变化会引起全球碳收支平衡发生改变，对大气二氧化碳浓度产生较大的影响，因此研究土壤有机碳的时空动态变化及其驱动因素对全球气候变化研究具有重要意义。湿地是地球上水陆相互作用而形成的独特生态系统，由于具有很高的生产率及氧化还原能力使其成为生物地球化学作用非常活跃的场所，在碳、氮的储存方面起着极其重要的作用,是温室气体排放的一个重要的潜在源。

由人类活动引起的土地利用和土地覆盖变化是土壤碳库和碳循环最直接的影响因素,其中最严重的干扰就是将自然植被转变为耕地。三江平原是我国最大的低海拔淡水沼泽湿地分布区,也是近 50 年来受人类活动影响(主要表现为湿地的大面积垦殖、沼泽湿地疏干排水等)最剧烈的区域之一。湿地开垦为农田后,植物残体及沉积有机质分解速率提高,碳的释放量增加。土壤有机碳的输入量明显减少,植物残体及土壤有机碳分解速率提高,二氧化碳的释放量增加,从而改变了生态系统碳循环模式及其养分周转,极大地影响了区域大气温室气体浓度和土壤有机碳碳库变化。因此,了解农业垦殖活动对三江平原湿地土壤碳库的影响对评价农业活动对气候变化的贡献以及开展退化湿地恢复具有重要意义。

(2)数据采集和处理方法。数据来自三江站野外观测样地周围(洪河农场)农田系统及弃耕地的野外调查。先后调查了不同开垦年限湿地(0～35 年)以及不同年限弃耕地(0～15 年)表层土壤(0～30 cm)理化性质,每个时段的调查样点 3～10 个重复。土壤物理指标包括土壤容重、田间持水量、孔隙度,土壤化学指标包括总土壤有机碳、碳氮比、重组和轻组有机碳含量及比例。调查开始时间为 2002 年秋季 9—10 月,于 2002 年冬季完成指标测试。

土壤样品采集前先划定 20 m×20 m 临时样地一块,用直径 5 cm 空心土钻从上至下取 0～30 cm 土柱样品,进行化学指标的测试。同时用环刀取 10 cm、20 cm、30 cm 深度土壤样品,进行物理指标的测试。取得的土壤剖面样品带回实验室后在 105 ℃ 条件下烘干至恒重,结合环刀体积计算容重,测试后取平均值后作为本数据的最终结果,同时标明标准差。

(3)数据质量控制和评估。本数据集来源于野外样地的实测调查。对调查前期准备、调查过程中到调查完成后的整个过程的数据质量进行控制。

调查前需进行数据质量控制。根据洪河农场土地管理记录,在三江站试验场周围,寻找不同垦殖年限的土地开垦记录,确定垦殖最早垦殖年限、垦殖方式;进一步进行湿地调查,确保选择的垦殖后农业用地持续用作旱田耕作。

(4)数据。湿地垦殖与弃耕对土壤性状影响数据见表 4-2 至表 4-5。

表 4-2　不同湿地垦殖年限土壤物理性质变化

垦殖年限/年	容重		田间持水量		孔隙度	
	平均值/ (g/cm³)	标准差	平均值/%	标准差	平均值/%	标准差
0	0.50	0.09	63.55	1.66	76.52	5.51
1	0.83	0.10	52.82	1.82	62.48	3.91
3	0.88	0.10	53.39	2.69	65.57	4.52
5	0.94	0.01	44.92	1.85	60.24	0.35
10	1.05	0.02	44.64	3.35	59.06	4.14
15	1.01	0.05	44.18	4.41	57.4	2.11
25	1.08	0.06	43.97	4.91	54.27	2.34
33	1.10	0.03	40.43	3.55	54.02	2.39
35	1.15	0.08	41.83	3.59	53.24	2.04

表 4-3　不同湿地垦殖年限土壤化学性质变化

垦殖年限/年	有机碳含量		碳氮比		重组有机碳含量		轻组有机碳含量		重组有机碳比例		轻组有机碳比例	
	平均值/ (g/kg)	标准差	平均值	标准差	平均值/ (g/kg)	标准差	平均值/ (g/kg)	标准差	平均值/%	标准差	平均值/%	标准差
0	12.10	1.34	15.83	2.37	79.06	4.39	40.29	2.24	63.90	3.32	36.10	3.32

（续）

垦殖年限/年	有机碳含量		碳氮比		重组有机碳含量		轻组有机碳含量		重组有机碳比例		轻组有机碳比例	
	平均值/(g/kg)	标准差	平均值	标准差	平均值/(g/kg)	标准差	平均值/(g/kg)	标准差	平均值/%	标准差	平均值/%	标准差
1	8.33	1.17	11.83	0.70	49.05	2.72	22.14	1.23	70.41	1.14	29.59	3.89
3	5.51	0.58	11.27	1.57	41.54	1.98	16.00	0.76	73.11	0.20	26.89	4.72
5	5.21	0.27	9.79	0.82	41.32	2.30	10.28	0.57	81.58	0.96	18.42	4.36
10	3.42	0.65	10.04	0.38	27.75	2.12	4.91	0.32	86.94	0.47	13.06	2.52
15	2.78	0.58	7.70	0.38	20.91	1.47	3.04	0.17	89.98	1.34	10.02	1.34
25	2.71	0.48	7.53	0.32	20.30	1.26	2.96	0.15	89.05	0.67	10.96	3.59
33	2.59	0.15	7.43	0.78	—	—	—	—	—	—	—	—
35	2.81	0.31	7.27	0.91	19.17	1.29	2.77	0.15	91.29	2.78	8.71	2.78

表 4 - 4　不同年限弃耕耕地土壤物理性质变化

弃耕年限/年	容重		田间持水量		孔隙度	
	平均值/(g/cm³)	标准差	平均值/%	标准差	平均值/%	标准差
0	1.08	0.03	41.23	3.34	53.79	3.63
1	1.03	0.06	44.07	2.05	52.07	1.64
2	1.02	0.02	44.65	0.82	51.71	0.50
5	0.94	0.04	48.50	1.22	56.71	2.31
6	0.91	0.02	54.93	1.57	61.18	3.67
7	0.90	0.04	56.72	0.72	61.36	1.34
13	0.66	0.05	65.02	2.76	76.25	1.25
15	0.64	0.03	65.02	2.40	74.21	2.64

表 4 - 5　不同年限弃耕耕地土壤化学性质变化

弃耕年限/年	有机碳含量		碳氮比		重组有机碳含量		轻组有机碳含量		重组有机碳比例		轻组有机碳比例	
	平均值/(g/kg)	标准差	平均值	标准差	平均值/(g/kg)	标准差	平均值/(g/kg)	标准差	平均值/%	标准差	平均值/%	标准差
0	2.74	0.64	9.21	0.73	2.46	0.49	0.27	0.15	11.28	1.34	88.72	8.25
1	3.65	0.31	10.68	0.82	3.14	0.21	0.51	0.10	13.93	1.51	86.07	7.84
4	4.05	0.21	12.03	0.78	3.41	0.14	0.64	0.07	15.85	0.98	84.15	6.23
5	3.96	0.58	12.61	1.84	3.34	0.37	0.62	0.21	15.36	2.62	84.64	5.49
6	4.39	0.00	13.98	1.47	3.62	0.29	0.77	0.17	17.36	1.99	82.64	6.25
13	10.67	2.32	14.46	0.49	5.83	1.06	2.50	0.89	29.24	4.33	70.76	6.78
15	12.62	0.69	14.68	1.04	6.28	0.72	3.04	0.75	31.02	1.58	68.98	6.58

图书在版编目（CIP）数据

中国生态系统定位观测与研究数据集．湖泊湿地海湾
生态系统卷．黑龙江三江站：2000-2015／陈宜瑜总主
编；宋长春主编．—北京：中国农业出版社，2023.10
　ISBN 978-7-109-31439-9

　Ⅰ．①中…　Ⅱ．①陈…　②宋…　Ⅲ．①生态系—统计
数据—中国②沼泽化地—生态系统—统计数据—黑龙江省
—2000-2015　Ⅳ．①Q147②P942.350.78

中国国家版本馆 CIP 数据核字（2023）第 210184 号

ZHONGGUO SHENGTAI XITONG DINGWEI GUANCE YU YANJIU SHUJUJI

中国农业出版社出版

地址：北京市朝阳区麦子店街 18 号楼
邮编：100125
责任编辑：李昕昱　李文革　　文字编辑：刘　佳
版式设计：李　文　　责任校对：吴丽婷
印刷：北京印刷一厂
版次：2023 年 10 月第 1 版
印次：2023 年 10 月北京第 1 次印刷
发行：新华书店北京发行所
开本：889mm×1194mm　1/16
印张：17
字数：500 千字
定价：138.00 元